# 深度学习与大模型基础

段小手◎著

北京大学出版社
PEKING UNIVERSITY PRESS

## 内容简介

本书以通俗易懂的语言和有趣的插画来解释深度学习中的概念和方法，生动形象的插图更容易帮助读者理解和记忆。同时，书中指导读者将自己的理解制作成短视频，以加强学习效果。另外，书中还指导读者在 Colab 平台上进行实践。

本书内容全面，从基础的神经网络、卷积神经网络、循环神经网络等入门知识，到深度学习的应用领域如计算机视觉、自然语言处理等高级主题都有涉及。

本书具有丰富的趣味性、互动性和实践性，可以帮助读者更好地理解深度学习知识，并为未来的职业发展打下坚实的基础。

**图书在版编目（CIP）数据**

深度学习与大模型基础 / 段小手著. —北京：北京大学出版社，2024. 6
ISBN 978-7-301-34996-0

Ⅰ. ①深…　Ⅱ. ①段…　Ⅲ. ①机器学习　Ⅳ. ①TP181

中国国家版本馆 CIP 数据核字（2024）第 082759 号

| | |
|---|---|
| **书　　名** | 深度学习与大模型基础<br>SHENDU XUEXI YU DAMOXING JICHU |
| **著作责任者** | 段小手　著 |
| **责任编辑** | 刘　云 |
| **标准书号** | ISBN 978-7-301-34996-0 |
| **出版发行** | 北京大学出版社 |
| **地　　址** | 北京市海淀区成府路 205 号　100871 |
| **网　　址** | http://www.pup.cn　　新浪微博：@北京大学出版社 |
| **电子邮箱** | 编辑部 pup7@pup.cn　总编室 zpup@pup.cn |
| **电　　话** | 邮购部 010-62752015　发行部 010-62750672　编辑部 010-62756923 |
| **印 刷 者** | 河北滦县鑫华书刊印刷厂 |
| **经 销 者** | 新华书店 |
| | 787 毫米×1092 毫米　16 开本　22.5 印张　550 千字 |
| | 2024 年 6 月第 1 版　2024 年 6 月第 1 次印刷 |
| **印　　数** | 1-3000 册 |
| **定　　价** | 89.00 元 |

# 前　言

深度学习是一个既令人着迷又略显神秘的领域，它涉及数学、机器学习、人工智能和大量的数据，并改变着我们的世界。尽管听起来复杂，但它并不是一座高不可攀的山峰，本书将作为你的向导，帮助你每一步都迈得稳当且有趣。

这本书将用通俗易懂的语言探讨深度学习的核心概念。我们将揭开数学的神秘面纱，解释机器学习的基础知识，然后深入研究深度学习的工作原理；我们还将了解神经网络是如何模拟人脑工作的，以及它如何在图像识别、自然语言处理等领域大放异彩。

为了帮助你更好地理解这些概念，我们将使用有趣的插画来说明抽象的知识。这些插画将使复杂的概念变得鲜活和易于理解，就像魔法一样。

而当我们深入讨论大语言模型时，你将了解到它如何在自然语言生成、智能助手和内容创作方面发挥关键作用。你将明白这类模型如何理解并生成人类语言，以及如何在各行各业中引领技术的创新浪潮。

在这个信息爆炸的时代，深度学习是我们理解、处理和利用数据的强大工具之一。它已经在医疗诊断、自动驾驶汽车、语音识别、虚拟现实等众多领域取得了惊人的突破，而这仅仅是开始。让我们一起启程，开始这段探索之旅吧。在这个旅程中，本书将始终在你身边，为你破解难题，激发灵感，让你深入了解深度学习的精髓。

深度学习的精髓在于它的学习方式，它能够从数据中提取规律和特征，然后做出智能决策。这种学习方式是受人类大脑的启发，但却比我们的大脑更快、更强大。通过本书，你将深入了解这种令人惊叹的学习机制，以及它如何塑造了我们的数字时代。

深度学习也是一个充满活力和创新的领域。每一天，都有新的发现和应用不断涌现，创造出改变世界的机会。作为读者，你将有机会深入参与到这一变革之中，不仅可以应用深度学习解决实际问题，还可以成为创新的推动者。

本书努力使复杂的概念变得清晰易懂，使抽象的数学变得有趣。无论你是一位学生、一位教育者、一位科技爱好者，还是一位企业家，你都能从中受益，深刻理解深度学习的精髓，将其应用到你的领域。

## 如何使用本书进行练习

为了帮助读者更好地理解本书涉及的原理，并且能够动手进行代码的实操练习，本书会在每个知识点后安排【原理输出】和【实操练习】环节。【原理输出】的主要目的是，让读者可以在 ChatGPT 的帮助下，反复理解知识点的原理——这样可以进一步加深大家的印象；而【实操练习】这个环节，可以让大家自己动手运行 Python 代码，这有助于大家在理解原理的同时，学会如何用代码进行实现。

要获得 ChatGPT 的帮助，首先需要在 OpenAI 的官方网站上的“Product”（产品）菜单下单击“ChatGPT”按钮，如图 1 所示。

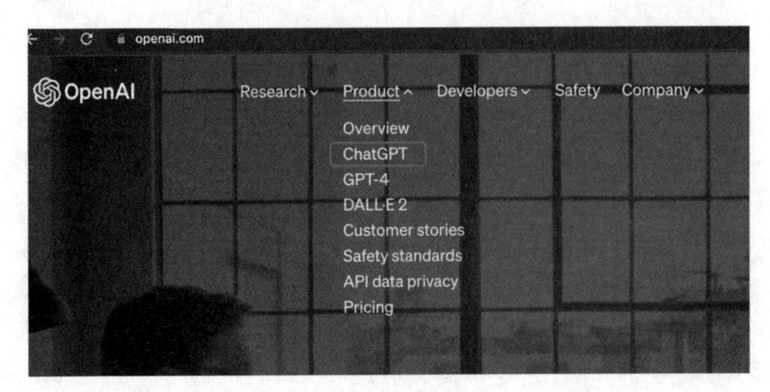


图 1　OpenAI 官方网站上的“ChatGPT”按钮

单击“ChatGPT”按钮之后，在新的页面右上角单击“Log in”（登录）按钮（这里假设读者已经拥有了 ChatGPT 的账号。注册账号的过程比较复杂，不在本书的讨论范围内），填写已经拥有的账号和密码，就可以通过“Try on web”（在网页上尝试）按钮进入与 ChatGPT 交互的界面了，如图 2 所示。

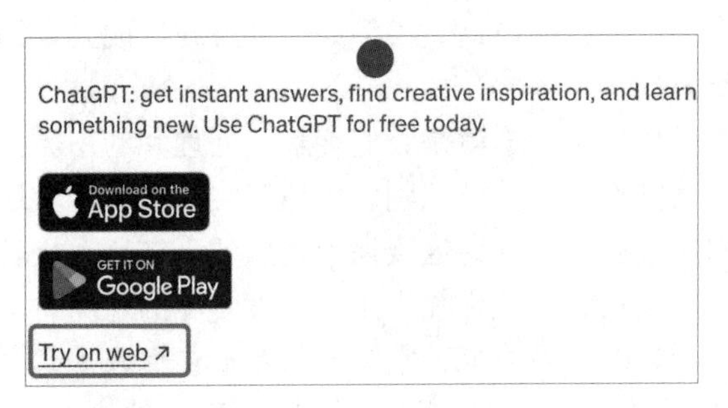


图 2　通过“Try on web”按钮进入交互界面

在交互界面的对话框中，输入我们的问题（提示词）并按“Enter”键发送，就可以看到 ChatGPT 开始生成答复，如图 3 所示。

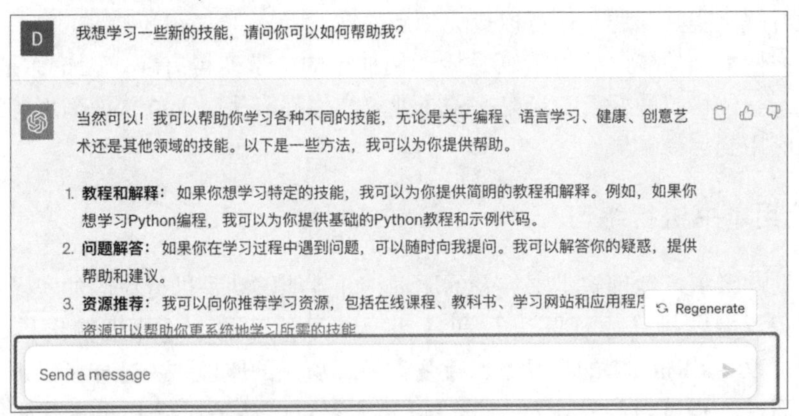


图 3　在对话框中输入提示词并发送，就可以看到 ChatGPT 生成的答复

在了解了 ChatGPT 的基本用法后，我们来详细介绍如何完成本书的【原理输出】和【实操练习】环节。

### 如何完成【原理输出】

**第一步**：在【原理输出】环节，读者可以对 ChatGPT 输入诸如“请简要介绍×××”“请用贴近生活的例子解释×××”，或是“用幽默风趣的语言解释×××”等，从而让 ChatGPT 生成内容。

例如，这里我们对 ChatGPT 使用提示词“请用幽默的语言介绍一下 Python，300 字左右”，就会得到如下答复。

Python，这个名字就很有趣，和蟒蛇有关系吗？不管怎样，Python 是一种非常“中二”的编程语言。脑洞大开的程序员们把它用在了各种奇妙的场合中，比如数据分析、AI、Web 开发等。

Python 简洁优美的语法让人一见钟情，就像看到女神时的感觉一样。这个语言还非常友好，再也不用担心被恶魔般的复杂代码所困扰了。

而且 Python 社区超活跃，一有问题就有一大堆的热心程序员来帮你解答。就像在野外探险时遇到同伴一样，你会感到无比安心。

最重要的是，Python 真的很有用！你可以用它来做各种有趣的事情，比如我自己就用 Python 写了一个小游戏，每次都能吸引一群宅男宅女来挑战。

总之，Python 就像是一场欢乐的派对，你绝对不能错过。学习它，你会发现自己像个超级英雄一样，可以通过编程改变这个世界！

**第二步**：当 ChatGPT 写好文案之后，我们可以再手动进行一些修改，直到对文案满意为止。接下来就可以进行视频制作了。当然，现如今制作视频没有那么复杂，有一些软件可以根据大家的文案自动生成视频，例如下面演示的“剪映”。安装并运行“剪映”之后，我们在主界面可以看到“图文成片”按钮，如图 4 所示。

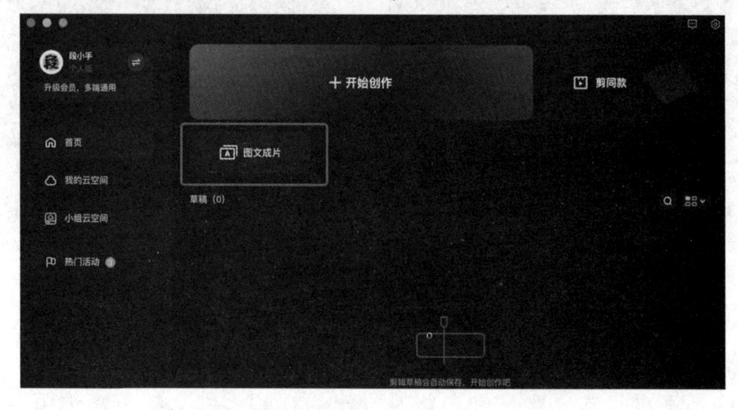


图 4　“剪映”的图文成片功能

在单击“图文成片”按钮之后，可以看到弹出一个新的窗口。在这个窗口中，大家可以把在第一步中生成的文案粘贴进来，并且可以选择朗读的音色，如图 5 所示。

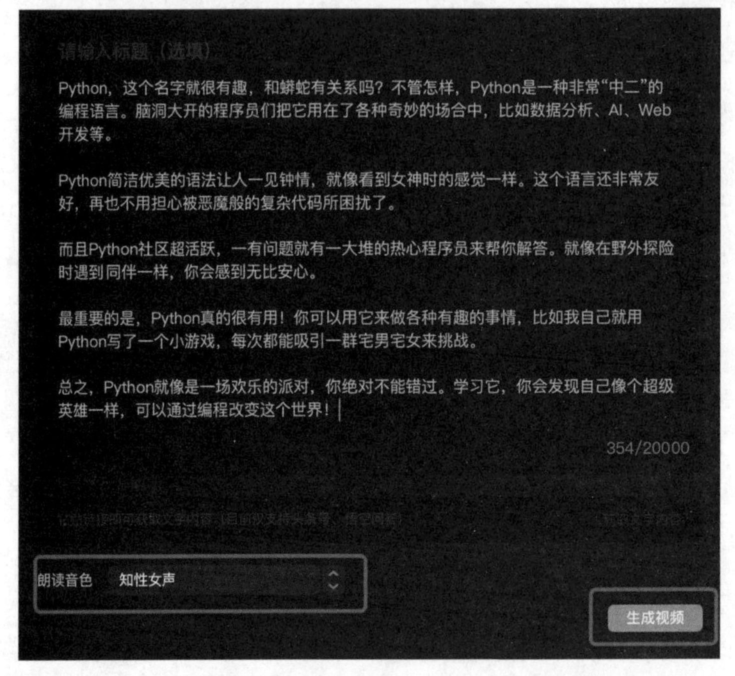


图 5　将文案粘贴到“剪映”中并选择朗读音色

**第三步**：在完成上面的设置后，单击“生成视频”按钮。稍等片刻，就会看到“剪映”自动匹配了素材，并加载到视频编辑的界面，如图 6 所示。

图 6　视频编辑界面

在视频编辑界面，大家可以对素材、音乐等元素进行进一步的调整，直到满意为止，然后单击右上角的“导出”按钮，将其导出为视频文件。接下来你可以将自己的作品上传到社交媒体，说不定一下就火了！

本书会在每个知识点后，附一些供大家参考的提示词。相信你会非常轻松地完成【原理输出】的练习。

当然，本书对每个知识点也制作了视频供大家参考。读者可以在本书提供的下载地址中，根据编号找到对应的参考视频。

## 如何完成【实操练习】

理论知识和动手实践相辅相成。深度学习不仅是一门关于理论的学科，更是一个需要不断实践和探索的领域。通过动手实践生成代码，大家将能够更深入地理解和掌握深度学习的核心概念和技能，为自己的学习之旅增添无限的价值。因此本书将会和各位读者一起，使用 Colab 平台进行代码的练习。这样最大的好处：Colab 提供了 GPU 算力，并集成了 TensorFlow 等深度学习框架，读者无须在自己计算机上配置环境即可开始实操。

初次接触 Colab 的读者，只需按照下面的步骤操作即可。

**第一步**：访问 Colab 官网，使用自己的 Google 账号登录并单击“New Notebook”按钮，新建一个 Notebook 文件，如图 7 所示。

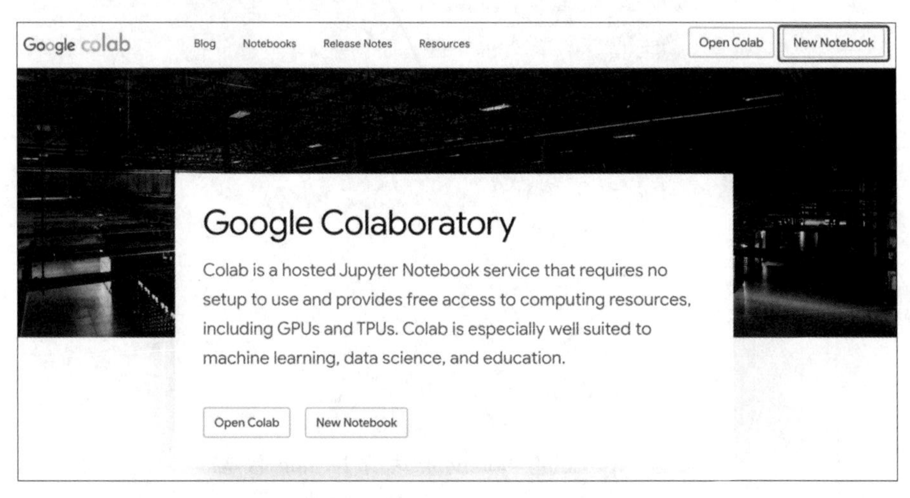


图 7　在 Colab 新建 Notebook

**第二步**：在创建好 Notebook 文件之后，大家就可以在新建的 Notebook 中编写代码了。如果觉得困难，可以求助 ChatGPT，例如使用提示词“请用 Matplotlib 绘制一个心形”，会得到如下答复。

**好的，这里是用 Matplotlib 绘制心形的代码：**

```
`python
import numpy as np
import matplotlib. pyplot as plt
```

```
t = np. linspace (0, 2 * np. pi, 1000)
x = 16 * np. sin (t) * * 3
y = 13 * np. cos (t) - 5 * np. cos (2 * t) - 2 * np. cos (3 * t) - np. cos (4 * t)
plt. plot (x, y, color=´red´, linewidth=2) plt. axis (´equal´)
plt. show ()
```

**这个程序会生成一个心形图形，你可以自己运行一下看看效果。**

接下来，我们可以把 ChatGPT 生成的代码复制粘贴到 Colab Notebook 中并运行，如图 8 所示。

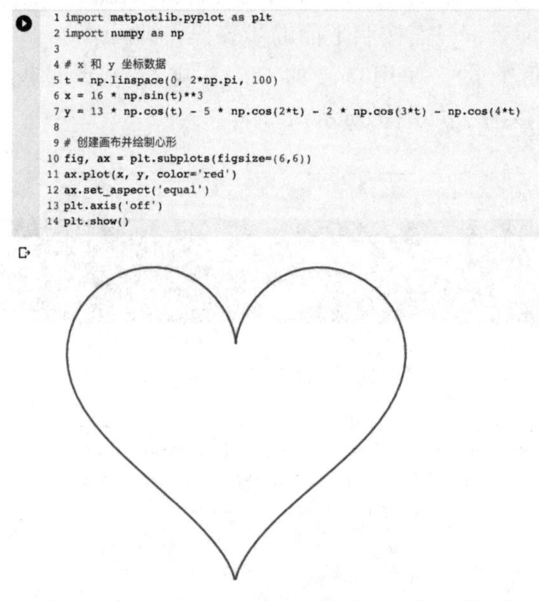


图 8　在 Colab Notebook 运行 Python 代码

本书在每一个知识点的后面，都会附上【实操练习】的小贴士，为大家提供一些可参考的提示词，让 ChatGPT 生成相关的代码供大家学习研究。

当然，本书也会提供参考代码供大家下载，相关资源已上传至百度网盘，供读者下载。请读者关注封底“博雅读书社”微信公众号，找到“资源下载”栏目，输入本书 77 页的资源下载码，根据提示获取。

如果你已经准备好，就跟着本书的引导踏上深度学习的征程吧！相信你将在这个领域中得到无限的乐趣和启发，也会为未来的技术进步做出自己的贡献。

# 目录

# 第 1 章 绪　论

了解深度学习的发展历史对于从事人工智能和机器学习领域的人来说非常重要。首先，深度学习是在长时间的研究、实验和进化中逐步发展起来的，了解这个过程可以帮助我们更好地理解深度学习的核心概念和方法。其次，深度学习的发展历史涉及许多重要的里程碑和突破，这些突破推动着深度学习在各个领域的应用和发展。最后，了解深度学习的历史可以帮助我们预测未来的发展趋势和方向，从而更好地为未来做准备。

所以本章将和大家一起回顾一下深度学习的发展历程，以及在这个过程中为推动深度学习发展做出重大贡献的一些名人。

## 1.1 深度学习的前世今生

可能许多读者都会以为深度学习是最近几年才出现的。其实它的历史可以追溯到 20 世纪 40 年代，只不过因为它曾经被冷落、换了无数个名字，所以才没那么出名。这个领域就像一个艺人，经历了各种改头换面，最后才开始走红。

深度学习这个领域的历史，就像一个人经历了三次浪潮。第一次是在 20 世纪四五十年代，它还很稚嫩，只不过藏在“控制论”里，像小朋友玩捉迷藏。第二次则是在 20 世纪八九十年代，深度学习变成了一个抽象概念——联结主义，背起来比说唱还难。第三次是在 2006 年，它真正以“深度学习”之名复出，如同一个重归江湖的大佬，就像图1-1所示的这样。

图 1-1　从控制论到联结主义，再到深度学习

深度学习是机器学习的一个重要分支，它专注于利用多层网络组合的原理来提取和表示数据的特征，这一原理恰好与神经科学中的某些观点相契合。深度学习通过构建复杂的神经网络模型，能够捕捉数据中的复杂模式和关系，从而实现更高级别的学习和推理。

### 1.1.1 神经科学的启发

现代深度学习最早的前身，其实从神经科学角度切入的简单线性模型。它们就像一群小学生，用 $x_1, x_2, \ldots, x_n$ 来试图理解复杂的世界，并把它们和输出 $y$ 联系起来。这些模型希望通过学习一组权重 $w_1, w_2, \ldots, w_n$ 来计算它们的输出 $f(x, w) = x_1w_1 + \ldots + x_nw_n$。听起来就像一群勤奋的小学生在认真学习数学。第一波神经网络研究浪潮被称为“控制论”，让人感觉充满了掌控一切的力量。

McCulloch-Pitts 神经元是脑功能的早期模型，好比是神经科学领域里的老前辈。这个线性模型可以通过检测函数 $f(x, w)$ 的正负来区分两种不同类别的输入。当然啦，为了让模型输出正确的类别，它的权重需要被设置得恰到好处。而这些权重，只能靠操作员精心设置！后来，在 20 世纪 50 年代，感知机（Frank Rosenblatt 于 1957 年提出）出现了，它可以根据每个类别的输入样本来自动学习权重。同时，自适应线性单元（Adaptive Linear Element，ADALINE）单纯地返回函数 $f(x)$ 本身的值，以便预测实数，并且它还可以通过数据学习如何进行这些预测。

图 1-2 学习算法，就像是往煎饼馃子里逐步添加调料，让它越来越好吃

这些简单的学习算法就像路边摊上的小吃，虽然看似普通却大大影响了机器学习的现代景象。就像我们在煎饼馃子里加点鸡蛋、火腿等调料一样，用于调节 ADALINE 权重的训练算法也进行了一些改进，被称为随机梯度下降。这种算法仍然是当今深度学习的主要训练算法，它能够非常高效地训练模型，如图 1-2 所示。

就好像感知机和 ADALINE 中使用的函数 $f(x, w)$ 一样，线性模型也是机器学习中非常重要的一个模型。虽然在许多情况下，我们需要对这些模型进行改良和调整（就像我们在做菜时会根据口味加入不同的佐料一样），但是它们仍然是目前最广泛使用的机器学习模型。就像一道基础菜肴一样，线性模型为我们提供了一个强大的基础，可以用来解决各种各样的问题，比如预测房价、股票走势等。虽然有时候需要进行改进或升级，但是线性模型对于机器学习的发展起到了至关重要的作用。

线性模型虽然是机器学习中最广泛应用的模型之一，但也存在着很多局限性。其中最典型的就是无法学习异或（XOR）函数，这种情况被称为“线性不可分”。换句话说，线性模型无法解决某些非线性问题，就像我们无法用筷子喝汤一样。当观察到线性模型存在这种缺陷时，批评者们对受生物学启发的学习产生了抵触，这导致了神经网络浪潮的第一次大衰退。

不过，随着时间的推移和技术的进步，人们又开始重新关注神经网络，并且开发出了一些能够克服这些局限性的新算法和模型，让我们能够更好地解决复杂的问题，就像我们学会了使用不同类型的餐具来吃不同的食物一样。

可能很多刚开始接触深度学习的读者都很崇尚神经科学——毕竟它可是深度学习研究的“灵感大本营”。但是事实上，神经科学在深度学习里的作用已经被削弱了。原因是我们根本没法从大脑里获取足够的信息来指导深度学习的研究！想要深入理解大脑对算法的使用原理，我们至少需要监测数千个相邻的神经元同时活动的情况。可是现在我们连这点都做不到，更别提去理解大脑最基础、最深入研究的部分了。

但是，神经科学是深度学习解决各种任务的理论支持。有些神经学家甚至把雪貂的大脑重新连接，让它们用听觉处理区域去“看”东西，结果发现它们真的可以学会这个技能。这说明大多数哺乳动物的大脑可以用同一种算法来解决各种不同的任务。在此之前，机器学习研究都比较分散，研究人员各自在自然语言处理、计算机视觉、运动规划和语音识别等领域里搞研究。但是现在，深度学习研究团体却很常见地同时研究许多甚至所有这些应用领域。所以说，神经科学可是个“大忙人”！

我们可以从神经科学中汲取一些有用的灵感。比如说，大脑里神经元之间相互作用的计算方式启发了我们实现“只要会算就能变聪明”的目标。还有一个叫“新认知机”的东西，它模仿哺乳动物视觉系统的结构，成功地搭建了一个超级强大的图片处理模型——这后来甚至成了卷积神经网络的基础。不过，现在大多数神经网络都是基于“整流线性单元”这个名字很高大上的神经单元模型的。当然，最早的那个“原始认知机”更加复杂，但现在的版本吸收了各种思想，有的来自工程界、有的来自神经科学领域，形成了一种更加简化但同样有效的模型。虽然神经科学对于我们的灵感十分重要，但是我们也不必全部照搬，因为真实的神经元和现代整流线性单元计算起来可是大不一样！而且到目前为止，更接近真实神经网络的系统并不能直接提升机器学习性能。所以，我们可以从神经科学中获得启示，但是在训练这些模型时，我们也需要仔细斟酌，不能生搬硬套。

很多媒体总是强调深度学习和大脑的相似性。虽然深度学习研究者比其他机器学习领域的研究者更容易引用大脑作为灵感，但这并不意味着深度学习就是在模拟大脑！其实现代深度学习是从好多领域获取灵感的，比如数学中的线性代数、概率论、信息论和数值优化等。当然，有些深度学习的研究者会把神经科学引用作为重要来源，但也有研究者完全不关心神经科学。就像我们吃饭一样，有人喜欢甜的、辣的、咸的，有人却只管它好不好吃。所以，深度学习并不是非得模仿大脑才可以。

**注意**：有些学者也在研究大脑的算法层面，也就是所谓的计算神经科学。别把它和深度学习搞混了，虽然它们有时候会互相研究，但它们还是两个不同的领域。深度学习主要关注如何让计算机变得更聪明，而计算神经科学则致力于模拟大脑神经元的工作原理。简单来说，前者是教计算机怎么学习，后者是教我们怎么搞懂大脑在想什么。

### 1.1.2 联结主义的兴起

在20世纪80年代，神经网络研究的第二次浪潮出现了，它就像一条激流，带来了联结主义和并行分布处理的风潮。联结主义和认知科学差不多，都是融合多个层次的跨领域思维方式。早前的认知科学家主要考虑符号推理模型，这种模型虽然很受欢迎，但是真的难以用来解释大脑是如何运作的。于是，联结主义者开始深入研究基于神经系统实现的认知模型，在心理学家 Donald Hebb 的工作中找到了很多复苏的灵感。

联结主义理论的中心思想是，当大量简单的计算单元相互连接时，就能够实现智能行为。这一点也同样适用于人类身体内的神经元。神经元是人类神经系统中最基本的组成部分，它们通过神经元轴突和树突之间的连接进行通信。神经元的数量非常庞大，而它们的相互连接也非常复杂。这种神经元之间错综复杂的连接方式可以被看作一种网络，它使大脑能够执行各种不同的任务。

联结主义的另一个核心概念是学习与记忆。神经元之间的连接可以通过反复使用而变得更加强壮，从而使其更容易激活。这就是我们所说的记忆。此外，神经元之间的连接还可以自适应地进行调整，以适应新信息的输入，这就是学习。因此，联结主义被广泛应用于人工智能领域，其目的是模仿人类大脑的运作方式，让计算机能够像人类一样进行学习和记忆。

用生活中常见的例子来解释，就像家里的电线一样，连接起来才能点亮更多的灯泡，让房间更加明亮，如图 1-3 所示。神经元连接起来，也可以产生智能行为。

图 1-3　联结主义的思想，就像是用电线把多个灯泡连起来一样

虽然联结主义是 20 世纪 80 年代的一个老话题，不过别小瞧这个“老古董”，它的几个关键概念在今天的深度学习中还是非常重要的。其中有一个概念叫作“分布式表示”，就是要让系统对每一个输入都用多个特征表示，并且每个特征都应该参与到多个可能输入的表示。简单来说，就像我们在分辨红色、绿色或蓝色的挖掘机、潜水艇和手电筒时，用了分布式表示法把颜色和对象身份描述分开，这样就只需要 6 个神经元而不是 9 个。

而说到联结主义，就不得不提起另一个概念——反向传播算法。深度神经网络的反向传播算法就像是一位超级保姆，无论你要做什么事情，它都能为你提供全程指导和帮助。虽然这个算法曾经不太受欢迎，但现在它已经成为训练深度学习模型的“金牌教练”，因为它可以为模型提供完美的训练路线和理想的参数调整方案。就像你要学习如何打篮球，虽然你可能会犯错、跑偏，但是有一位好的教练带领你，你就能更快地进步，成为一个出色的球员。同样地，反向传播算法可以帮助深度学习模型更好地理解数据，找到最优的信息表达方式，从而提高准确性和稳定性。所以，要想成为一名深度学习大师，掌握反向传播算法是必备的条件。

到了20世纪90年代，使用神经网络进行序列建模取得了重要进展，例如大名鼎鼎的长短期记忆网络。长短期记忆网络（Long Short-Term Memory，LSTM）听起来好像是一位超级记忆高手。例如，你在上学时要背诵很多单词和公式，但总有一些东西你不容易记住。现在，LSTM就像你的“小助理”一样，可以帮你轻松地记住这些难以理解的概念。虽然之前研究人员遇到了一些根本性数学难题，但是LSTM网络出现了，它可以记住过去发生的事情，并预测未来可能发生的事情，就像是你在回忆过去、计划未来一样。所以，如果你还在为记忆力差而苦恼，不妨让LSTM来当一名“私人助理”，相信它一定会让你的记忆力提升到一个新的水平。

在当时，许多基于神经网络和其他AI技术的创业公司争先恐后地寻求投资，它们的野心非常大，但却不够实际。因此，当这些不合理的期望没有被实现时，投资者感到了失望。与此同时，机器学习的其他领域却取得了长足的进步，比如核方法和图模型都在很多重要任务上实现了很好的效果。这就像是神经网络半路跌倒了，而核方法和图模型却顺利地走上了巅峰。所以，神经网络浪潮的第二次衰退就这样开始了，并且一直持续到2007年。也许这就是科技界的残酷现实，有时候即便再努力，也可能会被其他更优秀的技术击败。

即便如此，神经网络也还是在一些任务上表现得越来越好。图灵奖得主LeCun和Bengio都发表了令人印象深刻的论文。加拿大高级研究所（CIFAR）还有个很厉害的计划，叫作神经计算和自适应感知（NCAP），可以帮助维持神经网络研究，他们联合了多伦多大学、蒙特利尔大学和纽约大学的机器学习研究小组，领头的分别是Geoffrey Hinton、Yoshua Bengio和Yann LeCun。这个团队还有神经科学家、人类和计算机视觉专家，可谓是汇聚了各行各业的精英。

当我们面对一道看似很难的数学题时，可能会望而却步。人们普遍认为，和解一道数学难题一样，深度神经网络也很难训练，一时间不知道如何下手。但是，事实上，这道题可能只是看起来有些棘手，它并不是无解之谜，深度神经网络也不是不能训练。就像20世纪80年代存在的算法一样，它们虽然早已问世，但直到2006年前后才经过充分的实验，真正地展现出其威力。或许，深度神经网络也一样，只是因为计算代价太高，以至于我们需要更强大的硬件来进行足够的实验。

### 1.1.3 大数据推动深度学习发展

到了2006年，出现了一个叫作深度信念网络的神经网络，它的训练方法被称为贪婪逐层预训练。这种方法非常有效，可以帮助我们训练比以前更深的神经网络。很多研究小组都发现了同样的策略，并将其应用于各种不同类型的深度网络。这些神经网络已经超越了其他机器学习技术和手工设计功能的AI系统。当然，在监督学习和使用大型标注数据集方面，它们仍然有很大的优化空间。但是随着时间的推移，它们也变得更加智能，更加优秀。

大量的数据是深度学习算法发展的基础。深度学习算法需要大量的数据来训练模型，从而提高模型的准确性和鲁棒性。这些数据可以是图片、文本、音频等各种形式的数据。

随着互联网和移动设备的普及，我们现在可以轻松地搜集和存储海量数据。同时，云计算技术的发展也使得处理这些大量数据变得更加容易，这为深度学习算法的广泛应用提供了支持。

图 1-4　深度学习需要大量数据和反复训练，就像我们练习打篮球一样

举个例子来说，就好比你在生活中学习一门新技能。你想要学会打篮球，开始的时候可能会看一些教学视频，听教练讲解基本动作。但是要想真正掌握篮球技术，则需要反复练习和不断调整。同样地，深度学习算法也需要大量的数据和反复的训练才能具备良好的性能，就像图 1-4 所示的这样。

虽然以前也有深度学习算法，但是并没有现在这么流行。那时候，用深度学习来解决实际问题被视为一种高级黑科技，只有专家才能搞得定。而现在，随着数据越来越多，深度学习的技巧也越来越容易掌握了。就好比最开始学篮球，你需要掌握的技巧很多，但随着练习的不断进行，这些技巧也逐渐变得简单明了。

现在，我们的生活越来越数字化，几乎所有的活动都离不开计算机，这自然也导致产生了越来越多的数据。这些数据记录了我们的方方面面，可以用于机器学习的数据集也因此越来越大。这就像你天天练习篮球，记录下每一次的进步和改善，最终可以形成一个庞大的技术库。有了这些数据，深度学习算法的表现也会越来越优秀，甚至能够达到人类的水平。

当然，要想让深度学习在更小的数据集上获得成功，还需要研究如何通过无监督学习或半监督学习充分利用大量的未标注样本。这就好比你练篮球时，可能教练不在身边，你只能自己摸索，并且借助于其他球员的经验和技巧。总之，随着数据规模的不断扩大和技术的不断提升，相信深度学习算法在未来一定会发挥更加重要的作用。

## 1.2　模型复杂度的提升

早在 20 世纪 80 年代，计算资源比较紧缺，所以只能训练相对较小的模型。我们可以把这些模型看作“小聪明”，它们能够完成一些简单的任务，但要做出更复杂的决策还需要借助其他神经元的力量。

就像生活中的团队一样，单独的神经元或小组合作并不能创造出巨大的成果。只有当大量神经元齐心协力时，才能发挥出最强大的能量。我们现在拥有更多的计算资源，可以运行更大的模型，这使得神经网络变得非常成功。

在前几年，神经网络的神经元数目很少。但是自从隐藏单元引入以来，神经网络的规模就迅速扩大，平均每 2.4 年就会翻倍。

现在的神经网络，就像我们生活中的餐厅，不停地调整餐桌大小，增加客座位，以应对越来越多的顾客。而这种增长还是由更大内存、更快速的计算机和更大的数据集所推动的。比如，你上次去餐厅吃饭时，只有几桌客人，服务员可以轻松应对，但如果现在餐厅爆满了，那么你点菜等待的时间就会明显变长——这就需要让餐厅老板不停地扩大规模才行。

同理，一个更大的神经网络，也能够在更复杂的任务中实现更高的精度。而且这种趋势似乎会持续数十年，除非未来有什么新技术能够让我们快速扩张。不然的话，要等到很多年后，人工神经网络才能具备跟人脑相同数量级的神经元。而且生物神经元的功能比人工神经元更加复杂，所以要让神经网络能够达到人类的智能水平，光是神经元数量达到和人脑相同，还是远远不够的。

目前最先进的大语言模型，例如 OpenAI 的 GPT 模型，参数数量高达数十亿。相比之下，据科学家估计，人类大脑中的神经元数量约为 1000 亿。因此，现在的大语言模型参数数量虽然庞大，但仍然远远比不上人类大脑的神经元数量。如果要通过类比来形容的话，也许可以说现在的大语言模型参数数量相当于一只小老鼠的神经元数量，就像图 1-5 所示的这样。

图 1-5　就算是目前最先进的大语言模型，其神经元的数量也只相当于一只小老鼠的

随着更快的 CPU、通用 GPU 的出现，以及更好的分布式计算软件基础设施等科技的涌现，深度学习的模型规模也变得越来越大了！就像我们家里的电视机一样，从最开始的小盒子屏幕，到现在的巨幕高清电视，尺寸和质量都有了巨大的飞跃。我们可以想象一下，未来，深度学习的模型规模会变得比现在还要庞大，而且这种趋势还会持续下去。

最早的深度神经网络只能识别精确裁剪且非常小的图像中的单个对象。这就好比你要找一只袜子，但是只有一个小角落可以瞄到，还得把袜子从其他衣服里面单挑出来。不过现在的深度神经网络可就厉害多了，可以轻松地从一堆衣服中找到你要的袜子，就像你可以很轻松地在床上找到自己的被子，而且可以处理大尺寸高清照片，并且不需要精确裁剪。以前的深度神经网络只能识别两种对象，比如只能分辨两种水果，苹果和香蕉。但是现在的深度神经网络可以分辨至少 1000 种不同的物品，就像你可以在市场上分辨出无数种水果。如果说识别对象是一项比赛，那么每年的 ImageNet 大型视觉识别挑战就是冠军争夺战！卷积神经网络曾经为了拿到这个冠军，使尽浑身解数，将前五名的错误率从 26.1% 降到了 15.3%，就像运动员们在冠军赛场上奋力拼搏，十分激动人心！现在的深度学习更是厉害，前五名的错误率已经降到了 3.6%。

深度学习也对语音识别产生了巨大影响。在 20 世纪 90 年代，语音识别看起来潜力无限，但始终无法突破自我。尽管多方努力，它也只能停滞不前，就像一只被困在笼子里的小猫。然而，在深度学习的引领下，小猫终于摆脱了束缚，成了一只自由自在、优美动人的大猫。在诸多研究者的努力下，语音识别错误率陡然下降，好像突然间所有的声音都清晰明了起来，有些错误率甚至降低了一半。

现在，我们可以轻松地用语音指挥手机，让它帮我们完成各种任务，这些强大的功能背后，深度学习功不可没！

随着深度神经网络的规模和精度不断地提高，现在它甚至可以学会描述图像的整个字符序列，就像小学生能够背诵全唐诗一样厉害。之前人们认为必须标注单个元素才行，但现在深度神经网络已经可以轻松搞定序列与序列之间的关系。比如，它能够让计算机不再只看到输入之间的关系，而是真正理解它们之间的联系。这种技术似乎引领着另一个应用的颠覆性发展，那就是机器翻译。

后来出现的神经图灵机不仅能读能写，还能自主学习简单程序。它只需要看看杂乱无章的样本，就能轻松学会各种技巧。以后我们再也不用头疼那些要花大力气才能完成的任务了。这种自我编程技术未来肯定会大放异彩，可以适用于几乎所有的任务。

与此同时，深度学习在强化学习领域的发展也日新月异。它就像一个自己玩游戏的小孩子一样，可以独立地通过不断试错来学会完成任务。机器人也受益于深度学习的进步，现在它们的强化学习性能大大提高，就像小学生考试前突然变得聪明一样，真是让人惊叹不已！

除了在计算机里训练出高智商，深度学习还能为神经科学贡献一份力量。现代卷积神经网络的对象识别技术让神经科学家们有了研究视觉处理模型的新工具，这下他们要感激深度学习了。深度学习不仅能处理海量数据和做出有效预测，还可以帮助制药公司设计新的药物，找寻亚原子粒子，甚至自动解析用于构建人脑三维图的显微镜图像。看来，深度学习可真是“全能型选手”。未来，我们期待能在越来越多的科学领域中见到深度学习的身影。

## 1.3 深度学习的名人轶事

深度学习的发展历程中有无数令人振奋的时刻和故事，这些故事的主角是那些执着于推动人工智能技术前进的杰出学者们，他们以其卓越的贡献和不懈的努力，将深度学习从一个理论概念变成了今天改变我们生活方式的重要技术。

### 1.3.1 阿兰·图灵的机器智能幻想

当我们探讨深度学习领域的名人轶事时，不容忽视的是阿兰·图灵（Alan Turing），这位被誉为计算机科学和人工智能奠基人的伟大思想家。他的工作和思想深刻地影响了深度学习和人工智能的发展，特别是由他提出的著名的“图灵测试”。

阿兰·图灵是20世纪计算机科学的巨匠之一。他不仅是数学家，还是计算机科学的奠基人之一，他的贡献不仅限于数学领域，还扩展到了理论计算机科学和人工智能。

阿兰·图灵的名字与“图灵测试”紧密相连，这一测试成为衡量机器智能的标志性方法。1950年，他发表的论文《计算机器与智能》中提出了这一思想实验。图灵的初衷是要探讨一个关键问题：机器是否能够思考，是否能表现出与人类智能相似的行为？

图灵测试的基本概念很简单：一个人与一个机器进行书面交流，如果这个人无法准确判断对方是机器还是人类，那么机器就通过了图灵测试，表明它在表现智能行为方面与人类无异，就像图 1-6 所示的这样。

图 1-6 如果人类无法判断和他交流的是机器还是人类，那么机器就通过了图灵测试

这个思想实验的初衷是深刻的。图灵并不仅仅想要探讨机器是否能够像人一样思考，更重要的是，他试图挑战传统的哲学和心理学观点，即只有人类才能具备智能。他认为，如果机器能够通过图灵测试，那么它们应该被认为具备了某种形式的智能。

图灵测试不仅激发了对机器智能的研究，还为人工智能领域的发展提供了方向。虽然至今尚未有机器完全通过图灵测试，但这一思想实验仍然是人工智能研究的基石之一，同时也让我们不断思考智能的本质，以及机器与人类之间的交互。

在深度学习的世界中，图灵的思想启发了许多研究者努力推进机器智能，使我们更接近实现他所设想的机器智能初衷。阿兰·图灵的工作和思想在深度学习和人工智能领域的历史中占据着重要的地位，他为我们提供了一个不断探讨和追求机器智能的框架。

### 1.3.2 Frank Rosenblatt 的感知器

Frank Rosenblatt 是一位具有卓越视觉和数学才能的科学家，他的工作在 20 世纪 50 年代和 60 年代为深度学习领域奠定了基础。他最著名的成就之一是感知器模型的提出，这被认为是人工智能和神经网络领域的开创性工作之一。

感知器是一种受启发于神经生物学的计算模型，旨在模拟人脑中的神经元工作原理。Rosenblatt 提出的感知器是一个由多个输入节点和一个输出节点组成的模型。每个输入节点都有一个相关的权重，这些权重用于调节输入的重要性。感知器的输出是输入与权重的加权和在经过一个阈值函数（通常是阶跃函数）处理后的结果。

感知器的关键思想是学习权重，以便模型可以自动调整以进行正确的分类。Rosenblatt 提出了一种学习算法，被称为“感知器学习规则”，该算法根据模型的输出与期望输出之间的差异来更新权重。这种权重更新使感知器能够逐渐学习从输入到输出之间的正确映射，从而实现分类任务。

图 1-7 无法解决复杂的非线性问题，是感知器的局限性之一

尽管感知器模型在当时引起了广泛的兴趣，但后来被发现感知器有一些局限性。最著名的局限性之一是感知器只能处理线性可分的问题，无法解决一些复杂的非线性问题。这一局限性限制了感知器在实际应用中的使用，就像图 1-7 所示的这样。

尽管感知器本身并没有成为深度学习领域的主流模型，但它作为神经网络的早期尝试，为后来的深度学习研究铺平了道路。感知器的基本思想——通过学习权重来自动化地执行分类任务——成为深度学习的核心概念之一。后来的神经网络模型扩展了感知器的能力，引入了非线性激活函数、多层结构和更复杂的架构，使得深度学习能够解决各种复杂的问题。

因此，尽管感知器本身具有一些局限性，但它在深度学习历史上的地位不可忽视。Frank Rosenblatt 的工作为深度学习领域的发展提供了关键的起点，他的探索和实验为后来的研究者提供了宝贵的经验教训，推动了深度学习的进步。

### 1.3.3 Geoffrey Hinton 的长路漫漫

Geoffrey Hinton 被公认为深度学习领域的重要推动者，他的工作对神经网络和深度学习的发展产生了深远的影响。Geoffrey Hinton 是一位著名的计算机科学家和神经网络研究者，他的工作在深度学习的早期阶段对该领域的发展产生了巨大的影响。他被誉为深度学习的奠基人之一，其研究成果和激情为深度学习赋予了新的生命。

在 20 世纪 80 年代和 90 年代，神经网络研究在学术界相对低迷，被认为不太实用。然而，Hinton 坚信神经网络具有潜力，他在这个领域孤注一掷，不断推动研究。他的工作在神经网络的训练中引入了一种被称为“反向传播”的算法，这个算法解决了神经网络训练中的一些关键问题，使得训练更加高效。

Hinton 的研究为深度学习的理论奠定了基础。他提出的“深度”概念强调了神经网络中多层结构的重要性，这使得神经网络可以更好地学习复杂的特征和表示。这个思想成为后来深度学习模型的核心。

Hinton 也在卷积神经网络（CNN）的发展中扮演了重要角色。CNN 是一种用于图像处理的深度学习模型，Hinton 的研究帮助我们加深了对 CNN 的理解，并推动了其在计算机视觉领域的广泛应用。

Hinton 的工作为深度学习的复兴铺平了道路。他的研究激发了一代新的研究者，推动了深度学习在各个领域的应用。他的工作也在 AlphaGo 等深度强化学习项目中发挥了关键作用，这些项目在国际象棋、围棋等游戏领域取得了突破，就像图 1-8 所示的这样。

图 1-8 Geoffrey Hinton 的工作也在 AlphaGo 等深度强化学习项目中发挥了关键作用

所以说，Geoffrey Hinton 以其卓越的贡献和不懈的追求将深度学习从理论推向实际应用，成为深度学习领域的杰出推动者。他的工作为神经网络和深度学习的发展提供了坚实的理论基础，同时也启发了数代研究者，将深度学习推向了今天的高度。

### 1.3.4 Yann LeCun 和卷积神经网络的奇迹

Yann LeCun 是深度学习领域的杰出科学家之一，他的工作对图像处理领域的革命产生了深远的影响，尤其是他对卷积神经网络的引入和推动。Yann LeCun 在研究生涯一直致力于开发和改进机器学习算法，特别是在图像处理方面。他的贡献不仅体现在深度学习领域的发展，还在计算机视觉领域产生了深远的影响。

Yann LeCun 和他的团队在 20 世纪 80 年代末提出了卷积神经网络，这是一种受生物学启发的神经网络模型。卷积神经网络的设计灵感来自人类视觉系统，它具有分层结构，能够自动从原始图像中提取特征，这使得它在图像处理和模式识别任务中表现出色。

卷积神经网络的关键思想之一是卷积层，这是一种用于特征提取的层次结构，通过卷积操作可以有效地捕捉图像中的局部特征，例如边缘、纹理等。此外，卷积神经网络还包括池化层，用于减小特征图的维度，从而降低计算复杂度和提高模型的鲁棒性。

卷积神经网络的提出和发展为图像处理领域带来了革命性的变革。它使得计算机可以自动识别和分类图像，完成如人脸识别、物体检测、图像分割等任务。这些功能广泛应用于医学图像分析、自动驾驶、安防监控等领域，产生了深远的社会和经济影响。

最具代表性的应用之一是在图像分类竞赛中的表现。2012 年，AlexNet（由 Alex Krizhevsky 设计，基于 CNN 的模型）在 ImageNet 竞赛中获得了惊人的成绩，它的性能大大超越了以往的方法，标志着深度学习在计算机视觉领域的崛起，就像图 1-9 所示的这样。

Yann LeCun 的工作不仅在学术界产生了巨大影响，还推动了工业界的发展。今天，CNN 已成为图像处理领域的标准工具，它的应用范围不断扩大，包括人脸解锁、虚拟现实、医疗影像分析等。

总的来说，Yann LeCun 对卷积神经网络的提出和发展，为图像处理领域带来了革命性的变革。他的工作不仅加速了深度学习的普及，还开辟了计算机视觉应用的新前景，为我们的数字时代带来了无限可能。

图 1-9　Yann LeCun 提出的 CNN，让深度学习在计算机视觉领域大放异彩

当我们回顾深度学习领域的名人轶事时，不仅仅是为了了解历史，更是为了汲取力量和灵感。这些杰出的科学家和研究者，以智慧、毅力和创新精神，不断推动着深度学习和人工智能的发展。

他们的故事告诉我们，追求知识和突破的旅程可能会充满挑战，但永不放弃是通向成功的关键。无论你是一名学生、一名研究者，还是一名工程师，深度学习领域都充满着机会和未知。只要你充满好奇心、坚定信念，勇敢面对挫折，你也可以成为这个领域的推动者和创新者。

# 第2章 深度学习中的线性代数

线性代数是深度学习的重要基础之一。深度学习模型使用向量和矩阵来表示输入和输出数据，而线性代数提供了处理这些向量和矩阵的工具和技术。

了解线性代数的基本概念和技能是理解深度学习的关键，可以帮助大家更好地理解深度学习模型的原理和设计，并有效地应用于实际问题中。

为了更好地理解线性代数，我们可以将其比喻成玩积木。这里的积木是数字，不同的数字可以组合成不同的形状。通过对这些数字进行加减乘除等运算，我们可以搭建出各种有趣的图案，这些图案可以代表现实世界中的很多实物或概念。

当然，如果你刚开始接触线性代数，可能会感到有些困难。但是，就像玩积木或搭乐高一样，从简单的开始，一步一步来，最终你也能成功搭建出复杂的建筑物。本章将重点介绍一些在深度学习中需要了解的线性代数知识。

## 2.1 标量、向量、矩阵与张量

### 2.1.1 什么是标量

标量是指只有大小没有方向的物理量或数值。在数学中，标量通常用实数表示，而在物理学中，标量可以表示质量、温度、时间等只有大小没有方向的量。

用生活中的例子来说，你在超市里买了一瓶可乐，而这瓶可乐上写着“500mL”。咦，这个数字好像就是一个标量！没错，标量就是表示只有大小但没有方向的数字或度量单位，就像图2-1所示的这样。

图2-1 生活中的标量

可乐的那个例子太简单了，再举一个吧：比如说，你知道自己每分钟可以跑100米，那这个数字也是一个标量哦！因为它只描述了你的速度大小，却没有说明你朝着哪个方向奔跑。

诸如此类的标量还有很多很多。比如，我们经常会听到气温、血压、身高等数值，它们都是标量。虽然说它们有时候会有点单调，但是在生活中它们可是非常重要的！

总之，标量就是一个纯粹的数字，它只能用来表示大小，而无法表示方向。不过别看它单调，生活中却随处可见，你想想看，如果没有标量，我们怎么知道自己高矮胖瘦呢？

**原理输出 2.1**

为了帮助大家更好地理解和消化标量的概念，请大家按照前言中的方法录制一个长度约为 2 分钟的短视频，介绍什么是标量。

可以参考的 ChatGPT 提示词如下。

“请简要介绍什么是标量。”

“请结合生活中的例子，介绍标量的概念。”

“假设你是一位大学老师，请用轻松易懂的语言向学生讲解标量。”

**实操练习 2.1**

为了让大家可以用代码的形式学习标量的概念，接下来大家可以让 ChatGPT 生成代码演示标量，并在 Colab 新建一个 Notebook 文件运行这些代码。

小贴士

要让 ChatGPT 生成代码，可以参考的提示词如下。

“请用 Python 演示什么是标量，需要可视化。”

“用 Python 可视化的方法演示什么是标量。”

### 2.1.2 什么是向量

向量是一个有大小和方向的数学对象，通常用于描述空间中的物理量，如力、速度和位移等。在二维空间中，向量可以表示为具有两个分量（$x$ 和 $y$）的有序数组或坐标对。在三维空间中，向量可以表示为具有三个分量（$x$、$y$ 和 $z$）的有序数组或坐标三元组。向量的长度称为模或大小，方向由它所指的位置决定。向量的运算包括加法、减法、数量积和向量积等，这些运算可以帮助我们计算物理量的变化和相互作用，也是许多科学和工程领域中重要的数学工具。

用大白话来讲，向量其实就是“有方向的数字”，生活中有很多可以说明这个概念的例子。它就像我们日常生活中的箭头一样，例如玩飞盘，如果你把飞盘扔出去，它就会像一只飞翔的鸟一样一路飞行，最后落到某个地方。那么，在这个过程中，我们可以画一个箭头，即从你手里开始一直指向飞盘落地的地方，就像图 2-2 所示的这样。

这个箭头，也就是从你手里到飞盘落地点的有向线段，就是一个向量。

再举一个例子，想象一下你要开车去旅游。在道路上行驶时，我们经常需要调整方向。此刻，你的车正朝北行驶，但是你突然发现前面有一个山峰挡住了你的去路，于是你需要调整方向，往南或者往东或者往西。这个时候，你的调整方向的动作，就是一个向量。

总而言之，向量就是一个带有方向和大小的“箭头”，可以用来描述空间中的任何东西，比如力、速度、加速度等。

图 2-2　向量是“有方向的数字”

**原理输出 2.2**

为了帮助大家更好地理解和消化向量的概念，请大家在 ChatGPT 的帮助下，录制一个长度约为 2 分钟的短视频，介绍什么是向量。

**小贴士**

可以参考的 ChatGPT 提示词如下。
“请简要介绍什么是向量。”
“请结合生活中的例子，介绍向量的概念。”
“假设你是一位大学老师，请用轻松易懂的语言向学生讲解向量。”

**实操练习 2.2**

为了让大家可以用代码的形式学习向量的概念，接下来大家可以让 ChatGPT 生成示例代码，并在 Colab 新建一个 Notebook 文件运行这些代码。

**小贴士**

要让 ChatGPT 生成代码，可以参考的提示词如下。
“请用 Python 演示什么是向量，需要可视化。”
“用 Python 可视化的方法演示什么是向量。”

### 2.1.3　什么是矩阵

矩阵是一个由数字或符号排列成的矩形数组。矩阵中的每个数字或符号称为元素。矩阵可以用来表示线性方程组、向量和线性变换等数学概念，因此在数学、物理、工程、计算机科学等领域都有广泛应用。矩阵通常用大写字母表示，例如 A、B、C 等。一个 $n$ 行 $m$ 列的矩阵可以表示为一个 $n \times m$ 的矩阵。其中，$n$ 表示矩阵的行数，$m$ 表示矩阵的列数。矩阵中的元素可以用下标来表示，如 $\boldsymbol{A}_{ij}$ 表示矩阵 $\boldsymbol{A}$ 中第 $i$ 行第 $j$ 列的元素。

图 2-3　教室里的座位可以看成是一个“矩阵”

下面我们用生活中的例子介绍什么是矩阵。假设你想要坐在数学课上的前排座位，但老师告诉你只有一些位置是空着的，有一些位置已经被其他同学占了。你可以把这些位置放到一个表格里，每个位置都有一个行号和列号。这个表格就是一个矩阵，就像图 2-3 所示的这样。

现在你可能会问：“那这个矩阵有什么用呢?”其实矩阵不仅仅是一个表格，它还能帮助我们解决很多问题。例如，你想知道这个班级男生和女生的人数，你可以把男生和女生分别放到两个不同的矩阵里，然后对每个矩阵的行数求和，就能得到男生和女生的总人数。

更进一步地，矩阵还可以用来描述一些复杂的变化。比如说，你拿了一个纸片，把它旋转了一下，然后又压扁了一下，最后变成了一个新的图形。这个变化过程就可以用一个矩阵来表示，这个矩阵叫作变换矩阵。这样，我们就可以用矩阵来描述任何一个图形的旋转、缩放、平移等变换。

当然，矩阵并不只在数学中有用，在计算机科学、物理学、经济学等领域也都有广泛的应用。所以说，学习矩阵是非常重要的!

**原理输出 2.3**

为了帮助大家更好地理解和消化矩阵的概念，请大家在 ChatGPT 的帮助下，录制一个长度约为 2 分钟的短视频，介绍什么是矩阵。

**小贴士**

可以参考的 ChatGPT 提示词如下。

“请简要介绍什么是矩阵。”

“请结合生活中的例子，介绍矩阵的概念。”

“假设你是一位大学老师，请用轻松易懂的语言向学生讲解什么是矩阵。”

**实操练习 2.3**

为了让大家可以用代码的形式学习矩阵的概念，接下来大家可以让 ChatGPT 生成代码演示矩阵，并在 Colab 新建一个 Notebook 文件运行这些代码。

要让 ChatGPT 生成代码，可以参考的提示词如下。
“请用 Python 演示什么是矩阵，需要可视化。”
“用 Python 可视化的方法演示什么是矩阵。”

### 2.1.4　什么是张量

张量是一种数学对象，可以用来表示在向量、矩阵等数学结构的基础上进行推广的多维数据。它是具有特定变换规则的多重线性映射，可以被视为向量和矩阵的推广。在机器学习中，张量通常是指由数字组成的多维数组，例如，一个二维张量可以被认为是一个矩阵，而一个三维张量可以被认为是一个立方体或者多个矩阵叠加而成的堆积。张量在深度学习领域中被广泛应用，因为它可以有效地存储和处理大量的数据，并且通过张量运算可以实现很多机器学习算法。

回到日常生活中，可以发现一件物品有很多的属性，比如说，一个水杯可以有不同的颜色、形状、大小和重量等。在我们的生活中，很多东西都是由许多基本属性组成的。

那么，这些属性又是如何描述和组合起来的呢？这时候就需要用到张量了！你可以把它看作一个特殊的数据结构，可以用来表示任何数量的属性。就像我们的水杯，每个水杯都有不同的属性值，例如：它的颜色可以是红色、绿色或蓝色；它的大小可以是大杯、中杯或小杯；它的形状可以是圆形、方形或心形。你可以用一个三维张量来表示这个水杯的属性，其中第一维代表颜色，第二维代表大小，第三维代表形状，就像图 2-4 所示的这样。

图 2-4　张量可以用来描述物品的多种属性，例如大小、颜色、形状等

现在你可能会问：那么为什么要使用张量呢？其实很简单，因为张量可以更好地描述数据之间的关系。如果我们只是用单一的数值来描述一个物品，那么可能无法准确反映出它真正的特性。但是如果使用张量，我们就可以更好地捕捉到物品属性之间的关系，从而更好地理解它们。

总之，张量就像是我们日常生活中的一种数据结构，能够帮助我们更好地理解和描述世界。无论是在科学、工程还是其他领域，它都扮演着非常重要的角色。所以，如果你想成为一个真正的数据科学家，了解张量将会是一个非常好的开端！

**原理输出 2.4**

为了帮助大家更好地理解和消化张量的概念，请大家在 ChatGPT 的帮助下，录制一个长度约为 2 分钟的短视频，介绍什么是张量。

可以参考的 ChatGPT 提示词如下。
“请简要介绍什么是张量。”
“请结合生活中的例子，介绍张量的概念。”
“假设你是一位大学老师，请用轻松易懂的语言向学生讲解什么是张量。”

**实操练习 2.4**

为了让大家可以用代码的形式学习张量的概念，接下来大家可以让 ChatGPT 生成示例代码，并在 Colab 新建一个 Notebook 文件运行这些代码。

要让 ChatGPT 生成代码，可以参考的提示词如下。
“请用 Python 演示什么是张量，需要可视化。”
“用 Python 可视化的方法演示什么是张量。”

## 2.2 矩阵的运算

### 2.2.1 矩阵的转置

矩阵的转置是指将矩阵的行和列交换位置得到的新矩阵。例如，如果有一个 3 行 2 列的矩阵 $\boldsymbol{A}$：

$$\begin{bmatrix} 1 & 2 \\ 3 & 4 \\ 5 & 6 \end{bmatrix}$$

那么它的转置矩阵 $\boldsymbol{A}^{\mathrm{T}}$ 就是一个 2 行 3 列的矩阵，其行元素为原矩阵的列元素，排列的结果为：

$$\begin{bmatrix} 1 & 3 & 5 \\ 2 & 4 & 6 \end{bmatrix}$$

可以看出，矩阵的转置不改变矩阵的主对角线上的元素（即原矩阵中第 $i$ 行第 $j$ 列的元素，在转置后的矩阵中位置变为第 $j$ 行第 $i$ 列），但改变了矩阵中非主对角线上的元素的位置。矩阵的转置在很多数学和工程问题中都具有重要的应用。

结合生活中的例子来理解，大家可以把矩阵想象成一个二维的数据表格，就像是电影院的座位表，有排有列，每个格子里都有一个数值，代表这个位置上的数据。矩阵的转置其实就是把这个表格沿着对角线进行翻转。什么意思呢？就是说，原本在第一行第二列的数字，现在就会变成第二行第一列的数字。

用生活中的例子来说，就好比我们在看电影时，坐在座位表上第三排第四个座位，但是我们想换到第四排第三个座位，这时候就要找工作人员帮忙了。那么电影院座位表的转置就是将所有的座位行变成列，列变成行，然后我们再去找第四排第三个座位，就可以愉快地看电影啦，就像图 2-5 所示的这样。

图 2-5　将女孩的座位换到男孩后面，就像矩阵的转置

转置矩阵在很多领域都有重要的应用，比如在机器学习中，经常会使用转置矩阵进行特征提取和数据降维等操作。所以，掌握它可不仅仅是为了看电影方便。

### 原理输出 2.5

为了帮助大家更好地理解和消化矩阵的转置的概念，请大家在 ChatGPT 的帮助下，录制一个长度约为 2 分钟的短视频，介绍什么是矩阵的转置。

**小贴士**

可以参考的 ChatGPT 提示词如下。

“请简要介绍什么是矩阵的转置。”

“请结合生活中的例子，介绍矩阵的转置的概念。”

“假设你是一位大学老师，请用轻松易懂的语言向学生讲解矩阵的转置。”

### 实操练习 2.5

为了让大家可以用代码的形式学习矩阵的转置，接下来大家可以让 ChatGPT 生成代码进行演示，并在 Colab 新建一个 Notebook 文件运行这些代码。

**小贴士**

要让 ChatGPT 生成代码，可以参考的提示词如下。

“请用 Python 演示矩阵的转置，需要可视化。”

“用 Python 可视化的方法演示矩阵的转置。”

### 2.2.2 矩阵的广播

矩阵广播是一种在不同形状的数组之间进行运算的方法。它允许较小的数组通过复制其条目来与较大的数组进行操作，从而使它们具有相同的形状。

在矩阵广播中，系统会尝试将较小的数组沿着缺失的维度进行复制，以匹配较大数组的形状，然后再进行计算。例如，如果一个 2×2 的矩阵加上一个大小为 1×2 的行向量，则系统会自动将行向量扩展为 2×2 大小，使其与第一个矩阵具有相同的形状，然后再执行加法操作。

这种广播机制可以简化代码，并提高程序的效率，因为它避免了创建多个相同形状的数组，同时也增加了代码的可读性和灵活性。

例如，你和你的朋友一起去吃饭，你们俩要合作完成不同种类食物的搭配，比如汉堡加可乐、薯条加红豆冰淇淋……但是，你和你的朋友手上的食材数量却不相等，这时候该怎么办呢？

别担心，这就是矩阵的广播过程！矩阵的广播可以让你在处理不同形状的矩阵时，自动地扩展其中一个矩阵以匹配另一个矩阵的形状。就像你和你的朋友合作，只需要将其中一个人的食物量扩大到和另一个人一样多，然后再进行搭配。

举个例子，你有 6 个汉堡，摆成 2 行，每行有 3 个，这就可以看成是一个 2 行 3 列的矩阵 $\boldsymbol{A}$。而你的朋友有 3 杯可乐，摆成 1 行，可以看成是 1 个 1 行 3 列的矩阵 $\boldsymbol{B}$。现在你们要组合出 6 个汉堡可乐套餐，但你朋友手里的可乐不够。这怎么办呢？不要紧，你们可以用超能力把 3 杯可乐变成 6 杯。然后把可乐也摆成 2 行 3 列的矩阵，这样就可以和汉堡矩阵一起组合成 6 个套餐了。而你们把原本 1 行 3 列的可乐矩阵变成 2 行 3 列的过程，就可以类比为矩阵的广播，就像图 2-6 所示的这样。

图 2-6　将可乐“广播”来匹配汉堡的数量

**原理输出 2.6**

为了帮助大家更好地理解和消化矩阵的广播的概念，请大家在 ChatGPT 的帮助下，录制一个长度约为 2 分钟的短视频，介绍什么是矩阵的广播。

可以参考的 ChatGPT 提示词如下。

“请简要介绍什么是矩阵的广播。”

“请结合生活中的例子，介绍矩阵的广播的概念。”

“假设你是一位大学老师，请用轻松易懂的语言向学生讲解矩阵的广播。”

**实操练习 2.6**

为了让大家可以用代码的形式学习矩阵的广播，接下来大家可以让 ChatGPT 生成代码演示，并在 Colab 新建一个 Notebook 文件运行这些代码。

要让 ChatGPT 生成代码，可以参考的提示词如下。

“请用 Python 演示矩阵的广播，需要可视化。”

“用 Python 可视化的方法演示矩阵的广播。”

### 2.2.3　矩阵乘法

矩阵乘法是指两个矩阵相乘的操作。对于两个矩阵 $\boldsymbol{A}$ 和 $\boldsymbol{B}$，如果 $\boldsymbol{A}$ 的列数等于 $\boldsymbol{B}$ 的行数，则可以进行矩阵乘法。具体来说，设 $\boldsymbol{A}$ 为 $m \times n$ 的矩阵（即有 $m$ 行、$n$ 列），$\boldsymbol{B}$ 为 $n \times p$ 的矩阵（即有 $n$ 行、$p$ 列），则它们的乘积记作 $\boldsymbol{C}$，$\boldsymbol{C}$ 为 $m \times p$ 的矩阵，其中 $\boldsymbol{C}$ 中第 $i$ 行第 $j$ 列的元素等于 $\boldsymbol{A}$ 中第 $i$ 行与 $\boldsymbol{B}$ 中第 $j$ 列对应元素的乘积之和。

用通俗的语言来理解——假设你是一家餐厅的老板，经营着不同种类的菜品，比如牛排、鸡肉、青菜等。同时，你有一份菜单，上面列出了每种菜品的名称、价格和描述。

现在，你想要知道如果顾客点了牛排、青菜和土豆泥，他们需要支付多少钱。这时候，你可以去菜单上找到这些菜品对应的价格，然后把它们加起来，就能得到总价了。

这就好比是对两个向量进行内积运算，也就是简单地相乘并相加。

但是，如果你的餐厅变得越来越受欢迎，你可能会遇到更多的订单，有些订单中会有重复的菜品，比如有人点了两份牛排或者三份青菜。

这时候，你不能简单地将所有的价格加起来，因为你会计算出错误的总价。你需要将每种菜品的数量和价格相乘，再相加得到总价，就像图 2-7 所示的这样。

这就是矩阵乘法的过程，其中一个矩阵代表菜品和它们的价格，另一个矩阵代表每种菜品的数量。通过将这两个矩阵相乘并相加，你最终可以得到正确的总价。

图 2-7 菜品的数量与价格相乘后再相加，也可以看成是矩阵乘法

所以，矩阵乘法就是一种用于处理大量数据的算法，它的原理类似于你在餐厅中计算订单价格的过程。

**原理输出 2.7**

为了帮助大家更好地理解和消化矩阵乘法的概念，请大家在 ChatGPT 的帮助下，录制一个长度约为 2 分钟的短视频，介绍什么是矩阵乘法。

**小贴士**

可以参考的 ChatGPT 提示词如下。
“请简要介绍什么是矩阵乘法。”
“请结合生活中的例子，介绍矩阵乘法的概念。”
“假设你是一位大学老师，请用轻松易懂的语言向学生讲解矩阵乘法。”

**实操练习 2.7**

为了让大家可以用代码的形式学习矩阵乘法，接下来大家可以让 ChatGPT 生成代码演示，并在 Colab 新建一个 Notebook 文件运行这些代码。

**小贴士**

要让 ChatGPT 生成代码，可以参考的提示词如下。
“请用 Python 演示矩阵乘法，需要可视化。”
“用 Python 可视化的方法演示矩阵乘法。”

## 2.3 单位矩阵与逆矩阵

### 2.3.1 什么是单位矩阵

单位矩阵是一个方阵，它在主对角线上的元素都是 1，其余元素都是 0。通常用符号 $\boldsymbol{I}$ 表示单位矩阵。例如，2 阶单位矩阵可以写成：

$$\begin{bmatrix}1 & 0\\0 & 1\end{bmatrix}$$

单位矩阵在线性代数中扮演着重要的角色，因为它是矩阵乘法的单位元，即任何矩阵和它相乘都等于原矩阵本身。同时，在求逆矩阵和解线性方程组时也经常会用到单位矩阵。

现在，通过一个有趣的故事来介绍什么是单位矩阵。假设你是一名厨师，正在制作一个蛋糕。你需要将每种配料的用量精确地称出来，以便蛋糕的味道不会太甜或太淡。但是，你的秤可能存在一定的偏差，这就会影响蛋糕的口感。

于是你想到了一个聪明的方法，你在称重之前先用一份“特殊”的食谱记录下每种配料应该加入的量。这份食谱是一份标准的参考，可以保证每次做蛋糕都做出同样的美味，就像图 2-8 所示的这样。

图 2-8　单位矩阵对角线上的元素是 1，其他都是 0

这个“特殊”的食谱就相当于我们所说的单位矩阵。它是一个包含相同数量的行和列的方阵，并且在对角线上所有元素的值都为 1，其余元素的值都为 0。这种矩阵能够在数学计算中起到类似于标准食谱的作用，使得我们可以更加精确地计算。

举个例子，如果你想要把两个矩阵相乘，其中一个矩阵是单位矩阵，那么矩阵相乘的结果就是另一个矩阵本身。

如果你对这个例子还有疑问，那就让我再用另一种方式来解释吧。假设你是一名小学生，正在上数学课。老师说：“同学们，如果我们把任何一个数和 1 相乘，结果都是这个数本身。”这时，你举起手来问：“老师，为什么呢？”老师回答道：“因为 1 是乘法中的单位元素。”

其实，这就是单位矩阵在矩阵乘法中的作用。它像数字 1 一样，是乘法中的单位元素，能够保持另一个矩阵的性质不变。所以，无论是蛋糕配料还是数学计算，只要有了标准的参考，我们都可以更加精确地完成任务。

### 原理输出 2.8

为了帮助大家更好地理解和消化单位矩阵的概念，请大家在 ChatGPT 的帮助下，录制一个长度约为 2 分钟的短视频，介绍什么是单位矩阵。

可以参考的ChatGPT提示词如下。

“请简要介绍什么是单位矩阵。”

“请结合生活中的例子，介绍单位矩阵的概念。”

“假设你是一位大学老师，请用轻松易懂的语言向学生讲解单位矩阵。”

**实操练习2.8**

为了让大家可以用代码的形式学习单位矩阵，接下来大家可以让ChatGPT生成代码演示，并在Colab新建一个Notebook文件运行这些代码。

要让ChatGPT生成代码，可以参考的提示词如下。

“请用Python演示单位矩阵，需要可视化。”

“用Python可视化的方法演示单位矩阵。”

### 2.3.2 什么是逆矩阵

逆矩阵是一个方阵，如果将其与原矩阵相乘得到单位矩阵，则称该方阵具有逆矩阵。逆矩阵的存在条件是原矩阵必须为可逆矩阵，也就是行列式不为零。

对于一个$n \times n$的可逆矩阵$\boldsymbol{A}$，其逆矩阵记为$\boldsymbol{A}^{-1}$，可以通过求解线性方程组来计算。具体地说即，如果$\boldsymbol{Ax}=\boldsymbol{b}$，则$\boldsymbol{x}=\boldsymbol{A}^{-1}\boldsymbol{b}$。

逆矩阵在线性代数和矩阵运算中非常重要，它用于解决线性方程组，计算矩阵的行列式、秩等问题。

回到生活中的例子，假设你还是前面那位厨师，正在为客人准备一道美味的煎饼。你在制作煎饼的过程中需要调整配料的比例，但你却发现自己只有一个配料桶，里面已经混合了所有的原料，包括面粉、鸡蛋和牛奶等。由于这些原料的比例不正确，你的煎饼很难做出完美的口感。

那么，如何解决这个问题呢？这时候逆矩阵就派上用场了。逆矩阵就像是一把万能的“配料筛子”，可以帮助你快速计算出每种原料的比例，从而制作出完美口感的煎饼。

具体来说，逆矩阵就是指对于一个给定的方阵，存在另一个方阵，使得两个方阵相乘的结果为单位矩阵。这个“逆矩阵”就如同一个魔术般的配料筛子，可以将混杂的原料按比例分离出来，从而使我们能够得到正确的成分配比，顺利制作出完美的煎饼，就像图2-9所示的这样。

当然，在实际生活中我们并不需要手工计算逆矩阵，因为计算机可以很快地完成这个工作。但是，这个例子可以帮助我们更好地理解逆矩阵的概念，并且感受到它的重要性，从而更好地应用于各种实际问题中。

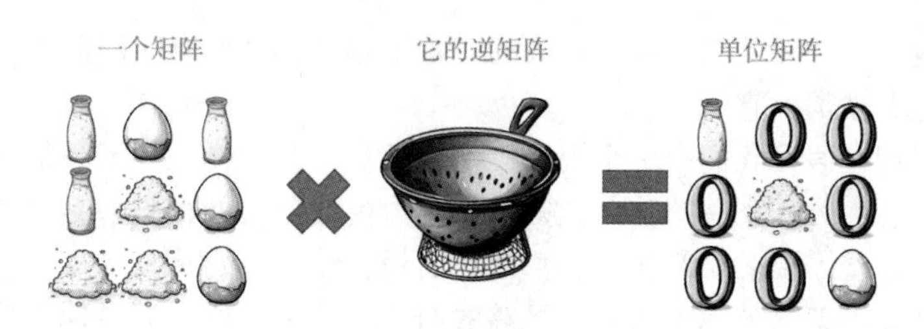


图 2-9　一个矩阵与它的逆矩阵相乘，就会得到一个单位矩阵

**原理输出 2.9**

为了帮助大家更好地理解和消化逆矩阵的概念，请大家在 ChatGPT 的帮助下，录制一个长度约为 2 分钟的短视频，介绍什么是逆矩阵。

可以参考的 ChatGPT 提示词如下。
“请简要介绍什么是逆矩阵。”
“请结合生活中的例子，介绍逆矩阵的概念。”
“假设你是一位大学老师，请用轻松易懂的语言向学生讲解逆矩阵。”

**实操练习 2.9**

为了让大家可以用代码的形式学习逆矩阵，接下来大家可以让 ChatGPT 生成代码演示，并在 Colab 新建一个 Notebook 文件运行这些代码。

小贴士

要让 ChatGPT 生成代码，可以参考的提示词如下。
“请用 Python 演示逆矩阵，需要可视化。”
“用 Python 可视化的方法演示逆矩阵。”

## 2.4　线性相关、生成子空间和范数

### 2.4.1　什么是线性相关

线性相关是指存在一组向量，其中至少有一个向量可以表示为其他向量的线性组合。更具体地说，如果我们有向量组 $\boldsymbol{V}$: $V_1, V_2, \dots, V_n$，并且存在不全为零的标量 $C_1, C_2, \dots, C_n$，使得 $C_1\boldsymbol{V}_1+C_2\boldsymbol{V}_2+\dots+C_n\boldsymbol{V}_n=\boldsymbol{0}$，则这些向量是线性相关的。如果不存在这样的非零系

数，则这些向量是线性无关的。线性相关的向量组包含冗余信息，因此在某些情况下可能需要通过线性组合来消除它们。

通俗地说，现在假设我们有一个大厨，他非常喜欢做蛋糕。一天，他决定要做两种不同口味的蛋糕：巧克力味和香草味。他知道巧克力蛋糕需要的材料包括巧克力、面粉、糖和牛奶，而香草蛋糕需要的材料包括香草精、面粉、糖和牛奶。

于是大厨开始准备材料，他买来了足够的面粉、糖和牛奶，但是他发现自己只有少量巧克力和香草精。这让他有些犯愁，因为他不知道这些材料是否足够做出两种口味的蛋糕。

于是他开始思考，他想知道如果他用一份巧克力来做一个巧克力蛋糕，那么他需要多少香草精才可以做一个相应的香草蛋糕。他把这个问题表示成数学形式，就是寻找一个线性函数，将巧克力的用量映射到香草精的用量上。

大厨通过试验发现，他需要用一份巧克力来配合一份香草精才可以做出两种蛋糕。这意味着它们之间存在着线性相关的关系，也就是说，当他使用更多的巧克力时，他必须使用相应数量的香草精来保持两种蛋糕的制作比例不变。

这就是线性相关的概念，它表示两个向量之间存在着一条直线的关系，或者说一个向量可以由另一个向量进行线性组合得到。在大厨的例子中，巧克力和香草精就相当于两个向量，它们之间的线性关系告诉我们如何在有限的材料下，制作出多种口味的蛋糕，就像图 2-10 所示的这样。

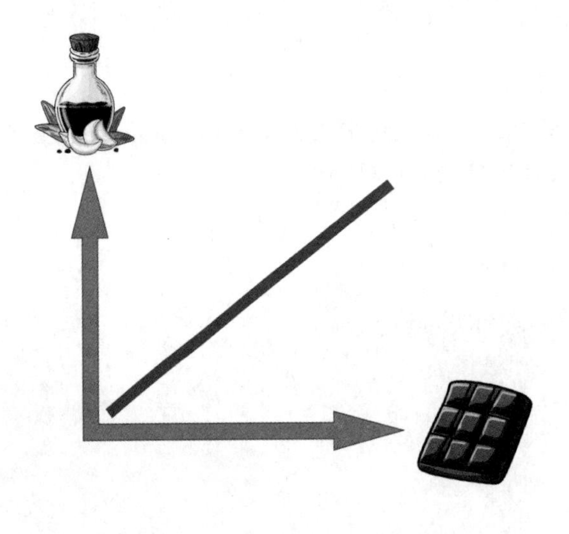

图 2-10　香草精的用量随着巧克力的增加而增加，它们是线性相关的

所以，如果你要成为一名好厨师，就需要理解线性相关的概念，这样你才能在做菜时灵活运用各种材料，制作出美味可口的佳肴！

### 原理输出 2.10

为了帮助大家更好地理解和消化线性相关的概念，请大家在 ChatGPT 的帮助下，录制一个长度约为 2 分钟的短视频，介绍什么是线性相关。

可以参考的 ChatGPT 提示词如下。
“请简要介绍什么是线性相关。”
“请结合生活中的例子，介绍线性相关的概念。”
“假设你是一位大学老师，请用轻松易懂的语言向学生讲解线性相关。”

**实操练习 2.10**

为了让大家可以用代码的形式学习线性相关，接下来大家可以让 ChatGPT 生成代码演示，并在 Colab 新建一个 Notebook 文件运行这些代码。

要让 ChatGPT 生成代码，可以参考的提示词如下。
“请用 Python 演示线性相关，需要可视化。”
“用 Python 可视化的方法演示线性相关。”

### 2.4.2　什么是生成子空间

生成子空间是指一个向量空间中的一个子集，它由该向量空间中的一组向量所生成。具体来说，给定向量空间 $\boldsymbol{V}$ 和其中的一组向量 $\boldsymbol{V}_1, \boldsymbol{V}_2, \dots, \boldsymbol{V}_n$，则这些向量生成的子空间 Span（$\boldsymbol{V}_1, \boldsymbol{V}_2, \dots, \boldsymbol{V}_n$）就是 $\boldsymbol{V}$ 的一个生成子空间。该子空间包含所有可由这些向量线性组合得到的向量。在生成子空间中，向量数量可以小于或等于向量空间的维度。

生成子空间听起来是一个比较抽象的概念，但其实它和我们平时生活中的事物有着异曲同工之妙。想一想，你家里是否有一个收纳杂物的抽屉？这个抽屉就可以被看作一个生成子空间。

首先，生成子空间就像是一个集合，里面装了一些向量。就像你的抽屉里放了一些零散的小东西。这些向量或小东西并不一定要相互关联，只要它们都在这个空间（抽屉）里就可以，就像图 2-11 所示的这样。

图 2-11　生成子空间，就像我们装着小物件的抽屉

而“生成”的意思就是说，你可以通过这些向量的线性组合，得到这个空间中的其他向量。就像你可以通过把抽屉里的杂物整理摆放，来得到更多的空间。

那么，“子空间”又是什么呢？简单来说，子空间就是指一个向量空间中的一个子集，满足向量加法和标量乘法封闭。这听起来比较玄乎，但其实很好理解——就好像你在抽屉里放的东西都是小物件，它们可以被放到抽屉里的任何一个角落，而且你还可以用手捏捏塞塞，让抽屉里的东西更紧密地挤在一起。

综上所述，生成子空间就是一个向量空间中由一组向量通过线性组合得到的所有向量的集合。就像家里的那个收纳抽屉，它可以帮你把零散的小物件整理出一个有序的空间。

**原理输出 2.11**

为了帮助大家更好地理解生成子空间的概念，请大家在 ChatGPT 的帮助下，录制一个长度约为 2 分钟的短视频，介绍什么是生成子空间。

可以参考的 ChatGPT 提示词如下。
“请简要介绍什么是生成子空间。”
“请结合生活中的例子，介绍生成子空间的概念。”
“假设你是一位大学老师，请用轻松易懂的语言向学生讲解生成子空间。”

**实操练习 2.11**

为了让大家可以用代码的形式学习生成子空间，接下来大家可以让 ChatGPT 生成代码演示，并在 Colab 新建一个 Notebook 文件运行这些代码。

要让 ChatGPT 生成代码，可以参考的提示词如下。
“请用 Python 演示生成子空间，需要可视化。”
“用 Python 可视化的方法演示生成子空间。”

### 2.4.3 什么是范数

范数是一个用来衡量向量大小的函数，通常用 $\|X\|$ 表示，其中 $X$ 是一个向量。范数在很多机器学习和数学问题中都有广泛应用。

常见的三种范数是 L1 范数、L2 范数和无穷范数，它们分别表示向量元素绝对值之和、元素平方和的平方根和元素绝对值的最大值。在机器学习领域中，L2 范数常用于正则化，而 L1 范数则常用于特征选择，因为它倾向于使一些特征的权重为零，从而达到特征选择的效果。

通俗来讲，范数这个概念其实很简单，就是用来衡量一个向量有多“长”的一种方法。想象一下你去买面包，你会看到面包上有一个重量标识，这个标识告诉你这个面包有多重。类比一下，我们可以把向量看成是一个“面包”，而范数就相当于是它的重量标识，就像图 2-12 所示的这样。

你可能会问，这个范数有什么用处呢？其实很多地方都可以用到。比如说，你有时候需要比较两个向量的大小关系，就可以通过比较它们的范数来判断。如果一个向量的范数比另一个大，那么它就“更长”“更重”。

还有一些特殊的范数，比如 L1 范数和 L2 范数。L1 范数其实就是把向量中每个分量的绝对值加起来，而 L2 范数则是把每个分量的平方加起来再开方。它们在机器学习和数据分析中经常用到。举个例子，假设有一个二维向量（3，4），它的 L1 范数就是 $3+4=7$；而它的 L2 范数就是 $\sqrt{3^2+4^2}$，也就是 5。

所以，范数并不是什么神秘的概念，就像面包的重量一样，在我们的日常生活中也随处可见。

图 2-12　一个 500 g 的面包，500 g 就可以看成是它的范数

**原理输出 2.12**

为了帮助大家更好地理解范数的概念，请大家在 ChatGPT 的帮助下，录制一个长度约为 2 分钟的短视频，介绍什么是范数。

可以参考的 ChatGPT 提示词如下。

“请简要介绍什么是范数。”

“请结合生活中的例子，介绍范数的概念。”

“假设你是一位大学老师，请用轻松易懂的语言向学生讲解范数。”

**实操练习 2.12**

为了让大家可以用代码的形式学习范数，接下来大家可以让 ChatGPT 生成代码演示，并在 Colab 新建一个 Notebook 文件运行这些代码。

要让 ChatGPT 生成代码，可以参考的提示词如下。

“请用 Python 演示范数，需要可视化。”

“用 Python 可视化的方法演示范数。”

## 2.5　一些特殊类型的矩阵

### 2.5.1　什么是对角矩阵

对角矩阵是一种特殊的方阵，其非零元素只在主对角线上，而其他位置上的元素都为零。主对角线是从左上角到右下角的对角线。

举个生活中的例子，你正在烹调一道复杂的菜肴，需要用到许多不同的调料。每种调料都有自己的分量，而你需要在调料罐上标注好每种调料的数量，以便于你取用时不会出错。这些标注就像是一张调料表，其中每一行就代表一种调料，每一列代表一个具体的分量。

现在，假设这道菜只需要用到盐、胡椒粉和孜然这三种调料，而且它们的分量分别是 2 g、1 g 和 3 g。那么，你可以把这些信息写成如图 2-13 所示的矩阵形式。

图 2-13　记录了盐、胡椒粉和孜然的分量的对角矩阵

这个矩阵就是一个对角矩阵，因为除了对角线上的元素外，其他的元素都是 0。而对角线上的元素分别对应着盐、胡椒粉和孜然的分量，它们是这个矩阵中最重要的部分。

对角矩阵在数学中有很多应用，比如我们可以用它来表示二次型的标准形式，或者用于线性代数中的矩阵对角化等。但是无论你是否喜欢数学，只要你爱做菜，那么对角矩阵也会成为你厨艺中的得力助手！

所以如果你想成为一名好厨师，不仅需要掌握各种调料的分量，还需要学习一些数学知识，比如对角矩阵。希望今天的介绍能让大家更好地理解这个概念，也能为你的烹饪之路带来一些启示！

## 原理输出 2.13

为了帮助大家更好地理解对角矩阵的概念，请大家在 ChatGPT 的帮助下，录制一个长度约为 2 分钟的短视频，介绍什么是对角矩阵。

**小贴士**

可以参考的 ChatGPT 提示词如下。

“请简要介绍什么是对角矩阵。”

“请结合生活中的例子，介绍对角矩阵的概念。”

“假设你是一位大学老师，请用轻松易懂的语言向学生讲解对角矩阵。”

**实操练习 2.13**

为了让大家可以用代码的形式学习对角矩阵，接下来大家可以让 ChatGPT 生成代码演示，并在 Colab 新建一个 Notebook 文件运行这些代码。

要让 ChatGPT 生成代码，可以参考的提示词如下。
“请用 Python 演示对角矩阵，需要可视化。”
“用 Python 可视化的方法演示对角矩阵。”

## 2.5.2　什么是对称矩阵

对称矩阵是一种方阵，其中的元素关于主对角线对称。也就是说，如果我们把这个矩阵沿着主对角线进行翻转，那么得到的矩阵和原始矩阵相同。换句话说，设 $\boldsymbol{A}$ 是一个 $n \times n$ 的矩阵，则当且仅当 $\boldsymbol{A}$ 满足 $a_{ij}=a_{ji}$（$1 \leqslant i,\ j \leqslant n$）时，$\boldsymbol{A}$ 是一个对称矩阵。对称矩阵在各种数学和科学领域中都有广泛应用，因为它们具有许多特殊的性质和简化计算的优点。

如果觉得这个概念难以理解，可以想象你在照镜子——当你站在镜子前面时，它能够完全地映照出你的容貌、衣着和姿态，仿佛是一个完全对称的世界。那么，这就像是一个对称矩阵！让我们来看看什么是对称矩阵吧。

对称矩阵也是这个道理，只不过它们是由数字组成的而已。具体来说，对称矩阵满足以下条件：如果矩阵中的第 $i$ 行第 $j$ 列元素等于 $a$，那么第 $j$ 行第 $i$ 列的元素也等于 $a$。这就意味着，对称矩阵的主对角线两边的部分是完全对称的，就像是一个数字版本的“照镜子”，就像图 2-14 所示的这样。

在数学和物理中，对称矩阵也是非常重要的。比如说，在线性代数中，对称矩阵被广泛用于特征值问题的研究；在物理学中，对称矩阵则用于描述许多自然现象，如电场、磁场和流体力学等。所以，对称矩阵不仅在镜子中存在，在我们的日常生活和科学研究中也是随处可见的。

图 2-14　对称矩阵就像是照镜子一样，而主对角线就是这面镜子

总之，对称矩阵就像是一个数字化的照镜子，它能够帮助我们更好地理解数学和物理问题，也能给我们带来无尽的想象空间。现在，你可以站在镜子前面晃动一下，看看自己的镜像是否还是完美对称的呢？

**原理输出 2.14**

为了帮助大家更好地理解对称矩阵的概念，请大家在 ChatGPT 的帮助下，录制一个长度约为 2 分钟的短视频，介绍什么是对称矩阵。

可以参考的 ChatGPT 提示词如下。
“请简要介绍什么是对称矩阵。”
“请结合生活中的例子，介绍对称矩阵的概念。”
“假设你是一位大学老师，请用轻松易懂的语言向学生讲解对称矩阵。”

**实操练习 2.14**

为了让大家可以用代码的形式学习对称矩阵，接下来大家可以让 ChatGPT 生成代码演示，并在 Colab 新建一个 Notebook 文件运行这些代码。

小贴士

要让 ChatGPT 生成代码，可以参考的提示词如下。
“请用 Python 演示对称矩阵，需要可视化。”
“用 Python 可视化的方法演示对称矩阵。”

### 2.5.3 什么是正交矩阵

正交矩阵是一个方阵，其每列和每行都是单位向量，并且任意两列之间的内积为 0，即满足 $\boldsymbol{Q}^{\mathrm{T}}\boldsymbol{Q}=\boldsymbol{Q}\boldsymbol{Q}^{\mathrm{T}}=\boldsymbol{I}$。其中 $\boldsymbol{I}$ 表示单位矩阵。在三维空间中，正交矩阵可以理解为旋转矩阵，因为它保留了向量的长度和夹角，同时也保持了坐标系的右手定则。正交矩阵在许多应用中非常有用，比如在 3D 图形学、信号处理、物理等领域中被广泛使用。

通俗来讲：假设你正在搬家，需要将一张桌子从一间屋子搬到另一间屋子。但是这张桌子太大了，无法通过门道。于是你想到了一个聪明的主意：旋转桌子！

但是如果你旋转的方向不对，它可能仍然无法通过门道，或者卡在窄小的走廊里。这就像矩阵中的非正交矩阵变换。

但是，如果你以恰当的方式旋转桌子，使其在垂直于门道的方向上旋转，那么你就可以将桌子顺利地从门道中移出，并重新安放在新的房间里。这就像使用正交矩阵，在多个不同维度上同时进行变换，保证物体的形态和性质始终保持不变，就像图 2-15 所示的这样。

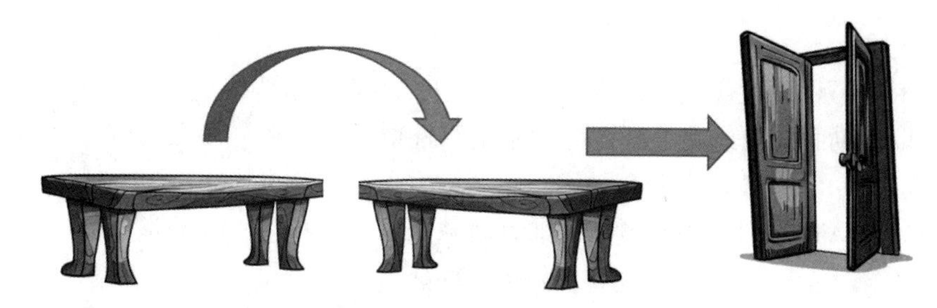

图 2-15　正交矩阵就像我们把桌子旋转 90 度，以便通过门道

正交矩阵在数学中有许多应用，例如在图像处理中，可以通过正交矩阵变换来旋转、缩放和平移图像；在机器学习中，正交矩阵可以用于特征提取和数据降维等任务。类似于旋转桌子的例子，正交矩阵变换保持了数据的形态和性质，使得我们可以更好地理解和利用它们。

总之，正交矩阵是数学中一个非常有趣和实用的概念，它可以帮助我们处理各种现实问题。

**原理输出 2.15**

为了帮助大家更好地理解正交矩阵的概念，请大家在 ChatGPT 的帮助下，录制一个长度约为 2 分钟的短视频，介绍什么是正交矩阵。

可以参考的 ChatGPT 提示词如下。
“请简要介绍什么是正交矩阵。”
“请结合生活中的例子，介绍正交矩阵的概念。”
“假设你是一位大学老师，请用轻松易懂的语言向学生讲解正交矩阵。”

**实操练习 2.15**

为了让大家可以用代码的形式学习正交矩阵，接下来大家可以让 ChatGPT 生成代码演示，并在 Colab 新建一个 Notebook 文件运行这些代码。

小贴士

要让 ChatGPT 生成代码，可以参考的提示词如下。
“请用 Python 演示正交矩阵，需要可视化。”
“用 Python 可视化的方法演示正交矩阵。”

## 2.6 特征分解

特征分解是一种线性代数的技术，用于将一个矩阵分解为一组特殊的矩阵乘积形式。这种分解可以帮助我们更好地理解矩阵的结构和性质，并且在许多数学和工程应用中都有广泛的用途。

对于一个 $n \times n$ 的实对称矩阵 $\boldsymbol{A}$，特征分解就是将其表示为下面的形式：

$$\boldsymbol{A}=\boldsymbol{Q}\times\Lambda\times\boldsymbol{Q}^{\mathrm{T}}$$

其中 $\boldsymbol{Q}$ 是一个正交矩阵（即 $\boldsymbol{Q}\times\boldsymbol{Q}^{\mathrm{T}}=\boldsymbol{I}$），$\Lambda$ 是一个对角矩阵，它的对角线元素为矩阵 $\boldsymbol{A}$ 的特征值。特征向量是由 $\boldsymbol{Q}$ 的列向量给出的，每个特征向量都与相应的特征值相关联。

特征分解的意义在于，它提供了一种将矩阵分解为基本部分的方法，从而更方便地进行进一步的计算和分析。此外，特征分解还可以用于求解线性方程组、求解特征值问题、降维等方面。

如果要结合生活中常见的例子来解释——我们可以想象一下，在一个家庭中，夫妻俩都有自己独立的特点和能力。当他们一起生活时，他们的能力相互影响，呈现出家庭的整体表现，就像图 2-16 所示的这样。

图 2-16　特征分解，就像把组成家庭的夫妻二人的特点拆分出来

同样地，对于一个矩阵来说，它由多个元素组成，每个元素都有其独特的特性。这些特性可以通过矩阵的特征值和特征向量来表示。

特征分解就是一种方法，将一个矩阵分解为一组基本的、独立的部分，其中每个部分都是由一个特征向量和一个特征值组成的。这些特征向量和特征值描述了矩阵的重要特性，类似于夫妻俩在家庭中所起的作用。

例如，我们可以将一幅图像表示为一个矩阵。通过对该矩阵进行特征分解，我们可以找到所有与该图像相关的特征，例如颜色、亮度、对比度等。这可以帮助我们更好地理解图像，并为后续的处理提供基础。

**原理输出 2.16**

为了帮助大家更好地理解特征分解的概念，请大家在 ChatGPT 的帮助下，录制一个长度约为 2 分钟的短视频，介绍什么是特征分解。

可以参考的 ChatGPT 提示词如下。
“请简要介绍什么是特征分解。”
“请结合生活中的例子，介绍特征分解的概念。”
“假设你是一位大学老师，请用轻松易懂的语言向学生讲解特征分解。”

**实操练习 2.16**

为了让大家可以用代码的形式学习特征分解，接下来大家可以让 ChatGPT 生成代码演示，并在 Colab 新建一个 Notebook 文件运行这些代码。

要让 ChatGPT 生成代码，可以参考的提示词如下。
“请用 Python 演示特征分解，需要可视化。”
“用 Python 可视化的方法演示特征分解。”

## 2.7　奇异值分解

奇异值分解（Singular Value Decomposition，简称 SVD）是线性代数中的一种重要技术。它可以将任意矩阵分解成三个部分的乘积，即 $\boldsymbol{A}=\boldsymbol{U}\boldsymbol{\Sigma}\boldsymbol{V}^{\mathrm{T}}$，其中 $\boldsymbol{A}$ 是一个 $m \times n$ 的实数或复数矩阵，$\boldsymbol{U}$ 和 $\boldsymbol{V}$ 是两个列正交矩阵（也就是说，它们的列向量两两正交且长度为 1），$\boldsymbol{\Sigma}$ 是一个 $m \times n$ 的对角矩阵，对角线上的元素称为奇异值。

具体来说，对于一个 $m \times n$ 的矩阵 $\boldsymbol{A}$，我们可以找到两个列正交矩阵 $\boldsymbol{U}$ 和 $\boldsymbol{V}$，以及一个对角矩阵 $\boldsymbol{\Sigma}$，使得 $\boldsymbol{A}=\boldsymbol{U}\boldsymbol{\Sigma}\boldsymbol{V}^{\mathrm{T}}$。其中，$\boldsymbol{U}$ 的列向量组成了 $\boldsymbol{A}$ 的左奇异向量，$\boldsymbol{V}$ 的列向量组成了 $\boldsymbol{A}$ 的右奇异向量，而 $\boldsymbol{\Sigma}$ 的对角线上的元素则表示 $\boldsymbol{A}$ 在这些奇异向量方向上的奇异值。

举个常见的例子——假设你正在学习一门课程，考试之后你得到了若干个分数作为成绩。这些分数可以被表示为一个向量（也就是一列数值）。现在假设你要分析所有同学的成绩，你需要把这些向量放到一个矩阵中。这个矩阵的行表示不同的学生，列表示不同的考试题目。

但是你发现这个矩阵非常大，而且很多的数据都是冗余的或者无用的。例如，某些学生可能从来没有考过某个题目，某些题目可能没有任何学生答对，等等。此时，你希望找到一种方法，压缩这个矩阵并提取出最重要的信息。

这时候，奇异值分解就可以派上用场了。它可以将一个很大的矩阵分解成三个部分的乘积，其中第一个矩阵 $\boldsymbol{U}$ 包含最重要的行信息，第二个矩阵 $\boldsymbol{\Sigma}$ 包含每个行向量的重要程度，而第三个矩阵 $\boldsymbol{V}$ 则包含最重要的列信息，就像图 2-17 所示的这样。

图 2-17　奇异值分解，就像把全校学生的成绩单分解成 $\boldsymbol{U}$、$\boldsymbol{\Sigma}$、$\boldsymbol{V}$ 三个矩阵

换句话说，通过奇异值分解，我们可以用更小的矩阵来表示原始矩阵，并从中提取出最重要的信息。这个过程就相当于对成绩进行降维，只保留最重要的因素，而忽略一些无用或冗余的信息。

类似的例子还有很多，比如在图片压缩中，我们可以用奇异值分解来找到图像的主要特征，从而把图像压缩成更小的尺寸。在音频处理中，我们也可以用奇异值分解来提取音频信号的主要特征，从而实现音频降噪、语音识别等功能。

### 原理输出 2.17

为了帮助大家更好地理解奇异值分解的概念，请大家在 ChatGPT 的帮助下，录制一个长度约为 2 分钟的短视频，介绍什么是奇异值分解。

**小贴士**

可以参考的 ChatGPT 提示词如下。

“请简要介绍什么是奇异值分解。”

“请结合生活中的例子，介绍奇异值分解的概念。”

“假设你是一位大学老师，请用轻松易懂的语言向学生讲解奇异值分解。”

### 实操练习 2.17

为了让大家可以用代码的形式学习奇异值分解，接下来大家可以让 ChatGPT 生成代码演示，并在 Colab 新建一个 Notebook 文件运行这些代码。

**小贴士**

要让 ChatGPT 生成代码，可以参考的提示词如下。

“请用 Python 演示奇异值分解，需要可视化。”

“用 Python 可视化的方法演示奇异值分解。”

## 2.8 Moore-Penrose 伪逆

Moore-Penrose 伪逆是一种矩阵的广义求逆，对于任意形状的矩阵，都能够得到其伪逆矩阵。对于一个 $m \times n$ 的矩阵 $\boldsymbol{A}$，它的 Moore-Penrose 伪逆记作 $\boldsymbol{A}^+$，满足以下四个条件：

$$\boldsymbol{A}\boldsymbol{A}^+\boldsymbol{A}=\boldsymbol{A}$$

$$\boldsymbol{A}^+\boldsymbol{A}\boldsymbol{A}^+=\boldsymbol{A}^+$$

$$(\boldsymbol{A}\boldsymbol{A}^+)^{\mathrm{T}}=\boldsymbol{A}\boldsymbol{A}^+$$

$$(\boldsymbol{A}^+\boldsymbol{A})^{\mathrm{T}}=\boldsymbol{A}^+\boldsymbol{A}$$

可以证明，对于任何矩阵 $\boldsymbol{A}$，都存在唯一的 Moore-Penrose 伪逆矩阵 $\boldsymbol{A}^+$。这个伪逆矩阵有很多应用，包括解决线性方程组、最小二乘问题等。

回到生活中的例子——想象一下你正在做家务，需要清洗一堆不同大小的盘子。你有一台洗碗机，但它只有一个标准大小的容器。如果你把所有的盘子都放进去，很多小的盘子和大的盘子可能无法得到充分的清洗。这就好比矩阵 $\boldsymbol{A}$ 不是满秩或者非方阵的情况。

此时，你可以使用 Moore-Penrose 伪逆来解决问题。类比洗碗机，伪逆可以将不同大小的盘子放置在合适的位置上，从而使得每个盘子都能够得到充分的清洗，就像图 2-18 所示的这样。

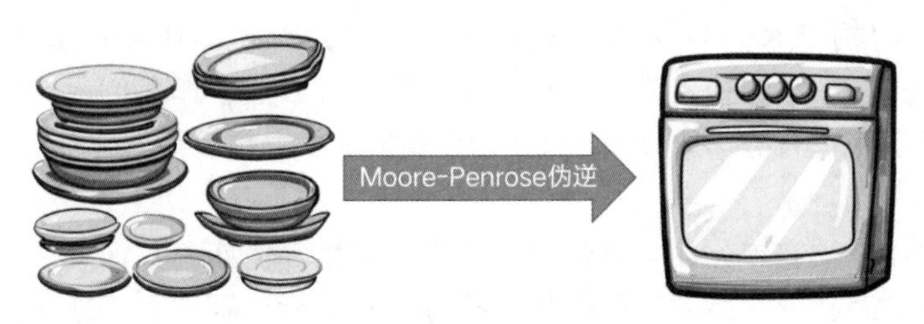


图 2-18　Moore-Penrose 伪逆，就像把不同尺寸的盘子放在洗碗机合适的位置上

这种方法能够帮助你解决那些通过正常的方法无法解决的线性系统问题，例如当矩阵不可逆的时候。

**原理输出 2.18**

为了帮助大家更好地理解 Moore-Penrose 伪逆的概念，请大家在 ChatGPT 的帮助下，录制一个长度约为 2 分钟的短视频，介绍什么是 Moore-Penrose 伪逆。

可以参考的 ChatGPT 提示词如下。

“请简要介绍什么是 Moore-Penrose 伪逆。”

“请结合生活中的例子，介绍 Moore-Penrose 伪逆的概念。”

“假设你是一位大学老师，请用轻松易懂的语言向学生讲解 Moore-Penrose 伪逆。”

**实操练习 2.18**

为了让大家可以用代码的形式学习 Moore-Penrose 伪逆，接下来大家可以让 ChatGPT 生成代码演示，并在 Colab 新建一个 Notebook 文件运行这些代码。

要让 ChatGPT 生成代码，可以参考的提示词如下。

“请用 Python 演示 Moore-Penrose 伪逆，需要可视化。”

“用 Python 可视化的方法演示 Moore-Penrose 伪逆。”

## 2.9 迹运算

迹运算（Trace Operation）是线性代数中的一个概念，也称为矩阵的迹。对于一个方阵，它的迹指的是主对角线上所有元素的和。例如，对于一个 3×3 的方阵 $\boldsymbol{A}$，它的迹可以表示为 $\mathrm{tr}(\boldsymbol{A})=a_{11}+a_{22}+a_{33}$。

通俗来说，它就是将一个物体在空间中走过的路线进行数学表示和分析的方法。我们可以通过生活中的例子来更好地理解迹运算。比如，当我们在清晨去上班或上学的时候，我们通常会选择一条路径走到目的地。这些路径可以被看作我们行走的轨迹，而这些轨迹可以用迹运算来进行数学表示和分析，在其中寻找一些规律或者特征，就像图 2-19 所示的这样。

另外，在跟踪运动物体方面，迹运算也经常被应用。例如，我们可以利用运动传感器来记录足球的运动路径，然后对这些数据进行迹运算分析，以便更好地了解足球在运动过程中的运动规律，如速度、加速度等。

总之，迹运算是一种非常实用的数学工具，可以帮助我们更好地理解和分析物体在空间中的运动规律，所以在人类社会各个领域都有着广泛的应用价值。例如，在机器学习中，迹运算可以用来计算协方差矩阵的迹；在几何学中，迹运算可以用来计算矩阵的不变量，如行列式和特征值。

图 2-19　迹运算，就像我们上班或上学时所经过的路径一样

此外，迹运算还满足一些重要的性质，如迹运算的线性、迹运算对矩阵转置的不变性等，这些性质使得迹运算成为矩阵分析中不可或缺的工具之一。

**原理输出 2.19**

为了帮助大家更好地理解迹运算的概念，请大家在 ChatGPT 的帮助下，录制一个长度约为 2 分钟的短视频，介绍什么是迹运算。

**小贴士**

可以参考的 ChatGPT 提示词如下。
“请简要介绍什么是迹运算。”
“请结合生活中的例子，介绍迹运算的概念。”
“假设你是一位大学老师，请用轻松易懂的语言向学生讲解迹运算。”

**实操练习 2.19**

为了让大家可以用代码的形式学习迹运算，接下来大家可以让 ChatGPT 生成代码演示，并在 Colab 新建一个 Notebook 文件运行这些代码。

**小贴士**

要让 ChatGPT 生成代码，可以参考的提示词如下。
“请用 Python 演示迹运算，需要可视化。”
“用 Python 可视化的方法演示迹运算。”

# 2.10 行列式

行列式是一个方阵所对应的标量值。它可以用来判断矩阵的可逆性和线性无关性等性质。

对于一个 $n \times n$ 的方阵 $\boldsymbol{A}$，其行列式记作 $\det(\boldsymbol{A})$，计算方法如下。

（1）当 $n=1$ 时，$\det(\boldsymbol{A})=a_{11}$，其中 $a_{11}$ 是 $\boldsymbol{A}$ 的唯一的元素。

（2）当 $n>1$ 时，$\det(\boldsymbol{A})$ 可以通过以下公式递归地计算：

$$\det(\boldsymbol{A})=\Sigma(-1)^{(i+j)} \times a_{ij} \times \det(\boldsymbol{M}_{ij})$$

其中 $i$ 和 $j$ 分别表示要去掉的第 $i$ 行和第 $j$ 列，$\boldsymbol{M}_{ij}$ 表示 $\boldsymbol{A}$ 去掉第 $i$ 行和第 $j$ 列后得到的子矩阵，即 $\boldsymbol{M}_{ij}$ 是一个 $(n-1) \times (n-1)$ 的矩阵。

行列式可以用来判断一个矩阵是否可逆。当且仅当矩阵的行列式不为零时，该矩阵才是可逆的。此外，行列式还可以用来求解线性方程组、计算矩阵的逆和伴随矩阵等。

行列式是一个非常重要的线性代数概念，它可以用来描述矩阵的性质。在生活中，我

图 2-20　地图上三座城市之间的距离

们可以通过一个简单的例子来解释行列式——假设我们有一张地图，上面标记了三个城市 A、B 和 C 之间的距离，就像图 2-20 所示的这样。

我们可以将这个信息转化成一个3×3的矩阵：第一行表示从 A 到 A、A 到 B、A 到 C 的距离，第二行表示从 B 到 A、B 到 B、B 到 C 的距离，第三行表示从 C 到 A、C 到 B、C 到 C 的距离。现在，如果我们要知道从 A 出发经过 B 和 C 最终回到 A 的路径长度，该怎么计算呢？这时就需要用到矩阵的行列式了。我们可以将这个 3×3 的矩阵表示为：

$$\begin{bmatrix} a_{11} & a_{12} & a_{13} \\ a_{21} & a_{22} & a_{23} \\ a_{31} & a_{32} & a_{33} \end{bmatrix}$$

其中，$a_{11}$ 表示从城市 A 到城市 A 的距离，以此类推。那么，从 A 出发经过 B 和 C 最终回到 A 的路径长度就可以表示为：

$$\det(\boldsymbol{A}) = a_{11}\times a_{22}\times a_{33}+a_{12}\times a_{23}\times a_{31}+a_{13}\times a_{21}\times a_{32}-a_{31}\times a_{22}\times a_{13}-a_{32}\times a_{23}\times a_{11}-a_{33}\times a_{21}\times a_{12}$$

这个式子看起来比较复杂，但实际上就是将矩阵中的各个元素按照一定规律相乘、相加而得到的值。其中，$\det(\boldsymbol{A})$ 表示 $\boldsymbol{A}$ 的行列式，它是一个标量（即只有一个值），可以用来描述这个矩阵的某些性质，比如可逆性、线性无关性等。

在上述地图的例子中，行列式表示从 A 出发经过 B 和 C 最终回到 A 的路径长度，如果这个值为 0，则说明这三个城市无法形成一个环路。这是因为如果存在一条路径经过所有城市恰好回到起点，那么路径长度必须大于 0，即行列式的值不为 0。反之，如果行列式的值为 0，则说明这三个城市不能构成一个环路，也就不存在符合条件的路径。

总之，行列式是一个非常有用的工具，它可以帮助我们更好地理解和分析矩阵。

## 原理输出 2. 20

为了帮助大家更好地理解行列式的概念，请大家在 ChatGPT 的帮助下，录制一个长度约为 2 分钟的短视频，介绍什么是行列式。

**小贴士**

可以参考的 ChatGPT 提示词如下。

“请简要介绍什么是行列式。”

“请结合生活中的例子，介绍行列式的概念。”

“假设你是一位大学老师，请用轻松易懂的语言向学生讲解行列式。”

**实操练习 2.20**

为了让大家可以用代码的形式学习行列式，接下来大家可以让 ChatGPT 生成代码演示，并在 Colab 新建一个 Notebook 文件运行这些代码。

**小贴士**

要让 ChatGPT 生成代码，可以参考的提示词如下。
“请用 Python 演示行列式，需要可视化。”
“用 Python 可视化的方法演示行列式。”

## 2.11 例子：主成分分析

主成分分析（Principal Component Analysis，PCA）是一种常用的数据降维方法，它可以将具有相关性的高维数据转化为线性不相关的低维数据。所谓“主成分”，指的是能够最大化原始数据方差的方向或向量。在 PCA 中，我们通过找到这些主成分来实现数据降维。

具体来说，PCA 将一个包含 $n$ 个样本的 $m$ 维数据集转化为一个新的 $m$ 维坐标系下的 $n$ 个点，使得第一个主成分对应的坐标轴方向是原始数据中方差最大的方向，第二个主成分对应的方向是与第一个主成分正交且方差次大的方向，以此类推。在这个新的坐标系下，数据点的变化主要由前几个主成分描述，后面的主成分则描述更小的变化量。

使用 PCA 可以有效地去除数据中的噪声和冗余信息，同时保留原始数据的关键特征。因此，PCA 被广泛应用于信号处理、图像处理、模式识别、数据压缩等领域。

现在我们用一个通俗易懂的例子来介绍主成分分析中涉及的线性代数知识——假设我们有一个超市，里面售卖各种商品。为了分析顾客的购物习惯，我们需要收集每个顾客购买商品的数据，包括他们购买的商品种类、数量和金额等信息。这些数据可以表示为一个矩阵 $\boldsymbol{X}$，其中每一行表示一个顾客的购买情况，每一列表示一种商品的信息。可以想象，当顾客人数众多时，这个矩阵也非常庞大，就像图 2-21 所示的这样。

图 2-21　要分析众多顾客购买商品的关键因素，就可以用到主成分分析

现在，我们希望通过主成分分析来发现顾客购买商品时的关键因素，以便改进营销策略。在进行主成分分析之前，我们需要对原始数据进

行标准化或中心化处理。例如，我们可以将每一列的数据都减去该列均值，使得每一列数据的平均值为 0。这样做的目的是消除不同商品之间数量和金额的差异。

接下来，我们需要找到与顾客购买商品最相关的主成分。这可以通过求解矩阵 $\boldsymbol{X}$ 的协方差、矩阵的特征向量和特征值来实现。特别地，我们需要找到具有最大特征值的特征向量，也就是数据中方差最大的方向。这个方向对应的特征向量就是第一个主成分。

在上述例子中，涉及线性代数中的矩阵、向量、矩阵乘法、特征向量和特征值的概念。通过对原始数据进行标准化或中心化处理，我们将数据集转换为一个零均值的矩阵，从而使数据包含的信息更加精确。然后，通过求解协方差矩阵的特征向量和特征值，我们可以确定哪些方向是最相关的，从而确定前几个主成分。最后，我们可以将原始数据投影到前几个主成分上，得到一个新的低维数据集，从而实现数据降维和关键因素提取的目的。

**原理输出 2.21**

为了帮助大家更好地理解主成分分析的概念，请大家在 ChatGPT 的帮助下，录制一个长度约为 2 分钟的短视频，介绍什么是主成分分析。

可以参考的 ChatGPT 提示词如下。

“请简要介绍什么是主成分分析。”

“请结合生活中的例子，介绍主成分分析的概念。”

“假设你是一位大学老师，请用轻松易懂的语言向学生讲解主成分分析。”

**实操练习 2.21**

为了让大家可以用代码的形式学习主成分分析，接下来大家可以让 ChatGPT 生成代码演示，并在 Colab 新建一个 Notebook 文件运行这些代码。

要让 ChatGPT 生成代码，可以参考的提示词如下。

“请用 Python 演示主成分分析，需要可视化。”

“用 Python 可视化的方法演示主成分分析。”

线性代数为理解神经网络的结构和运作提供了基础，而概率与信息论则在处理不确定性和数据中的噪声时具有重要作用。下一章的内容将为读者进一步拓宽视野，让我们一同探索概率与信息论在深度学习中的应用吧。

# 第3章 概率与信息论

概率论是众多科学学科和工程学科的基本工具之一。通俗来讲，概率论研究事件发生的可能性，并提供了一种用数字表示这些可能性的方法。它可以帮助我们更好地理解和处理随机现象，例如天气、金融市场波动、人口统计数据等。

在自然科学中，概率论被广泛应用于物理学、化学、生物学等领域。在社会科学中，概率论则被运用于经济学、心理学、社会学等领域。在工程学中，概率论则被应用于控制系统、通信系统、制造过程优化等领域。

信息论是一门研究信息传输、编码、压缩和保护等问题的数学理论。信息论最初是由美国数学家香农在 1948 年提出，并随后被广泛应用于通信、计算机、统计学、物理学、生物学等众多领域。本章中我们将学习概率与信息论的相关知识。

## 3.1 为什么要使用概率

使用概率的主要原因是我们无法准确地预测和控制一些事情的结果。在这种情况下，我们可以使用概率来描述和量化某些事件发生的可能性。

概率可以帮助我们更好地理解和处理随机现象。通过对这些随机现象的建模和分析，我们可以预测未来可能发生的事件，并制定相应的策略。

在科学研究中，概率也是一种重要的工具。许多自然现象是随机的，例如放射性衰变、气体分子的运动等，而概率论提供了一种用数字表示这些可能性的方法，这对于科学家们进行实验设计和数据分析非常有帮助。

在机器学习中，我们通常希望能够从数据中自动推断出规律或模式。概率是一种数学工具，它可以用来描述这些规律或模式的不确定性。在机器学习中，概率可以用来建立模型和进行推断，从而让我们能够更好地理解和利用数据。

具体来说，概率在机器学习中有三个方面的核心应用。

（1）概率模型：概率模型是一种将观察结果与随机变量联系起来的方法。它可以用于描述数据生成的过程，并且可以被用来预测新数据点的标签或类别。

（2）概率推断：概率推断是用来从数据中抽取有价值信息的方法。通过联合概率分布和贝叶斯定理，我们可以从数据中推断出未知量的后验概率。

（3）贝叶斯优化：贝叶斯优化是一种优化方法，它利用概率模型对待优化的函数进行建模，并通过不断探索搜索空间来找到最优解。

图 3-1　基于风向、湿度等因素预测明天的天气，是日常生活中最常见的概率应用

实际上在日常生活中，我们也经常面临不确定性的情况。比如说，如果我们想知道明天会不会下雨，那么我们就需要考虑一些可能影响天气的因素，如风向、湿度等，并据此做出预测。在这个过程中，我们其实就是在利用概率的思想来进行推断，就像图 3-1 所示的这样。

在机器学习中，概率也起着类似的作用。我们可以将数据看作“天气”，而机器学习模型就像是一个预测明天天气的工具。通过使用概率，我们可以更好地描述和理解数据，并且可以从中获取有价值的信息，比如预测房价、识别图像等。

因此，在机器学习中使用概率可以帮助我们更好地理解数据和建立模型，并且可以通过一种有效的方式来从数据中获取有价值的信息。

### 原理输出 3.1

为了帮助大家更好地理解为什么要使用概率，请大家按照前言中的方法录制一个长度约为 2 分钟的短视频，介绍为什么要使用概率。

**小贴士**

可以参考的 ChatGPT 提示词如下。

“为什么要使用概率?”

“学习机器学习，为什么要使用概率?”

“请用通俗易懂的语言，结合生活中的例子，介绍为什么要使用概率。”

### 实操练习 3.1

为了让大家可以用代码的形式学习概率的概念，接下来大家可以让 ChatGPT 生成示例代码，并在 Colab 新建一个 Notebook 文件运行这些代码。

**小贴士**

要让 ChatGPT 生成代码，可以参考的提示词如下。

“请用 Python 演示一个最简单的概率计算。”

“如何使用 Python 计算概率。”

## 3.2 随机变量

随机变量是指在随机试验中可能出现不同取值的变量。通过对随机变量的概率密度函数进行积分或求和，可以计算出该随机变量取某个值或某个区间的概率。这些概率可以用来描述随机事件的发生概率或随机变量的统计规律。

在生活中，我们可以通过掷骰子的例子来理解随机变量。当我们掷骰子时，每个数字（1 到 6）都有可能出现。我们可以定义一个随机变量 $X$ 表示掷骰子得到的点数，那么 $X$ 可能取 1、2、3、4、5 或 6 这六个值中的任意一个，就像图 3-2 所示的这样。

图 3-2　当我们掷骰子时得到的点数，就是生活中常见的随机变量

另外，在玩扑克牌游戏时，我们也可以用随机变量来描述胜率。例如，假设我们打算翻倍下注，此时我们需要知道自己胜利的概率。如果我们用随机变量 $Y$ 表示我们手中的牌型，那么 $Y$ 可能代表“一对”“两对”“三条”等不同的牌型，对应着不同的胜率。

总之，随机变量是一种数学工具，可以帮助我们描述和分析随机事件，从而更好地理解和预测随机事件的结果。

**原理输出 3.2**

为了帮助大家更好地理解随机变量的概念，请大家按照前言中的方法录制一个长度约为 2 分钟的短视频，介绍什么是随机变量。

**小贴士**

可以参考的 ChatGPT 提示词如下。

“随机变量是什么?”

“请用通俗易懂的语言，结合生活中的例子，介绍什么是随机变量。”

**实操练习 3.2**

为了让大家可以用代码的形式学习随机变量的概念，接下来大家可以让 ChatGPT 生成示例代码，并在 Colab 新建一个 Notebook 文件运行这些代码。

**小贴士**

要让 ChatGPT 生成代码，可以参考的提示词如下。

“请用 Python 演示最简单的随机变量。”

# 3.3 概率分布

现在我们知道，随机变量是一种具有不确定性的变量，可以取多个值，每个值都有一定的概率出现。那么，概率分布就是用来描述随机变量在不同取值情况下的概率分布情况的函数。

## 3.3.1 概率质量函数

概率质量函数（Probability Mass Function，PMF）是一个离散随机变量的取值与其概率的对应关系。具体来说，对于一个离散随机变量 $X$，其概率质量函数 $P(x)$ 的定义为：

$$P(X=x)=P(x)=Pr(X=x)$$

其中，$x$ 是 $X$ 取值范围内的任意一个离散值，$Pr(X=x)$ 表示 $X$ 等于 $x$ 的概率。

概率质量函数满足以下两个条件。

（1）非负性：对于离散变量 $X$ 的每个取值 $x$，都有 $P(x)\geqslant 0$。

（2）规范化：所有可能取到的离散值的概率之和等于 1，即 $\sum_x P(x)=1$。

通俗地说，它可以告诉我们在一组可能出现的结果中，每个结果出现的概率是多少。

例如，如果我们考虑掷骰子的情况，骰子点数可以取 1、2、3、4、5、6 这六个离散值。每个点数出现的概率就可以用概率质量函数来表示。对于一个均匀骰子而言，每个点数出现的概率都相等，即 $P(1)=P(2)=P(3)=P(4)=P(5)=P(6)=1/6$。

再举一个例子，假设我们有一组数据表示班级学生的成绩，成绩只能取整数，那么对应的概率质量函数可以告诉我们每种成绩出现的概率是多少。比如说，如果有 5 名学生，其中有 2 名得到了 80 分，1 名得到了 70 分，其余 2 人的成绩分别是 60 分、65 分，那么 80 分的概率就是 0.4，70 分的概率是 0.2，其他成绩的概率也可以通过计算得到，就像图 3-3 所示的这样。

图 3-3　通过学生成绩的例子，可以更好地理解概率质量函数的概念

总之，概率质量函数是一个可以帮助我们了解离散型随机变量概率分布情况的有用工具。

**原理输出 3.3**

为了帮助大家更好地理解概率质量函数的概念，请大家按照前言中的方法录制一个长度约为 2 分钟的短视频，介绍什么是概率质量函数。

可以参考的 ChatGPT 提示词如下。
“概率质量函数是什么?”
“请用通俗易懂的语言，结合生活中的例子，介绍什么是概率质量函数。”

**实操练习 3.3**

为了让大家可以用代码的形式学习概率质量函数的概念，接下来大家可以让 ChatGPT 生成示例代码，并在 Colab 新建一个 Notebook 文件运行这些代码。

要让 ChatGPT 生成代码，可以参考的提示词如下。
“请给出使用 Python 计算概率质量函数的示例代码，需要可视化。”

### 3.3.2　概率密度函数

概率密度函数是描述随机变量概率分布的函数，通常用符号 $f(x)$ 表示。对于一个连续型随机变量 $X$，它的概率密度函数 $f(x)$ 满足以下两个条件。

（1）非负性：$f(x) \geqslant 0$

（2）归一性：$\int_{-\infty}^{\infty} f(x)\mathrm{d}x = 1$

其中，第一个条件保证了概率密度函数的取值非负，而第二个条件保证了所有可能出现的事件的总概率为 1。

概率密度函数表示随机变量 $X$ 取某个值的概率密度（即在该点的斜率），而不是实际的概率。因此，我们可以通过概率密度函数计算出某个区间内随机变量 $X$ 出现的概率，这个概率可以通过对概率密度函数在该区间上进行积分来得到：

$$P(a < X < b) = \int_a^b f(x)\mathrm{d}x$$

其中，$a$ 和 $b$ 分别表示区间的下界和上界。如果要求随机变量 $X$ 小于或等于某个值 $x$ 的概率，则可以将上式中的上界 $b$ 替换成 $x$。

举个生活中的例子，假如我们想要了解某城市一天内的气温分布情况，可以使用概率密度函数来描述这个连续型的随机变量。在这种情况下，概率密度函数会给出每个温度范围内的可能性大小，例如在20℃到25℃之间的概率密度较高，而在35℃以上的概率密度较低。这样就可以帮助我们更好地理解气温的变化规律，就像图3-4所示的这样。

图3-4 概率密度函数可以让我们了解气温的变化规律

### 原理输出3.4

为了帮助大家更好地理解概率密度函数的概念，请大家按照前言中的方法录制一个长度约为2分钟的短视频，介绍什么是概率密度函数。

**小贴士**

可以参考的ChatGPT提示词如下。

“概率密度函数是什么?”

“请用通俗易懂的语言，结合生活中的例子，介绍什么是概率密度函数。”

### 实操练习3.4

为了让大家可以用代码的形式学习概率密度函数的概念，接下来大家可以让ChatGPT生成示例代码，并在Colab新建一个Notebook文件运行这些代码。

**小贴士**

要让ChatGPT生成代码，可以参考的提示词如下。

“请给出使用Python计算概率密度函数的示例代码，需要可视化。”

# 3.4 边缘概率

边缘概率是指在一个多元随机变量的联合分布中，某个随机变量的概率分布。具体来说，在一个包含两个随机变量 $X$ 和 $Y$ 的联合分布中，$X$ 的边缘概率是通过对联合分布中所有可能的取值进行求和或积分，得到所有仅涉及 $X$ 的概率分布。类似地，$Y$ 的边缘概率是通过对联合分布中所有可能的取值进行求和或积分，得到所有仅涉及 $Y$ 的概率分布。边缘概率在概率论和统计学中具有重要的应用，可以用来计算单个随机变量的期望值和方差等基本统计量，并且也是构建一些高级模型（如卡尔曼滤波器、隐马尔可夫模型等）所必需的基础知识。

下面让我们用生活中的例子来解释。假设小明每天早上都要从家里走到学校，他有两条路可以选择前往，分别是 A 路和 B 路。每条路的通行时间由于交通状况的不同可能会发生变化。

现在我们把小明每天早上走的路程时间看作一个随机变量 $X$，A 路通行时间看作另一个随机变量 $Y$，这样我们就得到了一个包含两个随机变量的联合分布。如果我们只关心小明花在上学路上的时间，也就是 $X$ 的概率分布，那么 $X$ 的边缘概率就是我们需要计算的内容。

具体来说，假设我们已经知道了小明每天选择 A 路的概率是 0.6，选择 B 路的概率是 0.4，同时我们还知道在 A 路上通行时间超过 20 分钟的概率是 0.3，在 B 路上通行时间超过 20 分钟的概率是 0.2。那么我们就可以通过对这些信息进行加权求和，得到小明花费在上学路上时间超过 20 分钟的概率，就像图 3-5 所示的这样。

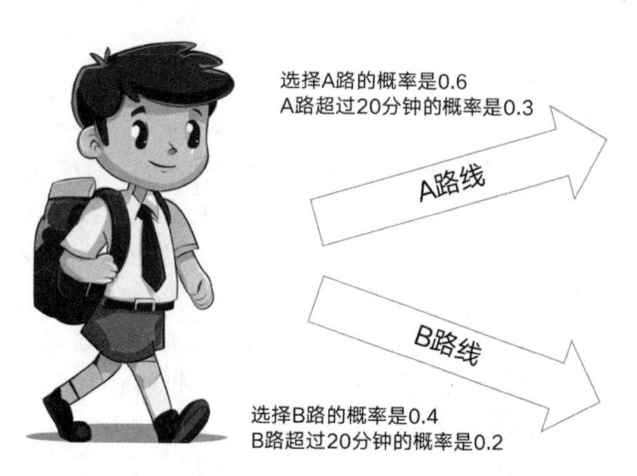


图 3-5 通过对边缘概率的计算，可以得到小明上学路上花费时间超过 20 分钟的概率

边缘概率在很多领域都有应用，比如机器学习和数据分析等。在这些领域，我们通常需要对多个变量进行建模和分析，而边缘概率可以作为一个重要的工具来帮助我们理解和处理这些问题。

**原理输出 3.5**

为了帮助大家更好地理解边缘概率的概念，请大家按照前言中的方法录制一个长度约为 2 分钟的短视频，介绍什么是边缘概率。

可以参考的 ChatGPT 提示词如下。

“边缘概率是什么？”

“请用通俗易懂的语言，结合生活中的例子，介绍什么是边缘概率。”

**实操练习 3.5**

为了让大家可以用代码的形式学习边缘概率的概念，接下来大家可以让 ChatGPT 生成示例代码，并在 Colab 新建一个 Notebook 文件运行这些代码。

要让 ChatGPT 生成代码，可以参考的提示词如下。

“请给出使用 Python 计算边缘概率的示例代码，需要可视化。”

## 3.5 条件概率

图 3-6　从盒子里抽球的例子可以让我们理解条件概率的概念

条件概率是指在给定某个事件发生的前提下，另一个事件发生的概率。它通常表示为 $P(A|B)$，表示在事件 $B$ 发生的情况下，事件 $A$ 发生的概率。其中，$P(A|B)$ 的计算方法为 $P(A\cap B)/P(B)$，即事件 $A$ 和事件 $B$ 同时发生的概率除以事件 $B$ 发生的概率。条件概率在很多领域都有着广泛的应用，例如统计学、机器学习、信号处理等。

回到生活中的例子——假设你有一个盒子，里面有 4 个红球和 6 个蓝球。现在你要从盒子中任意抽出一个球，并且记录下抽到的球的颜色。假设你已经知道抽到的球是蓝色，而你想知道这个球是红色的概率，这就是一个典型的条件概率问题，就像图 3-6 所示的这样。

具体来说，如果我们用 $A$ 表示该球是红色，$B$ 表示该球是蓝色，那么所求的条件概率就是 $P(A|B)$。根据条件概率的定义，我们有：

$$P(A|B)=P(A\cap B)/P(B)$$

其中，$P(A\cap B)$表示在所有球中抽到一个红球且抽到的红球是蓝色的概率，即 0（因为这种情况是不可能发生的），$P(B)$表示抽到蓝球的概率，即 6/10=3/5。所以：

$$P(A|B)=0/(3/5)=0$$

也就是说，在已知抽到的球是蓝色的前提下，这个球是红色的概率是 0。换句话说，如果我们已经确定了球的颜色是蓝色，那么它肯定不可能再是红色。

这个例子说明了条件概率的重要性和实际应用场景。在现实生活中，我们常常需要通过已知条件来推测未知信息，而条件概率可以帮助我们量化这种推测的可信度。

**原理输出 3.6**

为了帮助大家更好地理解条件概率的概念，请大家按照前言中的方法录制一个长度约为 2 分钟的短视频，介绍什么是条件概率。

可以参考的 ChatGPT 提示词如下。
“条件概率是什么?”
“请用通俗易懂的语言，结合生活中的例子，介绍什么是条件概率。”

**实操练习 3.6**

为了让大家可以用代码的形式学习条件概率的概念，接下来大家可以让 ChatGPT 生成示例代码，并在 Colab 新建一个 Notebook 文件运行这些代码。

要让 ChatGPT 生成代码，可以参考的提示词如下。
“请给出使用 Python 计算条件概率的示例代码，需要可视化。”

## 3.6 条件概率的链式法则

条件概率的链式法则是指，对于任意给定的事件序列 $A_1$，$A_2$，…，$A_n$ 和任意一个正整数 $k\leqslant n$，有以下等式成立：

$$P(A_1\cap A_2\cap...\cap A_k)=P(A_1)\times P(A_2|A_1)\times P(A_3|A_1\cap A_2)\times...\times P(A_k|A_1\cap A_2\cap...\cap A_{k-1})$$

其中，“∩”表示交集，“|”表示条件概率。

简单来说，链式法则说明了在一系列事件中，每个事件的发生都依赖于前面事件的发生或者不发生。通过这个公式，我们可以计算出所有事件同时发生的概率，也就是这些事件按顺序依次发生的总概率。

条件概率的链式法则可以用一个抽奖的例子来解释。假设有三个人，小明、小红和小李，他们分别购买了彩票。现在我们要求出三个人都中奖的概率，即事件 $A_1$、$A_2$、$A_3$ 按照顺序全部发生的概率，就像图 3-7 所示的这样。

图 3-7　可以基于条件概率的链式法则，计算 3 个人都中奖的概率

首先，我们可以求出小明中奖的概率 $P(A_1)$，假设为 0.01，即小明中奖的概率为 1%。

其次，我们需要求出小红在已知小明中奖的情况下中奖的概率 $P(A_2 \mid A_1)$，也就是在小明中奖的前提下，小红中奖的概率。假设小红中奖的概率为 0.02，而且这个概率是在小明中奖的情况下计算的，即前提条件是小明中奖。

最后，我们需要求出小李在已知小明和小红中奖的情况下中奖的概率 $P(A_3 \mid A1 \cap A_2)$，也就是在小明和小红中奖的前提下，小李中奖的概率。假设小李中奖的概率为 0.03，而且同样是在小明和小红中奖的情况下计算的。

根据条件概率的链式法则，我们可以将三个事件的概率相乘，得到他们同时发生的概率：

$$\begin{aligned} P(A_1 \cap A_2 \cap A_3) &= P(A_1) \times P(A_2 \mid A_1) \times P(A_3 \mid A_1 \cap A_2) \\ &= 0.01 \times 0.02 \times 0.03 \\ &= 0.000006 \end{aligned}$$

也就是说，小明、小红、小李都中奖的概率非常小，只有 0.0006%。这个例子展示了条件概率的链式法则在现实生活中的应用，它告诉我们，在多个事件之间进行计算时，需要考虑前面事件的影响。

## 原理输出 3.7

为了帮助大家更好地理解条件概率的链式法则，请大家按照前言中的方法录制一个长度约为 2 分钟的短视频，介绍什么是条件概率的链式法则。

可以参考的 ChatGPT 提示词如下。

“条件概率的链式法则是什么？”

“请用通俗易懂的语言，结合生活中的例子，介绍什么是条件概率的链式法则。”

**实操练习 3.7**

为了让大家可以用代码的形式学习条件概率的链式法则，接下来大家可以让 ChatGPT 生成示例代码，并在 Colab 新建一个 Notebook 文件运行这些代码。

要让 ChatGPT 生成代码，可以参考的提示词如下。

“请给出使用 Python 计算条件概率的链式法则的示例代码，需要可视化。”

## 3.7 条件独立性

条件独立性是指在给定某些条件下，两个事件之间的关系不受其他事件的影响而成立的概率论概念。具体来说，如果在给定事件 $A$ 的条件下，事件 $B$ 和事件 $C$ 是独立的，则称事件 $B$ 和事件 $C$ 在条件 $A$ 下是独立的。这可以表示为 $P(B, C|A)=P(B|A)P(C|A)$，其中 $P$ 表示概率。在实际应用中，条件独立性通常用于模型推断和统计推断中。

举个生活中的例子——假设你要洗衣服和做饭。洗衣服和做饭是两个独立的事件，也就是说，它们的结果并不会相互影响，就像图 3-8 所示的这样。

图 3-8　洗衣服和做饭相互不影响，也就是条件独立性

但是，如果你要等待洗衣机运转结束后，才能进入厨房做饭，那么这两个事件就不再是独立的了。因为洗衣服的时间会影响你做饭的时间。

在实际生活中，许多事件都存在条件独立性。比如说，你的出门路线和天气情况是条件独立的，你的睡眠质量和明天是否有重要会议也是条件独立的。只要我们了解清楚每个事件之间的关系，就可以更好地规划自己的生活，提高效率。

**原理输出 3.8**

为了帮助大家更好地理解条件独立性，请大家按照前言中的方法录制一个长度约为 2 分钟的短视频，介绍什么是条件独立性。

可以参考的 ChatGPT 提示词如下。
“条件独立性是什么?”
“请用通俗易懂的语言，结合生活中的例子，介绍什么是条件独立性。”

**实操练习 3.8**

为了让大家可以用代码的形式学习条件独立性，接下来大家可以让 ChatGPT 生成示例代码，并在 Colab 新建一个 Notebook 文件运行这些代码。

要让 ChatGPT 生成代码，可以参考的提示词如下。
“请给出使用 Python 演示条件独立性的示例代码，需要可视化。”

## 3.8 期望、方差和协方差

在这一节中，我们来学习概率论中 3 个重要的概念——期望、方差和协方差。

### 3.8.1 期望

概率论中的期望是指一个随机变量在所有可能取值上的加权平均值。换言之，它是对随机变量的一种数学期望或预测。

设 $X$ 是一个离散型随机变量，它可以取得 $k$ 个不同的值 $X_1, X_2, \ldots, X_k$，它们发生的概率分别为 $P_1, P_2, \ldots, P_k$，则 $X$ 的数学期望是：

$$E(X) = X_1P_1+X_2P_2+...+X_kP_k$$

如果 $X$ 是一个连续型随机变量，则期望是通过对其概率密度函数 $f(x)$ 进行积分来计算的。

下面举个生活中的例子。假设你参加了一次抽奖活动，奖品有三个：一个小熊玩具、一顶帽子和一堆糖果。这三个奖品分别有不同的概率中奖，具体就像图 3-9 所示的这样。

（1）小熊玩具：中奖概率为 1/3，价值为 50 元。

（2）帽子：中奖概率为 1/6，价值为 20 元。

（2）糖果：中奖概率为 1/2，价值为 10 元。

图 3-9　不同奖品的中奖概率及它们的价值

那么我们可以定义随机变量 $X$ 表示中奖得到的奖品，它可能取得三种不同的值（小熊玩具、帽子或糖果），而每个值出现的概率就是对应奖品的中奖概率。

如果我们想知道在这个抽奖活动中我们能够获得的平均奖品价值，我们需要计算期望。根据期望的定义，我们可以得到：

$$E(X) = 50 \times (1/3) + 20 \times (1/6) + 10 \times (1/2) = 25\text{ 元}$$

也就是说，在这个抽奖活动中，我们平均能够获得 25 元的奖品价值。当然，这只是一个理论值，实际上每个人获得的奖品都是随机的，有些人可能获得了小熊玩具，而另一些人则可能只获得了一堆糖果。但是，如果我们参加了很多次这样的抽奖活动，那么我们最终获得的平均奖品价值应该会趋近于 25 元。

期望在概率论中有很多重要的应用，例如在统计推断、随机过程和金融工程等领域都得到了广泛的应用。

### 原理输出 3.9

为了帮助大家更好地理解期望的概念，请大家按照前言中的方法录制一个长度约为 2 分钟的短视频，介绍什么是期望。

可以参考的 ChatGPT 提示词如下。

“请介绍一下概率中的期望。”

“请用通俗易懂的语言，结合生活中的例子，介绍一下概率中的期望。”

**实操练习 3.9**

为了让大家可以用代码的形式学习期望的概念，接下来大家可以让 ChatGPT 生成示例代码，并在 Colab 新建一个 Notebook 文件运行这些代码。

要让 ChatGPT 生成代码，可以参考的提示词如下。
“请给出使用 Python 演示概率中的期望的示例代码，需要可视化。”

### 3.8.2 方差

方差是描述一组数据离散程度的统计量，它衡量一个随机变量或一组数据的值在期望值周围的分散程度。具体而言，方差是各个数据与其平均数之差的平方值的平均数。由于每个数据与平均数的差距可能为负数，因此为了消除正负抵消的影响，方差通常用平方来表示，并且以平方单位来衡量。方差越大，代表数据的离散程度越高；反之，方差越小，表示数据的集中程度越高。

下面举个例子。假设你想比较两个人的学习成绩，第一个人每科的分数分别是 60、70、80、90 和 100 分，而第二个人的分数都是 80 分。这里平均数（即期望值）对于两个人来说都是 80 分，但他们的成绩分布却完全不同，就像图 3-10 所示的这样。

图 3-10　虽然两个学生的平均分都是 80，但他们成绩的方差完全不同

如果我们用方差来衡量他们考试成绩的分散程度，可以发现第一个人的方差要比第二个人大得多。因为第一个人的分数相对较分散，有些得了 60 分，有些得了 100 分，离平均分数的距离很远；而第二个人的分数相对集中，离平均分数的距离很近，因此方差就很小。

另外一个例子是比较两个投资组合的风险程度。如果一个投资组合的回报率波动较大，则它的方差就会比较大，代表着该组合的风险程度较高；反之，如果回报率波动较小，则其方差也会较小，表示该组合的风险程度较低。

因此，方差可以用来衡量数据的分散程度，对于统计学和金融领域的研究具有重要的应用价值。

**原理输出 3.10**

为了帮助大家更好地理解方差的概念，请大家按照前言中的方法录制一个长度约为 2 分钟的短视频，介绍什么是方差。

可以参考的 ChatGPT 提示词如下。

“请介绍一下什么是方差。”

“请用通俗易懂的语言，结合生活中的例子，介绍一下方差的概念。”

**实操练习 3.10**

为了让大家可以用代码的形式学习方差的概念，接下来大家可以让 ChatGPT 生成示例代码，并在 Colab 新建一个 Notebook 文件运行这些代码。

要让 ChatGPT 生成代码，可以参考的提示词如下。

“请给出使用 Python 计算两组数据不同方差的示例代码，需要可视化。”

## 3.8.3　协方差

协方差（Covariance）是用来衡量两个随机变量之间的关系强度和方向的统计量。它描述两个变量的联合变化程度，即当一个变量的值发生改变时，另一个变量的值会如何变化。

协方差的公式为：

$$\mathrm{Cov}(X,Y)=E[(X-\mu X)(Y-\mu Y)]$$

其中，$X$ 和 $Y$ 分别表示两个随机变量，$\mu X$ 和 $\mu Y$ 分别表示 $X$ 和 $Y$ 的均值，$E[\ ]$ 表示期望运算符。

协方差可以取任意实数值，正数表示两个变量正相关，负数表示两个变量负相关，而零则表示两个变量不相关。

需要注意的是，协方差只是一个度量两个随机变量之间线性关系的指标，它并不能说明因果关系或者非线性关系。此外，协方差还受到两个变量尺度的影响，因此在比较不同数据集之间的协方差大小时，需要进行标准化处理，得到相关系数。

下面我们来看一个通俗易懂的例子。假设你在开一家小店，出售糖果和饮料两种商品。你想知道这两种商品的销售情况是否有关联，即如果一种商品销售量增加了，另一种商品的销售量是否也会随之增加或减少，就像图 3-11 所示的这样。

饮料和糖果的销量之间，有什么联系吗？

图 3-11　协方差可以告诉我们，糖果和饮料的销量之间是否有关联

为了回答这个问题，你开始记录每天的销售数据。例如，当天卖出了 100 包糖果和 50 瓶饮料。第二天，你卖出了 120 包糖果和 60 瓶饮料。第三天……以此类推。在这个过程中，你收集到了每天糖果和饮料的销售量，得到了两个变量：$X$ 表示糖果销售量，$Y$ 表示饮料销售量。

现在，你想知道这两个变量之间是否存在关系。你计算了一下这两个变量的协方差，并发现它的值是正数，说明这两个变量呈正相关关系。也就是说，当糖果销售量增加时，饮料销售量也会随之增加，反之亦然。

具体而言，如果某一天糖果销售量比平均值高，那么很可能这一天饮料销售量也比平均值高；如果某一天糖果销售量比平均值低，那么很可能这一天饮料销售量也比平均值低。这就是协方差的作用，它可以帮助我们了解两个变量之间的联系，从而更好地做出决策。

### 原理输出 3.11

为了帮助大家更好地理解协方差的概念，请大家按照前言中的方法录制一个长度约为 2 分钟的短视频，介绍什么是协方差。

可以参考的 ChatGPT 提示词如下。

“请介绍一下什么是协方差。”

“请用通俗易懂的语言，结合生活中的例子，介绍一下协方差的概念。”

### 实操练习 3.11

为了让大家可以用代码的形式学习协方差的概念，接下来大家可以让 ChatGPT 生成示例代码，并在 Colab 新建一个 Notebook 文件运行这些代码。

要让 ChatGPT 生成代码，可以参考的提示词如下。
“请给出使用 Python 计算协方差的示例代码，需要可视化。”

# 3.9 常用概率分布

在这一节中，我们一起来学习一些常用的概率分布。

## 3.9.1 Bernoulli 分布

Bernoulli（伯努利）分布是一个二元随机变量 $X$ 的离散概率分布，它只有两个可能的取值：0 和 1。该分布用于描述一个试验只有两种可能结果的情况。

在 Bernoulli 分布中，如果事件发生，则 $X=1$；如果事件不发生，则 $X=0$。这里需要注意的是，$X=1$ 并不代表事件成功，而只是代表它发生了。Bernoulli 分布的参数为 $p$，表示事件发生的概率。因此，概率质量函数可以表示为：

$$P(X=1)=p$$

$$P(X=0)=1-p$$

其中，$p$ 满足 $0\leqslant p\leqslant 1$。

在生活中，我们可以用抛硬币来举例说明——假设你和朋友玩抛硬币游戏，硬币正面朝上为事件 $A$，反面朝上为事件 $B$。根据 Bernoulli 分布的定义，这个游戏就符合 Bernoulli 分布的条件。因为每次抛硬币只有两种可能结果，即事件 $A$ 或事件 $B$，而且每次抛硬币的结果是相互独立的，就像图 3-12 所示的这样。

图 3-12　抛硬币游戏，是生活中最常见的 Bernoulli 分布

假设硬币正面朝上的概率是 $p$，那么硬币反面朝上的概率就是 $1-p$。另外，如果我们抛了 $n$ 次硬币，那么硬币正面朝上的次数就是一个二项分布，它可以由 $n$ 个独立的 Bernoulli 分布累加得到。

除了抛硬币这个例子，生活中还有很多其他的例子也符合 Bernoulli 分布的条件，比如投票。无论是哪种情况，只要存在着两种可能的结果，并且每次实验都是独立的，那么就可以用 Bernoulli 分布来进行描述。

**原理输出 3.12**

为了帮助大家更好地理解 Bernoulli 分布的概念，请大家按照前言中的方法录制一个长度约为 2 分钟的短视频，介绍什么是 Bernoulli 分布。

**小贴士**

可以参考的 ChatGPT 提示词如下。
"请介绍一下什么是 Bernoulli 分布。"
"请用通俗易懂的语言，结合生活中的例子，介绍一下 Bernoulli 分布的概念。"

**实操练习 3.12**

为了让大家可以用代码的形式学习 Bernoulli 分布的概念，接下来大家可以让 ChatGPT 生成示例代码，并在 Colab 新建一个 Notebook 文件运行这些代码。

**小贴士**

要让 ChatGPT 生成代码，可以参考的提示词如下。
"请用 Python 生成一组符合 Bernoulli 分布的数据，并进行可视化。"

### 3.9.2 Multinoulli 分布

Multinoulli 分布，也称为分类分布或范畴分布，是一种离散概率分布。它表示在一个具有 $K$ 个不同的可能取值的试验中，每个取值出现的概率。在机器学习中，Multinoulli 分布通常用于描述多分类问题中每个类别的概率分布。

具体而言，如果一个随机变量 $X$，它取值可以为 1，2，…，$K$ 中的任意一个，并可以用一个 $K$ 维向量 $\boldsymbol{P}=(p_1, p_2, \dots, p_K)$ 来表示 $X$ 的分布，其中 $p_i$ 表示 $X=i$ 的概率，且满足 $p_i \geqslant 0$ 和 $\sum_{i=1}^{K} p_i = 1$。那么这个向量就是 Multinoulli 分布的参数，通常表示为：

$$\boldsymbol{P} \sim \text{Multinoulli}(p_1, p_2, \dots, p_K)$$

举一个生活中的例子，假设你要去超市购买零食，你面前有若干种零食可供选择，比如薯片、巧克力、糖果等。你对每种零食的喜好不一样，有些你更喜欢，有些你不太喜欢，而且你的选择可能会受到价格和其他因素的影响。

现在假设你已经确定了要购买三包零食，那么你可以用一个长度为 3 的向量来表示你的选择，例如 $\boldsymbol{y}=(1, 2, 3)$ 表示你选择了第 1 种、第 2 种和第 3 种零食。则 Multinoulli 分布就是用来描述每种零食被选中的概率分布，即每种零食被选中的概率不同，且总和为 1。比如，如果你更喜欢巧克力，那么选中巧克力的概率可能会更高，而其他零食的选中概率则相应减小，就像图 3-13 所示的这样。

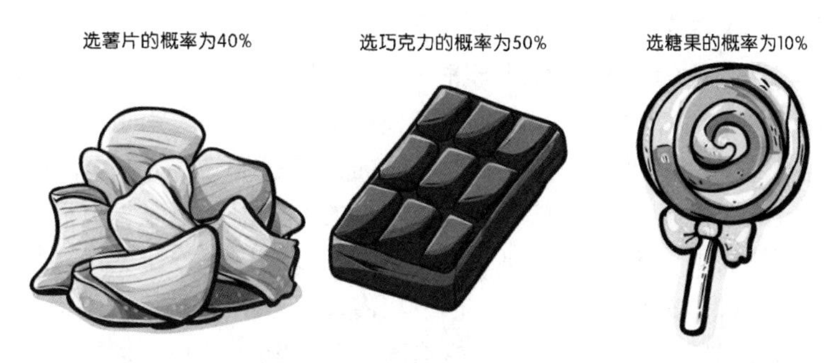


图 3-13　在超市里对不同零食的选择，可以看成是 Multinoulli 分布

总之，Multinoulli 分布可以用来描述具有 $K$ 个离散取值的随机变量的概率分布，这种随机变量在生活中很常见，比如投票、抽奖、购物等。

### 原理输出 3.13

为了帮助大家更好地理解 Multinoulli 分布的概念，请大家按照前言中的方法录制一个长度约为 2 分钟的短视频，介绍什么是 Multinoulli 分布。

可以参考的 ChatGPT 提示词如下。

"请介绍一下什么是 Multinoulli 分布。"

"请用通俗易懂的语言，结合生活中的例子，介绍一下 Multinoulli 分布的概念。"

### 实操练习 3.13

为了让大家用代码的形式学习 Multinoulli 分布的概念，接下来大家可以让 ChatGPT 生成示例代码，并在 Colab 新建一个 Notebook 文件运行这些代码。

要让 ChatGPT 生成代码，可以参考的提示词如下。

"请用 Python 生成一组符合 Multinoulli 分布的数据，并进行可视化。"

### 3.9.3 高斯分布

高斯分布，也称为正态分布，是一种常见的连续概率分布。它在统计学和概率论中扮演着重要角色，因为许多自然现象都可以用高斯分布来描述。高斯分布的形状呈钟形曲线，并且具有一个平均值（也称为期望值）和一个标准差，它们共同决定了这个分布的特征。

在高斯分布中，大部分数值集中在平均值周围，并且距离平均值越远，数值越小。标准差表示数据偏离平均值的程度，如果标准差越小，则数据更集中；如果标准差越大，则数据更分散。高斯分布在科学、工程、金融等领域都有广泛的应用。

对于高斯分布，也可以用生活中一个常见的例子来解释。假设你每天骑自行车上班，需要花费一定的时间。如果我们把你每天骑车的时间记录下来，并将这些数据绘制成直方图，那么很可能我们会看到一个钟形曲线状的分布，这个分布就是高斯分布。

在这个例子中，钟形曲线的顶峰表示你平均需要花费的时间，而钟形曲线向两侧逐渐变平，则表示大部分时间你都能在这个平均值附近骑车到达公司。同时，由于路况、心情等各种因素的影响，有时候你的骑车时间会长一些，有时候又会短一些，所以数据的分布不是严格对称的，但整体呈钟形分布。这个钟形分布的宽度则表示你的骑车时间存在波动，即标准差越大，波动也越明显，反之亦然，就像图 3-14 所示的这样。

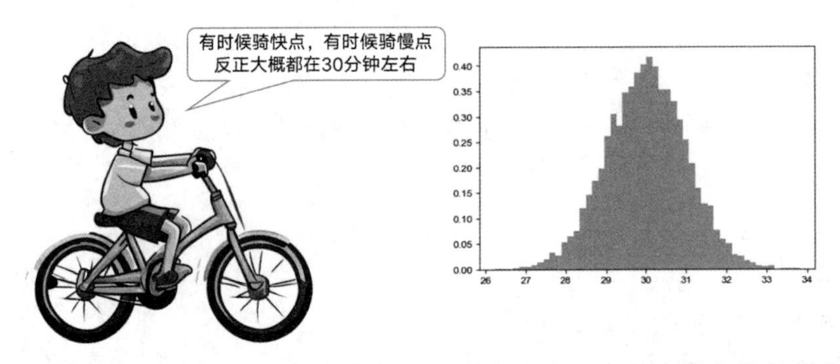


图 3-14　一般来说，你每天骑车上班花费的时间，大致符合高斯分布

同样，高斯分布可以描述人群身高、学生成绩等现象。当我们收集到足够多的数据后，就可以根据这些数据得到相应的高斯分布，进而对这个分布进行分析和预测。

**原理输出 3.14**

为了帮助大家更好地理解高斯分布的概念，请大家按照前言中的方法录制一个长度约为 2 分钟的短视频，介绍什么是高斯分布。

**小贴士**

可以参考的 ChatGPT 提示词如下。

“请介绍一下什么是高斯分布。”

“请用通俗易懂的语言，结合生活中的例子，介绍一下高斯分布的概念。”

**实操练习 3.14**

为了让大家可以用代码的形式学习高斯分布的概念，接下来大家可以让 ChatGPT 生成示例代码，并在 Colab 新建一个 Notebook 文件运行这些代码。

要让 ChatGPT 生成代码，可以参考的提示词如下。
“请用 Python 生成一组符合高斯分布的数据，并进行可视化。”

## 3.9.4　指数分布

指数分布是一种连续概率分布，通常用于描述等待事件发生的时间间隔。指数分布的概率密度函数具有单峰、右侧截尾的特征，其形状取决于参数 λ（λ>0），表示单位时间内发生事件的平均次数。指数分布是一种重要的概率分布，广泛应用于各个领域，如信号处理、可靠性理论、统计物理、金融和工程等。

让我们回到生活中的例子。假设你要去等待公交车，公交车到站的时间是服从指数分布的。具体来说，这意味着在某段时间内，公交车来到你所在的站台的概率是均等的，而每一次等待的时间长度则有可能是不同的。

例如，如果 λ=0.1（1/0.1=10，即平均每 10 分钟会有一辆公交车），那么你等待 5 分钟的概率是比较大的，因为在这个时间段内，很可能有一辆公交车经过了。但是，等待 30 分钟以上的概率就相对较小了，因为在这段时间内已经有很多公交车来了，就像图 3-15 所示的这样。

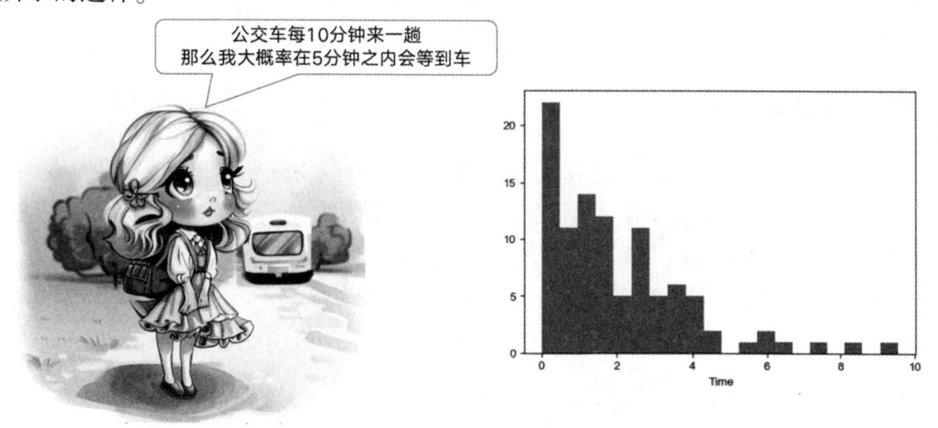


图 3-15　公交车到站的时间是服从指数分布的

可以看出，指数分布描述的是一个随机事件发生的时间间隔，而且该事件在任意时刻都可能发生。这种分布在生活中的应用还有很多，例如测量设备故障之间的时间间隔、评估客户到达服务中心的间隔时间等。

**原理输出 3.15**

为了帮助大家更好地理解指数分布的概念，请大家按照前言中的方法录制一个长度约为 2 分钟的短视频，介绍什么是指数分布。

可以参考的 ChatGPT 提示词如下。

"请介绍一下什么是指数分布。"

"请用通俗易懂的语言，结合生活中的例子，介绍一下指数分布的概念。"

**实操练习 3.15**

为了让大家可以用代码的形式学习指数分布的概念，接下来大家可以让 ChatGPT 生成示例代码，并在 Colab 新建一个 Notebook 文件运行这些代码。

小贴士

要让 ChatGPT 生成代码，可以参考的提示词如下。

"请用 Python 生成一组符合指数分布的数据，并进行可视化。"

特别说明：一个与指数分布联系紧密的概率分布是 Laplace（拉普拉斯）分布，Laplace 分布是一种概率分布，用于描述连续随机变量的可能取值。它的形状类似于钟形曲线，但比正态分布更加陡峭、尖锐。Laplace 分布通常用于处理离群值较多的数据，因为它对离群值有较好的容忍性。

### 3.9.5 Dirac 分布

Dirac 分布，也称为 Delta 函数或单位脉冲函数，是在物理、工程和数学领域中经常使用的一种特殊函数。它可以看作一个在某一点上有无限大的峰值，其余部分为零的函数。Dirac 分布通常用符号 δ（x）表示，满足以下性质：

（1）在 $x=0$ 处有无限大的峰值，且在其他地方都为零；

（2）$\delta(x)$ 在任意区间上的积分等于该区间内包含 0 的个数；

（3）$\delta(ax)=\frac{1}{|a|}\delta(x)$，其中 $a$ 是一个常数。

这样说起来可能比较抽象，但可以通过一个生活中的例子来帮助理解。假设你手上拿着一根长针，如果让它随机而自然地掉落，那么针最终会以某个角度与地面相交。这种掉落方式就类似于对某个角度区间取随机数。

现在，假设你想知道针与地面相交的概率有多大，具体来说，是针与地面夹角小于某个给定角度 $\theta$ 的概率。如果你掉落了很多根针并记录结果，最后会得到一个关于 $\theta$ 的概率分布函数，也就是每个 $\theta$ 值对应的概率密度函数。此时，如果将针的长度固定为常数，那么这个概率密度函数就会趋向于一个 Dirac 分布，就像图 3-16 所示的这样。

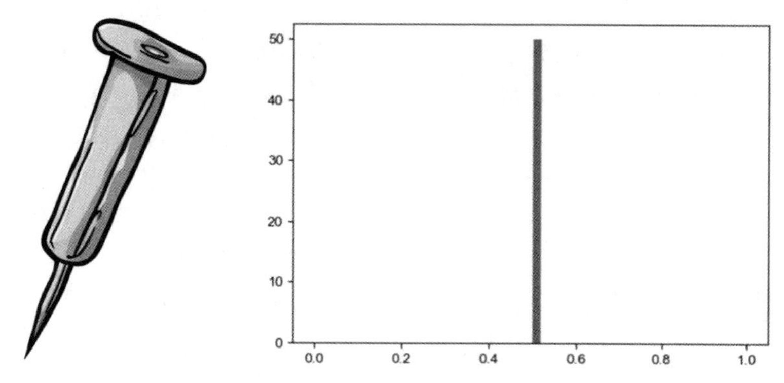


图 3-16　多次扔一根针，针落地时与地面的夹角小于某个角度的概率，符合 Dirac 分布

Dirac 分布在物理学中有广泛应用，尤其是在量子力学中。它可以用来描述粒子的位置、动量、角动量等物理量的测量结果。在信号处理中，Dirac 分布被用来描述信号的瞬时功率、幅度谱等相关信息。

### 原理输出 3.16

为了帮助大家更好地理解 Dirac 分布的概念，请大家按照前言中的方法录制一个长度约为 2 分钟的短视频，介绍什么是 Dirac 分布。

可以参考的 ChatGPT 提示词如下。

“请介绍一下什么是 Dirac 分布。”

“请用通俗易懂的语言，结合生活中的例子，请介绍一下 Dirac 分布的概念。”

### 实操练习 3.16

为了让大家可以用代码的形式学习 Dirac 分布的概念，接下来大家可以让 ChatGPT 生成示例代码，并在 Colab 新建一个 Notebook 文件运行这些代码。

小贴士

要让 ChatGPT 生成代码，可以参考的提示词如下。

“请用 Python 生成一组符合 Dirac 分布的数据，并进行可视化。”

特别说明：Dirac 分布经常作为经验分布的一个组成部分出现，经验分布是指根据给定的样本数据统计得到的一种概率分布函数，它反映了样本数据中各数值出现的频率和概率。简单来说，经验分布就是以样本数据为基础来估计总体分布的一种方法。

### 3.9.6 混合分布

混合分布是由多个基本概率分布按一定比例混合而成的概率分布。其中，每个基本概率分布称为混合成分或混合成分分布。混合分布可以用来描述真实世界中很多现象，比如人群的身高、体重等参数，都可以被认为是由多个不同的分布组成的混合分布。

在数学上，混合分布可以表示为以下形式：

$$f(x) = \sum_{i=1}^{k} w_i f_i(x)$$

其中，$x$ 是随机变量的取值，$f(x)$ 是混合分布的概率密度函数，$k$ 是混合成分数量，$w_i$ 是第 $i$ 个混合成分的权重，满足：

$$\sum_{i=1}^{k} w_i = 1$$

$f_i(x)$ 是第 $i$ 个混合成分的概率密度函数。

下面我们用生活中常见的例子来解释。假设现在我们要研究一个地区的人群身高分布，如果所有的人都是同一种身高分布，那么我们可以很容易地确定这个分布的概率密度函数。但是，实际上人群的身高并不完全相同，可能由于遗传、环境等多种因素影响，使得人群的身高分布会有所不同。

在这种情况下，我们就可以使用混合分布来描述不同身高分布的混合情况。例如，我们可以将这个地区的人群分成几类，比如男性和女性，或者年轻人和老年人等。每个群体内部的身高分布可以近似看作独立的，但是不同群体之间的身高分布可能存在差异，因此整个人群的身高分布可以被认为是由多个不同的分布组成的混合分布，就像图 3-17 所示的这样。

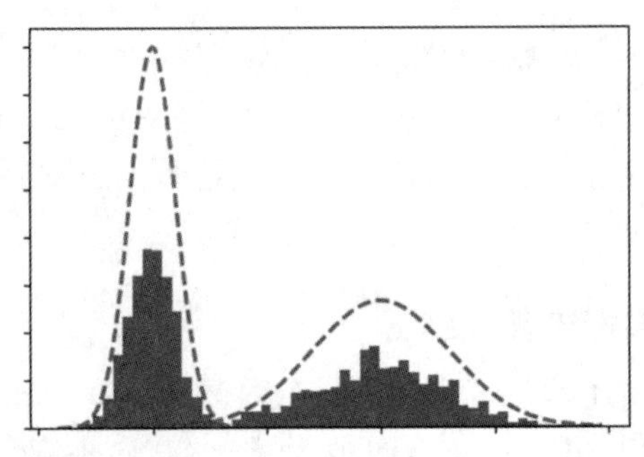

图 3-17　不同年龄群体的身高，会组成混合分布

再举一个例子，假设我们要研究一种新药物的副作用，我们可以对多个患者进行观察，然后发现不同患者对该药物的反应存在差异。因此，我们可以将这些患者分成几类，比如按年龄、性别、体质等不同因素，然后观察不同类别患者出现副作用的概率分布。这样，整个群体的副作用发生情况就可以被认为是由多个不同概率分布混合而成的混合分布。

总之，混合分布是一种常见的概率分布形式，可以用来描述复杂的数据分布情况，例如人群身高、药物副作用等。

**原理输出 3.17**

为了帮助大家更好地理解混合分布的概念，请大家按照前言中的方法录制一个长度约为 2 分钟的短视频，介绍什么是混合分布。

可以参考的 ChatGPT 提示词如下。

“请介绍一下什么是混合分布。”

“请用通俗易懂的语言，结合生活中的例子，请介绍一下混合分布的概念。”

**实操练习 3.17**

为了让大家可以用代码的形式学习混合分布的概念，接下来大家可以让 ChatGPT 生成示例代码，并在 Colab 新建一个 Notebook 文件运行这些代码。

要让 ChatGPT 生成代码，可以参考的提示词如下。

“请用 Python 生成一组符合混合分布的数据，并进行可视化。”

## 3.10 常用函数及性质

上一节中，我们学习了一些在深度学习模型中会遇到的概率分布。本节中，我们将继续学习一些常用于处理概率分布的函数。

### 3.10.1 Sigmoid 函数

Sigmoid 函数的数学形式为：

$$\sigma(z)=\frac{1}{1+e^{-z}}$$

其中：$z=w_0x_0+w_1x_1+\cdots+w_ix_i$ 是输入特征的线性组合，$w_i$ 是对应特征的权重，$x_i$ 是对应特征的取值。

Sigmoid 函数将任意实数映射到（0，1）区间内的一个概率值，具有如下性质：

（1）当 $z\to-\infty$ 时，$\delta(z)\to 0$；

（2）当 $z\to+\infty$ 时，$\delta(z)\to 1$；

（3）在 $z=0$ 处，$\delta(z)=0.5$。

下面我们举个生活中常见的例子。假设你要判断一件商品是否受欢迎，你可以根据不同的因素（比如价格、口味、外观等）给出一个综合评分。这个评分可以使用 Sigmoid 函数来转换为概率值，表示该商品受欢迎的可能性有多大，如图 3-18 所示的这样。

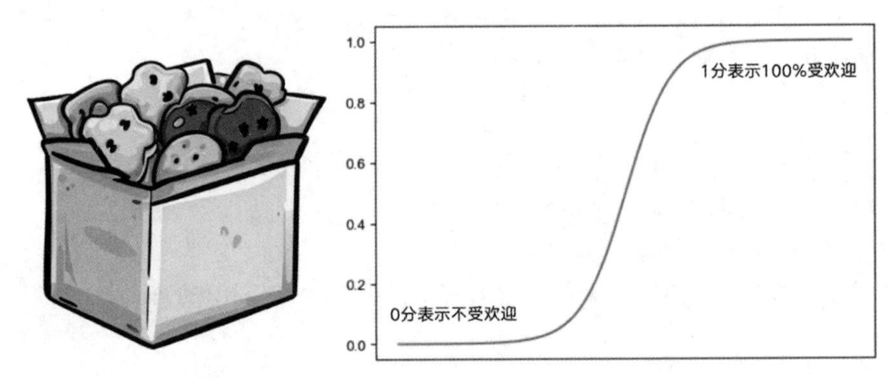


图 3-18　Sigmoid 函数可以用来表示某件商品受欢迎的概率

综上所述，通过使用 Sigmoid 函数，我们可以将任意实数映射到 0 到 1 之间的范围内，方便进行二分类问题的处理，例如判断一封邮件是否垃圾邮件。同时，因为它具有一定的非线性特性，还可以用于多层神经网络的训练过程，提高模型的表达能力和拟合能力。

**原理输出 3.18**

为了帮助大家更好地理解 Sigmoid 函数的概念，请大家按照前言中的方法录制一个长度约为 2 分钟的短视频，介绍什么是 Sigmoid 函数。

可以参考的 ChatGPT 提示词如下。

“请介绍一下什么是 Sigmoid 函数。”

“请用通俗易懂的语言，结合生活中的例子，请介绍一下 Sigmoid 函数。”

**实操练习 3.18**

为了让大家可以用代码的形式学习 Sigmoid 函数的概念，接下来大家可以让 ChatGPT 生成示例代码，并在 Colab 新建一个 Notebook 文件运行这些代码。

要让 ChatGPT 生成代码，可以参考的提示词如下。

“请用 Python 演示 Sigmoid 函数，并进行可视化。”

### 3.10.2　Softplus 函数

Softplus 函数是一种常用的激活函数，通常用于神经网络中。它可以将输入值映射到非负数上，并保持单调递增。Softplus 函数的公式如下：

$$f(x)=\ln(1+e^x)$$

其中，ln 表示自然对数，e 表示自然指数。由于其对输入值进行了非线性映射，Softplus 函数有助于提高模型的表达能力。

在生活中，我们可以用一个简单的例子来解释这个函数：假设你每天工作了若干小时，你想要知道这些时间对你产生的压力有多大。我们可以使用 Softplus 函数来计算这个压力值，就像图 3-19 所示的这样。

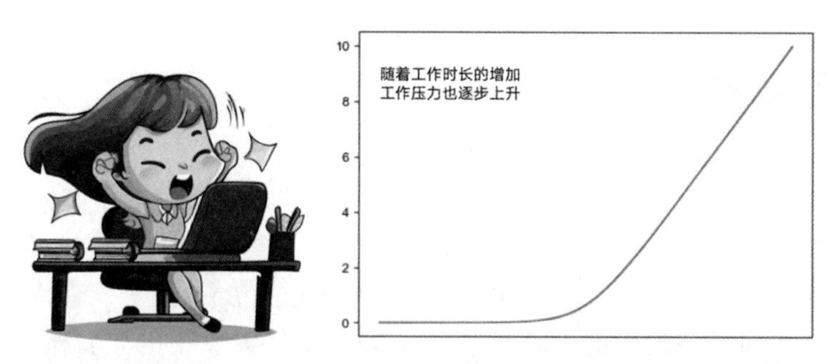


图 3-19　可以用 Softplus 函数表达工作时长与工作压力之间的关系

首先，我们把你每天的工作时间作为函数的输入 $x$。然后，我们把这个时间值代入 Softplus 函数里计算出压力值。由于 Softplus 函数的输出值总是大于等于零的，所以这个压力值也不会为负数。

例如，如果你每天工作了 8 小时，那么我们可以用以下公式来计算你所承受的压力：

$$f(x)=\ln(1+e^8)\approx 8.0003$$

这里，我们使用了 $x=8$ 来计算压力值，结果约为 8.0003。这个数字表明，你每天工作 8 小时会给你带来一定的压力，但并不是很严重。

总的来说，Softplus 函数是一种常用的激活函数，可以用于神经网络模型中。它能够将输入信号转换为非负输出值，因此在某些场景下可以更准确地表达信号的含义。

## 原理输出 3.19

为了帮助大家更好地理解 Softplus 函数的概念，请大家按照前言中的方法录制一个长度约为 2 分钟的短视频，介绍什么是 Softplus 函数。

可以参考的 ChatGPT 提示词如下。

“请介绍一下什么是 Softplus 函数。”

“请用通俗易懂的语言，结合生活中的例子，请介绍一下 Softplus 函数。”

## 实操练习 3.19

为了让大家可以用代码的形式学习 Softplus 函数的概念，接下来大家可以让 ChatGPT

生成示例代码，并在 Colab 新建一个 Notebook 文件运行这些代码。

要让 ChatGPT 生成代码，可以参考的提示词如下。
“请用 Python 演示 Softplus 函数，并进行可视化。”

## 3.11 贝叶斯规则

贝叶斯规则是一种计算条件概率的方法，它利用了贝叶斯定理。在统计学中，贝叶斯定理描述了事件 $A$ 在事件 $B$ 已经发生的情况下的概率，其公式为：

$$P(A|B)=P(B|A)*P(A)/P(B)$$

其中，$P(A)$是事件 $A$ 发生的先验概率，$P(B)$是事件 $B$ 发生的先验概率，$P(B|A)$是在事件 $A$ 发生的条件下事件 $B$ 发生的概率，而 $P(A|B)$则是在事件 $B$ 发生的条件下事件 $A$ 发生的概率。

图 3-20　在测试结果为阳性的情况下，患上感冒的概率有多大呢

贝叶斯规则可以用于多个变量之间的条件概率计算，例如在机器学习领域中，常用于分类问题中的后验概率计算。

下面举个例子来说明贝叶斯规则。假设你正在参加一个普通感冒筛查，医生检查了你的症状，如咳嗽、鼻塞等，并告诉你测试结果为阳性，即可能患上了普通感冒。但是，这个测试并不完全准确，有时会出现误判的情况。

那么问题来了，如果测试结果是阳性，你真的患上了普通感冒的概率是多少呢？就像图 3-20 所示的这样。

此时就可以用到贝叶斯规则，我们可以将事件 $A$ 定义为“患上普通感冒”，事件 $B$ 定义为“测试结果为阳性”。根据贝叶斯公式：

$$P(A|B)=P(B|A)*P(A)/P(B)$$

其中，$P(A)$是先验概率，也就是在没有任何其他信息的情况下，你患上普通感冒的概率；$P(B)$是“测试结果为阳性”的概率；$P(B|A)$是“在患上普通感冒的情况下测试结果为阳性”的概率。

据统计，普通感冒的患病率为 10%，也就是说 $P(A)=0.1$；而测试结果为阳性的概率为 90%（测试准确度为 90%），也就是说 $P(B)=0.9$；假设在患上普通感冒的情况下测试结果为阳性的概率为 80%，也就是说 $P(B|A)=0.8$。

那么，代入公式计算有：

$$P(A|B)=P(B|A)*P(A)/P(B)=0.8*0.1/0.9\approx 0.089$$

也就是说，在测试结果为阳性的情况下，你真正患上普通感冒的概率只有约 8.9%。

这个例子说明贝叶斯规则可以用于帮助我们计算在已知条件下的某一事件的概率，非常实用。

**原理输出 3.20**

为了帮助大家更好地理解贝叶斯规则的概念，请大家按照前言中的方法录制一个长度约为 2 分钟的短视频，介绍什么是贝叶斯规则。

可以参考的 ChatGPT 提示词如下。

“请介绍一下什么是贝叶斯规则。”

“请用通俗易懂的语言，结合生活中的例子，介绍一下贝叶斯规则。”

**实操练习 3.20**

为了让大家可以用代码的形式学习贝叶斯规则的概念，接下来大家可以让 ChatGPT 生成示例代码，并在 Colab 新建一个 Notebook 文件运行这些代码。

要让 ChatGPT 生成代码，可以参考的提示词如下。

“请用 Python 演示贝叶斯规则，并进行可视化。”

## 3.12 信息论中的交叉熵

信息论是一门研究信息传输、编码和存储的学科。它涉及如何量化信息、如何在通信信道上传输信息，以及如何最大限度地利用有限的带宽和存储资源等问题。信息论主要关注如何通过信息编码来解决通信中的噪声、干扰和失真等问题，以便实现高效、可靠的信息传输。信息论是现代通信领域的基础理论之一，在计算机科学、工程技术、物理学、统计学、生物学等领域都得到了广泛的应用。

而交叉熵（Cross-Entropy）是在信息论和机器学习中经常用到的概念，它通常用于度量两个概率分布之间的差异性。

在机器学习中，我们通常使用交叉熵来比较模型输出的预测结果和真实的标签之间的差异，从而评估模型的表现。一个好的分类模型应该能够使其预测的分布与真实的标签分布越接近，因此交叉熵越小，说明模型的预测结果越接近真实值。

更具体地说，假设我们有一个分类问题，其中每个样本都属于 $K$ 个类别中的一个。对

于第 $i$ 个样本，真实标签为 $y_i$，模型的预测概率分布为 $p_i$。那么，第 $i$ 个样本的交叉熵可以表示为：

$$H(y_i,\ p_i) = -\sum_{j=1}^{K} y_{i,\ j}\log(p_{i,\ j})$$

其中，$y_{i,j}$ 表示第 $i$ 个样本是否属于第 $j$ 个类别的 one-hot 编码，$p_{i,j}$ 表示模型预测该样本属于第 $j$ 个类别的概率。整个数据集的交叉熵可以表示为每个样本交叉熵的平均值。

下面我们用生活中的例子来进行理解。假设你去书店买书，但是你只知道书的类别，比如小说、音乐、美术等。你希望买到一本小说，于是你开始选择，并且对每一本书都有一个预判，认为它可能是小说的概率是多少。最后，你选定了一本书并购买了它。

图 3-21　我们预测的结果与真实标签差异越大，则交叉熵也就越大

在这个过程中，你的大脑就像一个分类模型，对每一本书都进行了预测，其中包括该书属于哪个类别的概率，比如它是小说的概率是多少、是音乐的概率是多少、是美术的概率是多少等。而每本书实际的类型则相当于真实标签。

接下来，我们将你的思考过程看作一个分类模型，然后计算其预测结果和真实标签之间的差异性，即计算交叉熵。如果你购买的书本身就是一本小说，那么预测结果与真实标签完全相同，交叉熵就会非常小；如果你购买的书不是一本小说，那么预测结果和真实标签之间就会有一些差异，交叉熵就会变大，就像图 3-21 所示的这样。

从这个例子中可以看出，交叉熵是用来衡量模型预测结果和真实标签之间接近程度的一种指标。在机器学习中，我们通常使用交叉熵来优化模型的参数，使得模型能够更好地拟合数据，并且预测结果与真实标签越接近。

### 原理输出 3.21

为了帮助大家更好地理解交叉熵的概念，请大家按照前言中的方法录制一个长度约为 2 分钟的短视频，介绍什么是交叉熵。

**小贴士**

可以参考的 ChatGPT 提示词如下。

“请介绍一下什么是交叉熵。”

“请用通俗易懂的语言，结合生活中的例子，介绍一下交叉熵。”

### 实操练习 3.21

为了让大家可以用代码的形式学习交叉熵的概念，接下来大家可以让 ChatGPT 生成示例代码，并在 Colab 新建一个 Notebook 文件运行这些代码。

要让 ChatGPT 生成代码，可以参考的提示词如下。
“请用 Python 演示什么是交叉熵，并进行可视化。”

## 3.13 结构化概率模型

结构化概率模型是一种用于建模联合分布的统计模型，其中变量之间存在某种结构关系，例如图或树的形式。这种模型通常被用来解决具有复杂依赖关系的问题，如在自然语言处理、计算机视觉和生物信息学等领域的应用。

结构化概率模型可以分为两类：有向图模型和无向图模型。有向图模型使用有向图表示变量之间的依赖关系，并且每个节点仅依赖其父节点，例如贝叶斯网络。无向图模型使用无向图表示变量之间的依赖关系，并且每个节点与其邻居节点相互作用，例如马尔可夫随机场。

结构化概率模型在实际应用中非常有用，因为它能够利用变量之间的结构关系来提高预测准确性和模型解释性。例如，在自然语言处理中，结构化概率模型可以用于命名实体识别、分词和句法分析等任务。

下面举一个生活中的例子。假设你正在计划一次旅行，你需要预测旅游地的人流量、餐饮价格、住宿费用等信息。如果这些信息都是独立的，那么我们可以分别预测每个信息并将其组合起来得到整体结果。但实际情况下，这些信息之间往往存在相互作用和依赖关系。

那么，如何更好地预测这些信息呢？这时候就需要使用结构化概率模型了。其中一种常见的模型是条件随机场（CRF），它能够考虑各种因素之间的关联性，从而提高预测准确率。

比如，在预测旅游地的人流量的时候，我们需要考虑很多因素，比如旅游季节、天气情况、当地景点等。而这些因素之间往往是相互影响的，比如在旅游旺季时人流量可能会增加，但是天气恶劣时人流量可能会下降。利用 CRF 模型，我们可以将这些因素之间的相互作用考虑进去，从而更好地预测旅游地的人流量情况，就像图 3-22 所示的这样。

图 3-22 基于若干因素的关联性来预测旅游地的人流量，可以看成结构化概率模型

总之，结构化概率模型是一种用于描述数据之间相互作用的数学工具，可以帮助我们更好地理解数据，并进行预测和决策。在生活中，我们可以利

用这种模型来预测各种信息，比如旅游数据、股票价格、疾病风险等。

**原理输出 3.22**

为了帮助大家更好地理解结构化概率模型的概念，请大家按照前言中的方法录制一个长度约为 2 分钟的短视频，介绍什么是结构化概率模型。

可以参考的 ChatGPT 提示词如下。
“请介绍一下什么是结构化概率模型。”
“请用通俗易懂的语言，结合生活中的例子，介绍一下结构化概率模型。”

**实操练习 3.22**

为了让大家可以用代码的形式学习结构化概率模型的概念，接下来大家可以让 ChatGPT 生成示例代码，并在 Colab 新建一个 Notebook 文件运行这些代码。

要让 ChatGPT 生成代码，可以参考的提示词如下。
“请用 Python 演示什么是结构化概率模型，并进行可视化。”

在本章中，我们概述了与深度学习密切相关的基本概念，重点是概率论方面的内容。下一章我们来学习数值计算。数值计算在深度学习中扮演着重要的角色，它为解决复杂的数学问题提供了有效的途径。从优化算法到数值稳定性，对数值计算的理解能使你更好地将深度学习技术应用于实际问题中。

# 第4章 数值计算

通常，机器学习算法需要进行大量的数值计算。这是因为机器学习算法需要从大量的数据中找出模式和规律，并通过不断地迭代和训练来优化模型。这些数值计算涉及矩阵运算、向量运算、概率计算等，本章将探讨一些与数值计算相关的知识。

## 4.1 上溢和下溢

在计算机科学中，上溢和下溢是指在使用一定范围的数字表示数据时所出现的问题。

上溢（Overflow）指一个数超过了能够被表示的最大值，导致结果不准确或者无法表示。例如，在8位二进制补码表示法中，01111111表示最大的正整数127，如果将它加1，则会变成10000000，这个数在补码表示法中代表-128，因此发生了上溢错误。

下溢（Underflow）则相反，指一个数小于能够被表示的最小值，同样也会导致结果不准确或者无法表示。例如，在浮点数表示法中，如果一个很大的数除以一个比它还要大的数，则可能会产生下溢错误。

上溢和下溢也可以通过钞票面额来理解。假设你的账户最多只能存10万元钱。但你手头已经有了1000张100元的钞票，再加一张就会超过可表示的最大值（10万元）。这就是一个上溢错误。

相反，如果你手头只有几个1分钱的硬币，但商店里最便宜的物品也要1元钱，那么你就无法完成交易，因为你没有足够的钱支付。这就是一个下溢错误，就像图4-1所示的这样。

图4-1　可以通过钞票的面额来理解上溢和下溢的概念

类比到计算机中，上溢指数字超过了可表示的最大值，而下溢则指数字低于可表示的最小值。这种错误可能导致计算结果不准确或程序崩溃，需要注意数据类型的选择和边界值的检查。

处理上溢和下溢的方法通常包括使用更高精度的数据类型、进行数据截断或舍入等。

**原理输出 4.1**

为了更好地理解什么是上溢和下溢，请大家在 ChatGPT 的帮助下录制一个长度约为 2 分钟的短视频，介绍上溢和下溢的概念。

可以参考的 ChatGPT 提示词如下。

“什么是上溢和下溢?”

“请用通俗易懂的语言，结合生活中的例子，介绍什么是上溢和下溢。”

**实操练习 4.1**

为了让大家可以用代码的形式学习上溢和下溢的概念，接下来大家可以让 ChatGPT 生成示例代码，并在 Colab 新建一个 Notebook 文件运行这些代码。

要让 ChatGPT 生成代码，可以参考的提示词如下。

“请用 Python 演示上溢和下溢，需要可视化。”

## 4.2 病态条件

病态条件是指在某些数学或物理问题中，当满足特定的条件时，问题会变得异常敏感，即微小的变化可能导致结果的巨大变化。通常情况下，这种情况会导致计算结果不稳定或不准确。例如，在线性方程组求解中，如果系数矩阵的行列式非常接近于零，则无法精确地求解方程组，因为任何微小的误差都可能导致一个巨大的数值误差。这是一种病态条件，需要采用特殊的技术来处理。病态条件还存在于其他领域，如优化、插值和信号处理等。

下面举个生活中的例子。假设你要用一张地图导航去某个城市，但你只有一张模糊不清的旧地图。在导航过程中可能会出现很多问题，比如道路名称已经变化、新修建的路没有标在地图上等。在这种情况下，即使你只是稍微偏离了一点点方向，也有可能走错很远的路程，就像图 4-2 所示的这样。

图 4-2　过时的地图可能会让你走很多冤枉路，这就是一个病态条件

这里的旧地图就是一个病态条件。因为它已经失效、不准确，所以微小的误差就会导致错误的结果。类似地，在数学或物理问题中，如果输入数据中存在极小的误差或者计算公式存在某些特殊条件，那么计算结果就可能会非常敏感，微小的误差也可能会产生较大的影响，这就是病态条件的本质。

**原理输出 4.2**

为了更好地理解什么是病态条件，请大家在 ChatGPT 的帮助下录制一个长度约为 2 分钟的短视频，介绍病态条件的概念。

可以参考的 ChatGPT 提示词如下。

“什么是病态条件？”

“请用通俗易懂的语言，结合生活中的例子，介绍什么是病态条件。”

**实操练习 4.2**

为了让大家可以用代码的形式学习病态条件的概念，接下来大家可以让 ChatGPT 生成示例代码，并在 Colab 新建一个 Notebook 文件运行这些代码。

要让 ChatGPT 生成代码，可以参考的提示词如下。

“请用 Python 演示病态条件，需要可视化。”

## 4.3　基于梯度的优化方法

在深度学习中，我们训练模型以最小化某个损失函数。这个损失函数通常表示预测输

资源下载码：SDXX024

出与真实输出之间的差异，因此我们可以使用优化算法来最小化该损失函数。在这一节中，我们一起学习相关的知识。

### 4.3.1 损失函数

损失函数是指在机器学习模型中用来衡量预测值和实际值之间差异的一种函数。通常，我们希望预测值尽可能地接近实际值，而损失函数可以度量这种“接近程度”的大小。

在机器学习中，我们会根据训练集的数据来调整模型的参数，以使损失函数的值最小化。这个过程被称为模型的优化。因此，选择合适的损失函数对于衡量机器学习模型的性能非常重要。

图 4-3 损失函数，就像是你停车的位置与教练指定位置之间的距离

举个生活中的例子——想象一下你正在学习开车。你的教练让你在一个没有其他车辆的空旷停车场里练习倒车入库。教练告诉你，要尽可能将车停到指定的位置上。

在这个例子中，你需要找到一种衡量你停车表现的方式。如果你将车停到了正确的位置上，那么你的停车表现就很好，反之则不好。损失函数就是一种衡量你停车表现的方式。如果你的停车位置和指定位置之间的距离越小，那么损失函数的值就越低；而如果距离越大，损失函数的值就越高，就像图 4-3 所示的这样。

类比到机器学习中，模型的预测值就相当于你在停车场里停车的位置，而实际值就相当于教练指定的停车位置。这时我们可以通过定义一个损失函数来衡量模型的预测值和实际值之间的差异。如果损失函数的值越小，则说明模型的预测值和实际值之间的差异越小，模型的性能就越好。

**原理输出 4.3**

为了更好地理解什么是损失函数，请大家在 ChatGPT 的帮助下录制一个长度约为 2 分钟的短视频，介绍损失函数的概念。

可以参考的 ChatGPT 提示词如下。
“什么是损失函数?”
“请用通俗易懂的语言，结合生活中的例子，介绍什么是损失函数。”

**实操练习 4.3**

为了让大家可以用代码的形式学习损失函数的概念，接下来大家可以让 ChatGPT 生成示例代码，并在 Colab 新建一个 Notebook 文件运行这些代码。

要让 ChatGPT 生成代码，可以参考的提示词如下。
"请用 Python 演示损失函数，需要可视化。"

### 4.3.2　梯度下降

为了使损失函数最小化，模型需要通过迭代的方式不断地调整模型参数。具体来说，梯度下降算法会计算出当前模型参数对应的损失函数的梯度（即损失函数关于各个模型参数的偏导数），并按照该梯度的方向更新模型参数，使模型损失函数在该点上减小。重复上述过程，直到达到预设的停止条件或收敛。

回到生活中的例子——假设你是一位登山爱好者，想要攀登一座高峰。你有一张地图和一些装备，但你不知道该怎样走才能尽快到达山顶。这时候，你可以使用梯度下降算法来帮助你找到最短的路径。

图 4-4　梯度下降，就像你在爬山时寻找最短的路径一样

首先，你需要选择一个起点，并确定一个目标：到达山顶。其次，你可以根据地图上的海拔信息计算出当前位置到山顶的相对高度（即损失函数），并计算出在该位置上向上爬升的最陡峭的方向（即梯度）。接着，你就朝着该方向走一段距离，并重新计算相对高度和梯度，再次朝着新的方向前进。如此重复，直到到达山顶位置或者无法再继续前进为止，就像图 4-4 所示的这样。

在这个例子中，你的位置和朝向就是模型参数，而损失函数则是你要最小化的目标函数。梯度下降算法通过反复迭代和更新参数，来逐步逼近目标函数的最小值。

**原理输出 4.4**

为了更好地理解什么是梯度下降，请大家在 ChatGPT 的帮助下录制一个长度约为 2 分钟的短视频，介绍梯度下降的概念。

可以参考的 ChatGPT 提示词如下。
"什么是梯度下降?"
"请用通俗易懂的语言，结合生活中的例子，介绍什么是梯度下降。"

**实操练习 4.4**

为了让大家可以用代码的形式学习梯度下降的概念，接下来大家可以让 ChatGPT 生成示例代码，并在 Colab 新建一个 Notebook 文件运行这些代码。

要让 ChatGPT 生成代码，可以参考的提示词如下。
“请用 Python 演示梯度下降，需要可视化。”

### 4.3.3 牛顿法

牛顿法是一种用于寻找函数零点、最小值或最大值的优化算法。它基于牛顿-拉夫逊迭代公式，通过使用函数的一阶和二阶导数来逼近该函数的局部极值。

在找到函数的某个点之后，牛顿法可以通过迭代来改进这个点的估计值。在每一次迭代中，牛顿法会利用该点处的一阶导数和二阶导数信息来更新当前点的估计位置。这个过程会不断重复进行直到满足特定的停止条件。

牛顿法的优点是收敛速度很快，但它也有一些缺点。其中一个主要缺点是，在某些情况下，如果初始点选择得不好，它可能会产生无法收敛的结果，并且计算复杂度较高，需要求解二阶导数。因此，在实际应用中，人们常常采用变种的牛顿法来应对这些问题。

用生活中的例子来说——假设你在一条山路上驾车，你想找到这条路的最低点，也就是山谷的位置。你可以使用牛顿法来找到这个最低点。

图 4-5　牛顿法的基本思想，就像我们从山上开车下来，寻找山底的过程

首先，你会在某个位置停下来并记录下你当前所处的位置高度。其次，你会计算这个位置的斜率，也就是这条路向下的倾斜程度。如果这个斜率值很大，那么你会知道最低点很可能在更远的地方，因此你会开车继续前行。如果这个斜率值很小，那么你会知道最低点很可能就在附近，因此你会慢慢地往下开车。

接下来，你会再次停下来，并记录下你当前所处的位置高度，然后再次计算斜率。你会不断重复这个过程，每一次计算斜率时，你都会使用上一次记录的位置作为起点。这个过程会一直进行，直到你发现斜率已经变得非常小，或者你发现你已经到达了一个低谷的位置，就像图 4-5 所示的这样。

在这个例子中，你的车辆位置就相当于函数中的变量，而山路的高度则相当于函数值。通过不断计算斜率，也就是函数的导数，你能够确定函数值在哪个方向下降得最快，从而找到更低的位置。这个过程就是牛顿法的基本思想。

**原理输出 4.5**

为了更好地理解什么是牛顿法，请大家在 ChatGPT 的帮助下录制一个长度约为 2 分钟的短视频，介绍牛顿法的概念。

可以参考的 ChatGPT 提示词如下。

“什么是牛顿法。”

“请用通俗易懂的语言，结合生活中的例子，介绍什么是牛顿法。”

**实操练习 4.5**

为了让大家可以用代码的形式学习牛顿法的概念，接下来大家可以让 ChatGPT 生成示例代码，并在 Colab 新建一个 Notebook 文件运行这些代码。

小贴士

要让 ChatGPT 生成代码，可以参考的提示词如下。

“请用 Python 演示牛顿法，需要可视化。”

特别说明：梯度下降和牛顿法都是求解优化问题的常用方法，但它们的思想和实现方式有所不同。梯度下降是一种迭代算法，通过不断地调整参数来最小化损失函数。具体来说，它利用每个参数的梯度（导数）方向来更新模型的参数。梯度下降每次只考虑一个参数的变化，并根据该参数的梯度来确定步长（学习率），然后更新该参数。因此，梯度下降在每次迭代中只需要计算损失函数对每个参数的偏导数，计算量相对较小，适用于大规模数据集。

而牛顿法则是利用目标函数的二阶导数信息来确定每次参数的更新方向和步长。因为牛顿法利用到了目标函数的二阶导数，所以它可以更快地收敛。但需要注意的是，在高维空间中，计算和存储目标函数的海森矩阵是非常昂贵的，因此牛顿法在处理大规模数据集时可能会面临计算量和内存开销较大的问题。

## 4.4 约束优化

约束优化是一种数学方法，用于在满足一组约束条件的前提下，最小化或最大化一个目标函数。约束可以是等式约束或不等式约束，在实际问题中经常出现。例如，某个问题中可能需要最小化成本，但同时还需要确保生产的产品符合特定的质量标准，这样就会涉及成本和质量之间的平衡。通过约束优化，可以找到满足所有约束条件的最优解，即达到目标函数的最小值或最大值。约束优化在各种领域都有广泛的应用，如物理、工程、经济学、金融等。

下面用一个生活中的例子来说明。假设你现在要从家里出发去公司，但是你不能用超过一个小时的时间到达公司，并且你必须走最短的路线。在这个问题中，你需要通过约束优化来找到满足条件的最佳路径。

首先，你需要确定目标函数，也就是要找到最短的路线。其次，你需要考虑约束条件，即用不能超过一个小时的时间到达公司。因此，你需要在满足这个限制条件的前提下，找到一条最短的路径，就像图 4-6 所示的这样。

图 4-6　在考虑用时的约束条件下，选择距离最短的路径，就是一种约束优化

在实际应用中，我们可以使用计算机程序来求解这个问题。程序会根据你提供的起点和终点，还有相关地图信息，计算出所有可能的路径并比较它们的长度。然后，程序会选出满足时间限制的最短路径作为最佳路径，这就是约束优化的结果。

总之，约束优化可以帮助我们在满足一定的约束条件的前提下，找到符合我们期望的最佳解决方案。

## 原理输出 4.6

为了更好地理解什么是约束优化，请大家在 ChatGPT 的帮助下录制一个长度约为 2 分钟的短视频，介绍约束优化的概念。

可以参考的 ChatGPT 提示词如下。

“什么是约束优化。”

“请用通俗易懂的语言，结合生活中的例子，介绍什么是约束优化。”

## 实操练习 4.6

为了让大家可以用代码的形式学习约束优化的概念，接下来大家可以让 ChatGPT 生成示例代码，并在 Colab 新建一个 Notebook 文件运行这些代码。

要让 ChatGPT 生成代码，可以参考的提示词如下。
“请用 Python 演示约束优化，需要可视化。”

## 4.5 实例：线性最小二乘

线性最小二乘（Linear Least Squares）是一种常见的数学优化问题，其目的是找到一个线性模型，使该模型预测的结果与观测值之间的误差的平方和最小。

具体而言，对于给定的数据集（$\boldsymbol{X}$，$\boldsymbol{y}$），其中 $\boldsymbol{X} \in \mathbb{R}^{m\times n}$ 是一个 $m \times n$ 的矩阵，每行为一个样本，每列为一个特征；$\boldsymbol{y} \in \mathbb{R}^{m}$ 是一个 $m$ 维的向量，表示每个样本的标签。线性最小二乘问题的目标是求解一个 $n$ 维的权重向量 $\boldsymbol{w} \in \mathbb{R}^{n}$，使得 $\boldsymbol{X}_w$ 与 $\boldsymbol{y}$ 之间的平方误差和最小：

$$\min_{\boldsymbol{w}} \| \mathrm{X}_{\boldsymbol{w}} - \boldsymbol{y} \|_2^2$$

其中 $\| \cdot \|_2$ 表示 L2 范数。这个问题可以使用各种数值优化算法来求解，如最小二乘法、梯度下降法、牛顿法等。这个问题在机器学习中经常被用于线性回归问题的求解。

举个例子，假设你想要根据一些身高和体重的数据，建立一个数学模型来预测一个人的体重。你收集了一组数据点，每个数据点包含一个人的身高和实际体重。你可以将这些数据点画在坐标系中，横轴表示身高，纵轴表示体重。

然后，你需要找到一个函数，可以用来预测一个人的体重，这个函数可以是一条直线或者更复杂的曲线。如果我们使用线性函数（即一条直线）来拟合这些数据点，那么我们需要找到一条直线，使直线上所有点到原始数据点的距离平方和最小。

具体地说，我们可以定义一个误差函数，该函数测量每个数据点到直线的距离，并将这些距离平方求和。我们的目标就是最小化这个误差函数，从而找到一条最佳的直线来拟合数据点，就像图 4-7 所示的这样。

通过线性最小二乘方法，我们可以找到一条最佳的直线来拟合数据点，并利用该直线来预测其他人的身高体重。同样的方法也可以用于拟合其他类型的曲线和多个变量的模型。

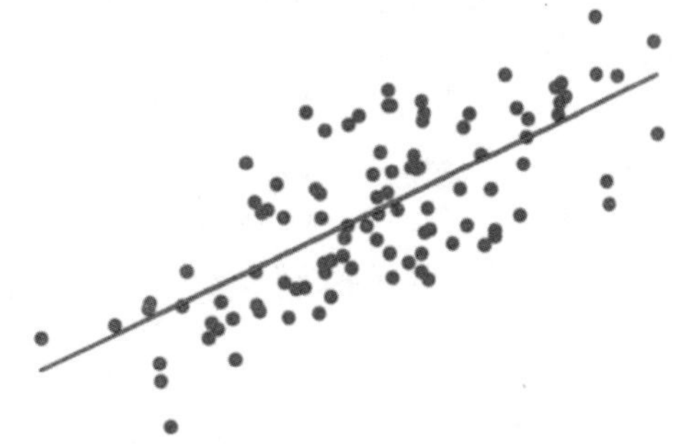

图 4-7　假设我们有一组人的身高和体重数据，就可以通过线性最小二乘来建立模型

**原理输出 4.7**

为了更好地理解什么是线性最小二乘，请大家在 ChatGPT 的帮助下录制一个长度约为 2 分钟的短视频，介绍线性最小二乘的概念。

可以参考的 ChatGPT 提示词如下。

“什么是线性最小二乘。”

“请用通俗易懂的语言，结合生活中的例子，介绍什么是线性最小二乘。”

**实操练习 4.7**

为了让大家可以用代码的形式学习线性最小二乘，接下来大家可以让 ChatGPT 生成示例代码，并在 Colab 新建一个 Notebook 文件运行这些代码。

小贴士

要让 ChatGPT 生成代码，可以参考的提示词如下。

“请生成一些数据，包括多个人类样本的身高和体重。然后使用 Python 建立线性最小二乘模型，根据身高数据预测体重，并进行可视化。”

在本章中，我们一起学习了与机器学习相关的数值计算知识。下一章将带大家了解一些机器学习算法基础知识。机器学习算法是深度学习领域的核心，了解这些基础知识将为你构建强大的模型和解决实际问题提供坚实的基础。下一章我们将学习一些常见的机器学习算法和技术，这些知识对于理解深度学习的发展历程和现实应用至关重要。

# 第5章 机器学习基础

在本章中，我们来学习一下机器学习的基础知识。机器学习是一种很厉害的技术，它能够让计算机系统自动学习数据，并使用算法和统计模型进行分析和预测。而要想成为深度学习大师，首先得掌握机器学习的基础知识。这就好比打游戏，如果你连基本操作都不会，又怎么能在比赛中获得第一名？所以，机器学习就像是游戏中的基础训练，只有掌握了这些技巧才能在更高级别的任务中脱颖而出。

## 5.1 什么是机器学习算法

机器学习算法是一种能够自动从数据中学习模式并进行预测或决策的算法。它就像一个学霸，可以从大量的数据中学习并总结出规律，然后用这些知识来做出更准确的预测。

比如说，你想在网上订外卖，但是又不知道吃什么好。于是你打开美团或者饿了么，系统就会根据你的历史订单、浏览记录、评价等数据，给你推荐一些可能喜欢的菜品。这个推荐过程就利用了机器学习算法，对用户行为进行分析和学习，从而提高菜品推荐的准确度。所以，机器学习算法就是让计算机变得更聪明，帮助我们做出更加明智的决策，就像图5-1这样。

图5-1　机器学习算法可以根据历史数据帮你推荐菜品

机器学习算法可以完成各种不同的任务，常见任务包括分类、回归、聚类、和数据降维等。

**原理输出5.1**

请大家在ChatGPT的帮助下录制一个长度约为2分钟的短视频，介绍什么是机器学习算法。

可以参考的ChatGPT提示词如下。

“请简要介绍什么是机器学习算法。”

“请结合生活中的例子，介绍机器学习算法的概念。”

“假设你是一位大学老师，请用轻松易懂的语言向学生讲解机器学习算法。”

**实操练习5.1**

为了让大家可以用代码的形式学习什么是机器学习算法，接下来大家可以让ChatGPT生成示例代码，并在Colab新建一个Notebook文件运行这些代码。

要让ChatGPT生成代码，可以参考的提示词如下。

“请用Python演示最简单的机器学习算法，需要可视化。”

### 5.1.1 分类任务

在机器学习中，分类任务是一种常见的监督学习方法（关于什么是监督学习方法，我们在后文中会详细介绍），其目标是将给定的数据集分成不同的类别。分类任务通常涉及训练一个模型，该模型可以根据输入数据的特征将其分配到正确的类别中。分类任务有许多应用，例如图像分类、文本分类和信用评级等。

根据特征
将水果分成不同的类别

图5-2 根据特征将水果分成苹果、香蕉、梨子，可以看作最简单的分类任务

用通俗的语言来说，它其实就是将一些事物或者数据归类，按照某种标准或者规则进行划分，最终得到不同类别的结果。举个例子，就像我们要把一些水果分成苹果、香蕉、梨子等不同的类别，这就是一个典型的分类任务，就像图5-2所示的这样。

分类任务在生活中无处不在，比如图像识别中的人脸识别、车辆识别，还有垃圾邮件的分类等。

那么分类任务具体怎么做呢？其实就是通过建立一些模型或者算法，将输入的数据进行特征提取和分类操作，最终输出判定的类别。假设我们要对一张图片进行分类，很可能会先对图片进行颜色、形状、纹理等方面的特征提取，然后再通过这些特征来判断图片属于哪个类别。这个过程就是分类任务的核心。

当然，在分类任务中还有一些问题需要注意，比如数据质量、特征选择、模型选取等。如果数据质量不好，比如图片模糊、数据缺失等，那么分类的效果就会很差；如果特征选择不当，比如没有选取具有代表性的特征或者选取的特征太多难以区分等，也会影响分类的准确性。

为了解决这些问题，现在市面上有很多开源的分类算法库和模型都可以使用，比如经典的 SVM 算法、朴素贝叶斯算法、KNN 算法等，还有深度学习中的 CNN、RNN 等模型。

**原理输出 5.2**

请大家在 ChatGPT 的帮助下录制一个长度约为 2 分钟的短视频，介绍什么是分类任务。

可以参考的 ChatGPT 提示词如下。
"请简要介绍什么是分类任务。"
"请结合生活中的例子，介绍分类任务的概念。"
"假设你是一位大学老师，请用轻松易懂的语言向学生讲解分类任务的概念。"

**实操练习 5.2**

为了让大家可以用代码的形式学习什么是分类任务，接下来大家可以让 ChatGPT 生成示例代码，并在 Colab 新建一个 Notebook 文件运行这些代码。

要让 ChatGPT 生成代码，可以参考的提示词如下。
"请用 Python 演示最简单的分类任务，需要可视化。"

### 5.1.2　回归任务

回归任务是指预测一个连续数值或者实数的任务。在回归问题中，我们希望根据输入变量（也称为自变量或特征）来预测一个输出变量（也称为因变量）。常见的回归算法包括线性回归、决策树回归、神经网络回归等。

通俗地讲，回归任务就是让计算机帮你计算事情的结果，比如说你想知道你的房子价值多少钱，但你又不想花太多时间和精力去做市场研究，那你可以用回归任务来解决这个问题。

首先，你要准备一些参数，比如你的房子面积、卧室数量、所在地区等信息。其次，你把这些参数输入给计算机，让它帮你算出你的房子价值。计算机会根据这些参数生成一个模型，然后用这个模型来预测你的房子价值，就像图 5-3 所示的这样。

图 5-3　使用房子的信息训练模型来预测房价，是一个简单的回归任务

当然，你也可以玩点儿花样。比如，你可以问计算机：如果我把我的房子变成豪华别墅，我的房子价值会增加多少？或者你可以问计算机：如果我把我的房子变成鬼屋，我的房子价值会降低多少？这些都可以通过回归任务来实现。

除了房子，回归任务还可以用在其他很多方面，比如股票价格预测、销售额预测、天气预报等。总之，回归任务就是让计算机帮你算出结果，让你省下时间和精力，同时还可以玩点花样。所以，如果你有什么需要计算的事情，记得用回归任务来实现。

**原理输出 5.3**

请大家在 ChatGPT 的帮助下录制一个长度约为 2 分钟的短视频，介绍什么是回归任务。

可以参考的 ChatGPT 提示词如下。

"请简要介绍什么是回归任务。"

"请结合生活中的例子，介绍回归任务的概念。"

"假设你是一位大学老师，请用轻松易懂的语言向学生讲解回归任务的概念。"

**实操练习 5.3**

为了让大家可以用代码的形式学习什么是回归任务，接下来大家可以让 ChatGPT 生成示例代码，并在 Colab 新建一个 Notebook 文件运行这些代码。

要让 ChatGPT 生成代码，可以参考的提示词如下。

"请用 Python 演示最简单的回归任务，需要可视化。"

### 5.1.3 聚类任务

聚类任务是指将一组数据按照某种相似性度量方法，分成若干个不同的群体（即簇），使同一个簇内的数据越相似，不同簇之间的数据差异越大。聚类任务通常用于无监督学习（无监督学习的概念后文会详细介绍）中，即没有标注好的训练数据，需要通过发现数据之间的内在关系来进行分类和预测。聚类任务可以应用于各种领域，例如市场营销、社交网络、图像处理等。

要想通俗理解什么是聚类任务，可以想象一下你正在整理自己的衣柜，里面放着各种不同的衣服，比如 T 恤、裤子、外套等。这就像是一个聚类任务：你要将所有衣服按照它们的特性分成不同的组，使同一组内的衣服更加相似，不同组之间的差异越大。

现在你可能会问，怎么才能让同一组内的衣服更相似呢？其实很简单，可以按照它们的颜色、款式、厚度等特征来分类。比如，把黑色的 T 恤和黑色的裤子放在一起，白色的外套和白色的毛衣放在一起，灰色的冬装和灰色的运动装放在一起，就像图 5-4 这样。

图 5-4　将所有衣服按照它们的颜色分成不同的组，可以看成简单的聚类任务

在现实生活中，聚类任务也被广泛应用。比如，在社交网络里，通过分析用户的标签、行为等信息，可以将用户分成对应的群体；在市场营销中，根据消费者的购物习惯、偏好等因素，可以将他们分成不同的群体，为不同的人群提供定制化的服务和产品；在图像处理中，通过将相似的图片分成一组，可以很容易地完成分类和识别。

所以，聚类任务看似简单，实则非常有用。如果你想在生活、学习、工作中更好地利用数据和信息，掌握聚类技术就是必不可少的一项能力！

**原理输出 5.4**

请大家在 ChatGPT 的帮助下录制一个长度约为 2 分钟的短视频，介绍什么是聚类任务。

可以参考的 ChatGPT 提示词如下。
“请简要介绍什么是聚类任务。”
“请结合生活中的例子，介绍聚类任务的概念。”
“假设你是一位大学老师，请用轻松易懂的语言向学生讲解聚类任务的概念。”

**实操练习 5.4**

为了让大家可以用代码的形式学习什么是聚类任务，接下来大家可以让 ChatGPT 生成示例代码，并在 Colab 新建一个 Notebook 文件运行这些代码。

要让 ChatGPT 生成代码，可以参考的提示词如下。
“请用 Python 演示最简单的聚类任务，需要可视化。”

### 5.1.4　数据降维

数据降维是指在保留数据关键信息的同时，通过减少数据中冗余信息的数量，将高维数据转化为低维数据的过程。高维数据通常会面临许多问题，例如难以可视化、计算成本高等，因此降维可以帮助我们更好地理解和使用数据。常用的数据降维方法包括主成分分析（PCA）、线性判别分析（LDA）等。这些方法可以通过对数据进行数学变换，将原始数据投影到新的低维空间中，从而实现数据降维的目的。

想象一下，你要去逛超市买东西。你想要买水果，但是却有太多种类了，有苹果、香蕉、橘子、草莓等。如果你要全部都买一遍，不仅浪费时间，还会导致钱包“大瘦身”。

这时候，数据降维就派上用场了。它可以帮你把这些水果的特征提取出来，比如它们的颜色、口感、形状、重量等。然后再根据这些特征，按照你的需求进行分类，比如说你只想吃红色的水果，那么这些水果就会被归为一类；或者你只想要那些价格便宜、个头较小的水果，也能轻松地筛选出来，就像图 5-5 这样。

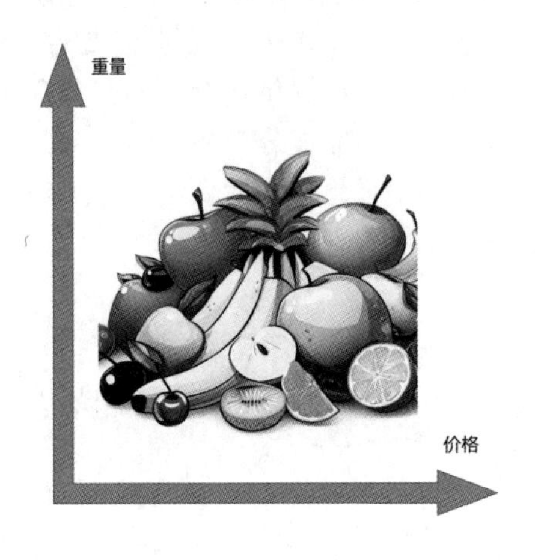


图 5-5　去掉水果诸多特征，只保留最重要的特征，可以看成是数据降维

除了买水果，数据降维在其他很多方面也非常有用。比如说，你要写一篇关于人口统计学的论文，但是数据量太大，你怎么办呢？这时候数据降维就能帮助你把那些无关紧要的数据过滤掉，只保留最重要的部分，让你轻松写出一篇优秀的论文。

当然，数据降维也有一定局限性。它只能对数据进行简单的处理，如果涉及复杂的数据关系，那么效果可能会打折扣。但是在很多日常生活中，数据降维还是非常有用的，毕竟谁都不想花费太多时间和精力去分析庞杂的数据。

**原理输出 5.5**

请大家在 ChatGPT 的帮助下录制一个长度约为 2 分钟的短视频，介绍什么是数据降维。

可以参考的 ChatGPT 提示词如下。
“请简要介绍什么是数据降维。”
“请结合生活中的例子，介绍数据降维的概念。”
“假设你是一位大学老师，请用轻松易懂的语言向学生讲解数据降维的概念。”

**实操练习 5.5**

为了让大家可以用代码的形式学习什么是数据降维，接下来大家可以让 ChatGPT 生成示例代码，并在 Colab 新建一个 Notebook 文件运行这些代码。

要让 ChatGPT 生成代码，可以参考的提示词如下。
“请用 Python 演示最简单的数据降维，需要可视化。”

## 5.2　模型性能的度量

对模型性能进行度量的主要目的是评估其性能和准确性，以确定其是否适合用于现实世界中的应用。模型性能的好坏对于各种机器学习任务都非常重要，因为它直接影响着模型的实际应用价值。

如果我们不对模型的性能进行度量，就无法客观地判断模型的优劣，也就无法知道改进的方向在哪里。这就像车手比赛一样，如果没有计时器，他们就无法知道自己跑了多快，也就无法知道自己是否需要提高速度，就像图 5-6 这样。

只有通过度量，才能更好地了解模型自身的质量和改进方向，发掘它们的潜力，让它们发挥出最优秀的表现。

图 5-6　对模型性能进行度量，就像给车手计时

**原理输出 5.6**

请大家在 ChatGPT 的帮助下录制一个长度约为 2 分钟的短视频，介绍为什么要对模型的性能进行度量。

小贴士

可以参考的 ChatGPT 提示词如下。
“请简要介绍模型性能度量的意义。”
“请结合生活中的例子，介绍模型性能的度量。”
“假设你是一位大学老师，请用轻松易懂的语言向学生讲解模型性能的度量。”

**实操练习 5.6**

为了让大家可以用代码的形式学习模型性能度量的常见方法，接下来大家可以让

ChatGPT 生成示例代码，并在 Colab 新建一个 Notebook 文件运行这些代码。

**小贴士**

要让 ChatGPT 生成代码，可以参考的提示词如下：
“请用 Python 演示在 sklearn 中，如何设置模型性能度量的方法。”

### 5.2.1 分类模型的准确率

分类模型的准确率是指模型在测试数据集上正确分类样本的比例。通常情况下，准确率越高，意味着模型在处理新的未见过的数据时具有更好的泛化能力。例如，如果一个分类模型的准确率为 90%，则可以理解为该模型对测试数据集中 90%的样本进行了正确的分类。

举一个在生活中大家可以接触到的例子——医学诊断。医生需要根据患者的症状和表现来诊断疾病，并建立相应的治疗方案。分类模型可以帮助医生快速识别和分类疾病，以便更快地做出正确的诊断和治疗决策。

图 5-7　准确率高的模型才能帮助医生进行诊断

例如，如果一位患者出现了发烧、咳嗽和喉咙疼痛等症状，则医生可能会怀疑患者的病因是感冒。如果分类模型的准确率很高，那么医生可以更有信心地使用模型进行诊断，并为患者提供相应的治疗建议，就像图 5-7 所示的这样。

总之，分类模型的准确率对于许多领域都非常重要。它能够帮助我们快速而准确地分类各种样本，并支持我们做出更好的决策。

**原理输出 5.7**

请大家在 ChatGPT 的帮助下录制一个长度约为 2 分钟的短视频，介绍分类模型的准确率。

**小贴士**

可以参考的 ChatGPT 提示词如下。
“请简要介绍分类模型的准确率。”
“请结合生活中的例子，介绍分类模型的准确率。”
“假设你是一位大学老师，请用轻松易懂的语言向学生讲解分类模型的准确率。”

### 实操练习 5.7

为了让大家可以用代码的形式学习分类模型的准确率，接下来大家可以让 ChatGPT 生成示例代码，并在 Colab 新建一个 Notebook 文件运行这些代码。

要让 ChatGPT 生成代码，可以参考的提示词如下。
“请用 Python 演示分类模型的准确率，需要可视化。”

## 5.2.2　均方误差

均方误差（Mean Squared Error，MSE）是一种用于衡量预测值与真实值之间差异的度量方法。它计算预测值与真实值之间的差异的平方，并将这些误差平方求和，最后除以样本数量得出平均值。MSE 越小，表示预测值与真实值之间的差异越小，模型的预测能力越好。MSE 广泛应用于回归分析领域。

在生活中，我们可以通过一个简单的例子来理解 MSE。假设你打算购买一部新手机，你对自己的需求有一定的了解，并做了一些市场调研，最后决定购买一部价值 2000 元的手机。然而，在购买之前，你想知道是否存在更好的选择。因此，你寻找评论和评分较高的手机，并从网上得到了一系列不同价格的手机的评分数据。为了方便比较，你将所有手机的评分标准化，以 10 分制为单位。现在，你有了一组样本数据，包括每个价格段的手机评分，像图 5-8 这样。

| 价格（元） | 评分（满分10分） |
|---|---|
| 1000 | 6 |
| 1500 | 7 |
| 2000 | 9 |
| 2500 | 8 |
| 3000 | 5 |

图 5-8　一组手机价格与评分的数据

基于这些数据，你想使用线性回归模型来预测价格与评分之间的关系。你首先要根据这些数据构建一个模型，然后用该模型来预测价格为 2600 元的手机的评分。为了衡量该模型的准确性，我们可以使用均方误差来评估预测结果与实际结果之间的偏差。假设模型评分与真实值之间的差值的平方之和是 200，则均方误差就是 200 除以样本数量 5，得到模型的均方误差 MSE 为 40，该值越小表示模型的预测能力越好，而在这个例子中，MSE 并不是很小，说明该模型存在一定的预测误差。

总之，均方误差是一种常用的评估预测模型准确性的方法，在生活中有着广泛的应用。无论是购买手机还是购买房屋，通过 MSE 等指标来比较不同选择之间的差异，可以让我们更加客观地做出最终的决策。

### 原理输出 5.8

请大家在 ChatGPT 的帮助下录制一个长度约为 2 分钟的短视频，介绍模型的均方误差。

可以参考的 ChatGPT 提示词如下。
"请简要介绍模型的均方误差。"
"请结合生活中的例子，介绍模型的均方误差。"
"假设你是一位大学老师，请用轻松易懂的语言向学生讲解模型的均方误差。"

**实操练习 5.8**

为了让大家可以用代码的形式学习模型的均方误差，接下来大家可以让 ChatGPT 生成示例代码，并在 Colab 新建一个 Notebook 文件运行这些代码。

要让 ChatGPT 生成代码，可以参考的提示词如下。
"请用 Python 演示模型的均方误差，需要可视化。"

### 5.2.3 R 平方系数

R 平方系数是用于衡量一个回归模型对数据拟合程度的统计指标。它表示因变量的变异中有多少比例可以被自变量解释。R 平方系数的取值范围是 0 到 1，越接近 1 表示模型对数据的拟合越好。

例如，在市场营销领域，经常会用到 R 平方系数。假设我们想分析某个产品的销售额（因变量）和广告投入（自变量）之间的关系，我们可以收集这两个变量的原始数据，然后建立一个线性回归模型。通过计算 R 平方系数，我们可以得出该模型的拟合程度，进而判断广告投入是否对销售额有显著的影响。如果 R 平方系数较高，说明该模型对数据的解释力较好，广告投入与销售额之间有较强的线性关系；反之则表明该模型不太适合用于预测销售额。R 平方系数计算的方法就像图 5-9 所示的一样。

图 5-9 R 平方系数可以告诉我们模型的拟合程度

总的来说，R 平方系数是一个非常实用的统计指标，在各个领域都有广泛的应用。通过计算 R 平方系数，我们可以了解数据集中各个变量之间的线性关系，进而做出更准确的预测和判断。但需要注意的是，R 平方系数并不能代表因果关系，因此在分析数据时需要综合考虑其他因素。

**原理输出 5.9**

请大家在 ChatGPT 的帮助下录制一个长度约为 2 分钟的短视频，介绍模型的 R 平方系数。

可以参考的 ChatGPT 提示词如下。
“请简要介绍模型的 R 平方系数。”
“请结合生活中的例子，介绍模型的 R 平方系数。”
“假设你是一位大学老师，请用轻松易懂的语言向学生讲解模型的 R 平方系数。”

**实操练习 5.9**

为了让大家可以用代码的形式学习模型的 R 平方系数，接下来大家可以让 ChatGPT 生成示例代码，并在 Colab 新建一个 Notebook 文件运行这些代码。

要让 ChatGPT 生成代码，可以参考的提示词如下。
“请用 Python 演示模型的 R 平方系数，需要可视化。”

在实际应用中，除了准确率、均方误差、R 平方系数，还有一些其他度量模型性能的指标，例如精确率、召回率、F1 分数、平均绝对误差等。这些性能评估指标需要根据具体问题和任务进行选择并结合使用，就可以评估出我们的模型性能如何了。

## 5.3 过拟合与欠拟合

数据质量和训练方式都会影响模型的性能。在数据质量不好的情况下，模型可能无法从数据中学习到有用的模式或趋势，导致预测结果不准确。而训练不当可能会导致模型过拟合或欠拟合，进而影响其泛化能力。

下面举一个生活中常见的例子：假设你要依据天气预报来决定是否要外出。如果天气预报中包含错误的信息（如错误的温度、降雨量等），那么你可能会根据错误的信息做出错误的判断，导致你出门时被淋雨。这就是一个数据质量不好的例子，就像图 5-10 所示的这样。

图 5-10　天气预报提供了质量不好的数据，导致你的决策模型性能不佳

为了解决这些问题，你可以采取一些措施。例如，在天气预报中使用多个来源以获得更准确的数据，并自己进行一些基本的验证。这些方法可以帮助你提高数据质量和改进训练方式，从而达到更好的结果。

### 原理输出 5.10

请大家在 ChatGPT 的帮助下录制一个长度约为 2 分钟的短视频，介绍数据质量的重要性。

可以参考的 ChatGPT 提示词如下。

"请简要介绍数据质量的重要性。"

"请结合生活中的例子，介绍数据质量的重要性。"

"假设你是一位大学老师，请用轻松易懂的语言向学生讲解数据质量的重要性。"

### 实操练习 5.10

为了让大家可以用代码的形式学习数据质量的重要性，接下来大家可以让 ChatGPT 生成示例代码，并在 Colab 新建一个 Notebook 文件运行这些代码。

要让 ChatGPT 生成代码，可以参考的提示词如下。

"请用 Python 生成一些质量很差的数据，并进行可视化。"

### 5.3.1　什么是过拟合

过拟合是指在机器学习中，模型在训练数据上表现良好，但在测试数据上表现较差的现象。这种现象通常发生在模型过于复杂或者训练数据过少的情况下。当模型过度拟合训练数据时，它会捕捉到训练数据中的噪声和随机变化，从而导致在新数据上的泛化性能较差。

过拟合的概念可以用一个生活中的例子来解释。假设你正在学习一门新的知识，比如学习如何开车。当你只在驾校里进行理论学习时，你觉得自己已经非常熟练了，因为你能够非常准确地回答所有的问题。但是，当你开始实际开车驾驶时，你可能会发现自己并不如想象中那么熟练，因为实际路况和驾校内模拟的情况有很大的不同，就像图 5-11 所示的这样。

图 5-11　驾校里学的知识不能让你在实际驾驶中得心应手，可以比作模型的过拟合

在这个例子中，驾校的理论课程相当于训练数据集，它对你的技能进行了许多练习和测试。然而，在实际驾驶中，你面临的情况可能远不止于驾校练习的情况，还需要应对更多的交通规则、复杂的路况和其他车辆的干扰。如果你只是根据模拟练习中的情况进行学习和记忆，那么你可能无法在实际驾驶中取得好的成绩，因为你没有综合考虑所有的情况。

类比到机器学习中，如果模型仅仅是在小规模的训练数据上进行训练，就可能陷入过拟合的状态。模型会过度关注训练数据中的细节和噪声，而无法很好地泛化到新的数据集上。因此，在机器学习中，需要采用各种技术来避免过拟合，例如增加数据集的规模、使用正则化方法、采用更简单的模型等。

**原理输出 5.11**

请大家在 ChatGPT 的帮助下录制一个长度约为 2 分钟的短视频，介绍什么是过拟合。

**小贴士**

可以参考的 ChatGPT 提示词如下。

“请简要介绍什么是过拟合。”

“请结合生活中的例子，介绍什么是过拟合。”

“假设你是一位大学老师，请用轻松易懂的语言向学生讲解什么是过拟合。”

**实操练习 5.11**

为了让大家可以用代码的形式学习什么是过拟合，接下来大家可以让 ChatGPT 生成示例代码，并在 Colab 新建一个 Notebook 文件运行这些代码。

要让 ChatGPT 生成代码，可以参考的提示词如下。
“请用 Python 演示什么是过拟合，并进行可视化。”

### 5.3.2 什么是欠拟合

欠拟合指模型无法充分地捕捉到数据中的规律和趋势，表现为模型在训练集和测试集上都表现不佳，预测结果偏差较大，通常是由于模型过于简单、特征选取不当或数据量不够等。解决欠拟合问题的方法包括增加特征、增加样本数量、调整模型复杂度等。

欠拟合在生活中也有很多实例。比如，假设你是一位健身教练，你希望通过一个人的年龄、性别和体重等因素来预测他的最大肌肉量。如果你只使用了年龄这一个特征，那么这个模型就过于简单，无法充分捕捉到其他影响因素，导致预测结果与真实值之间存在较大的误差。这就是一个典型的欠拟合问题，就像图 5-12 所示的这样。

图 5-12 模型出现欠拟合，就像健身教练忽略了学员的重要特征

为了解决健身这个问题，你可以增加更多的特征，例如训练时间、饮食习惯等，从而提高模型的预测能力。

**原理输出 5.12**

请大家在 ChatGPT 的帮助下录制一个长度约为 2 分钟的短视频，介绍什么是欠拟合。

**小贴士**

可以参考的 ChatGPT 提示词如下。

"请简要介绍什么是欠拟合。"

"请结合生活中的例子，介绍什么是欠拟合。"

"假设你是一位大学老师，请用轻松易懂的语言向学生讲解什么是欠拟合。"

**实操练习 5.12**

为了让大家可以用代码的形式学习什么是欠拟合，接下来大家可以让 ChatGPT 生成示例代码，并在 Colab 新建一个 Notebook 文件运行这些代码。

要让 ChatGPT 生成代码，可以参考的提示词如下。

"请用 Python 演示什么是欠拟合，并进行可视化。"

### 5.3.3　什么是正则化

正则化是一种常用的机器学习技术，旨在防止模型过拟合训练数据，并提高其泛化能力。简单来说，就是给模型的复杂度加上一些限制，让模型更简单、更通用，从而避免只记住了训练数据。常见的正则化方法包括 L1 正则化、L2 正则化和弹性网络正则化等。其中，L1 正则化倾向于产生稀疏的模型，即许多参数被设置为 0，而 L2 正则化则会让模型的所有参数都变小。弹性网络正则化则是 L1 和 L2 的结合体，同时考虑两者的影响。正则化方法可以应用于各种机器学习算法，如线性回归、逻辑回归、神经网络等。

下面举一个生活中正则化的例子，比如学习如何骑自行车。如果我们只接触过平地骑行，那么在面对山路或者崎岖不平的道路时，可能会变得非常困难。这就类似于模型训练时出现的过拟合问题，因为我们只练习了特定的场景，而没有真正了解并适应不同的情况。

通过正则化，我们可以引入一些额外的限制，例如对速度、路况等因素进行控制，这样我们就可以更好地适应各种环境，并更轻松地完成骑行任务，就像图 5-13 所示的这样。

类似地，机器学习正则化也可以通过对模型参数进行限制和惩罚来防止模型过拟合，并提高其泛化能力，使其可以在新数据上表现良好。

图 5-13　正则化，就像在骑行时对速度等因素进行控制

**原理输出 5.13**

请大家在 ChatGPT 的帮助下录制一个长度约为 2 分钟的短视频，介绍什么是正则化。

**小贴士**

可以参考的 ChatGPT 提示词如下。
“请简要介绍什么是正则化。”
“请结合生活中的例子，介绍什么是正则化。”
“假设你是一位大学老师，请用轻松易懂的语言向学生讲解什么是正则化。”

**实操练习 5.13**

为了让大家可以用代码的形式学习什么是正则化，接下来大家可以让 ChatGPT 生成示例代码，并在 Colab 新建一个 Notebook 文件运行这些代码。

**小贴士**

要让 ChatGPT 生成代码，可以参考的提示词如下。
“请用 Python 演示什么是正则化，并进行可视化。”

## 5.4 超参数和交叉验证

超参数和交叉验证都是机器学习中非常重要的概念。正确地设置超参数和使用交叉验证可以帮助我们训练出更加准确、泛化能力更强的机器学习模型。其中，模型的泛化能力是指一个模型在面对新的、未见的数据时，能够正确理解和预测这些数据的能力。

图 5-14 超参数和交叉验证可以类比于我们购买商品前的决策

超参数和交叉验证可以类比为我们在生活中做决策的过程。就像在机器学习算法里需要手动设置超参数一样，我们在做决策时也需要考虑不同的因素来做出最优的选择。例如，在购买一件商品时，我们需要考虑价格、品质、口碑等因素，这些因素就类似于超参数。

而交叉验证则类比于我们在做决策前需要进行的思考和调研。就像在交叉验证中多次运行训练和测试以获得模型的平均性能一样，我们在做决策前也会通过询问他人、查看评价等方式来获取更多信息，以便做出更明智的决定，就像图 5-14 所示的这样。

正确地设置超参数和使用交叉验证可以帮助我们在生活中做出更好的决策。例如，在购买商品时，如果我们能够考虑到价格、品质、口碑等因素，并通过询问他人、查看评价等方式来获取更多信息，那么我们就能够购买到更适合自己的商品。同样地，在机器学习中，通过正确设置超参数和使用交叉验证，我们可以训练出更加准确、泛化能力更强的机器学习模型。

**原理输出 5.14**

请大家在 ChatGPT 的帮助下录制一个长度约为 2 分钟的短视频，介绍什么是模型的泛化能力。

可以参考的 ChatGPT 提示词如下。

"请简要介绍什么是模型的泛化能力。"

"请结合生活中的例子，介绍什么是模型的泛化能力。"

"假设你是一位大学老师，请用轻松易懂的语言向学生讲解什么是模型的泛化能力。"

**实操练习 5.14**

为了让大家可以用代码的形式学习什么是模型的泛化能力，接下来大家可以让 ChatGPT 生成示例代码，并在 Colab 新建一个 Notebook 文件运行这些代码。

要让 ChatGPT 生成代码，可以参考的提示词如下。

"请用 Python 演示什么是模型的泛化能力，并进行可视化。"

### 5.4.1　什么是超参数

超参数是机器学习算法中指定的一组参数，这些参数不能从训练数据中直接学习，而需要手动设置。超参数控制了模型的行为和性能，如学习率、正则化系数、损失函数类型等。通常情况下，超参数需要通过试验和交叉验证来进行调整，以找到最优的设置，从而使模型的性能更好。

超参数可以类比成人们在日常生活中需要手动设置的一组参数，这些参数直接影响人们的行为和决策，但却不是通过学习获得的。例如，假设你想要减轻体重，那么你需要手动设置一些参数，如饮食计划、锻炼强度等。这些参数不能直接从你身上的数据中学习，而是需要通过试错和调整来找到最佳设置，以此来达到目标，就像图 5-15 所示的这样。

图 5-15　你的训练计划，可以看作减重的超参数

同样地，在机器学习中，我们也需要手动设置一些超参数，如学习率、正则化系数、损失函数类型等，以控制模型的行为和性能。这些超参数需要通过试验和交叉验证来进行调整，以找到最优的设置，从而使模型的性能更好。

**原理输出 5.15**

请大家在 ChatGPT 的帮助下录制一个长度约为 2 分钟的短视频，介绍什么是模型的超参数。

可以参考的 ChatGPT 提示词如下。
“请简要介绍什么是模型的超参数。”
“请结合生活中的例子，介绍什么是模型的超参数。”
“假设你是一位大学老师，请用轻松易懂的语言向学生讲解什么是模型的超参数。”

**实操练习 5.15**

为了让大家可以用代码的形式学习什么是模型的超参数，接下来大家可以让 ChatGPT 生成示例代码，并在 Colab 新建一个 Notebook 文件运行这些代码。

要让 ChatGPT 生成代码，可以参考的提示词如下。
“请用 Python 演示最简单的超参数调节，并进行可视化。”

### 5.4.2 什么是交叉验证

交叉验证是一种统计学方法，用于评估机器学习模型的性能和泛化能力。在交叉验证中，数据集被分成若干等分，然后进行多次训练和测试。在每次训练中，模型使用其中一部分数据进行训练，然后使用另一部分数据进行测试。这样可以确保我们对模型的性能进行全面的评估，避免因为某个特定的数据子集而导致评估结果出现偏差。

举个简单的例子，如果我们想评估一款新的智能手机的音质，我们可以把它放到各种不同的环境中去测试，比如静音房间、嘈杂的地铁站、高铁上等。这些场景代表不同的测试集，每次测试用到的数据都是不同的，就像图 5-16 所示的这样。

在机器学习中，也是同样的道理。我们需要使用交叉验证来对模型在不同的数据子集上的表现情况进行评估。比如，我们可以将数据集分成几个部分，并在每个部分上进行训练和测试，确保模型的性能指标不会因为某个特定的数据子集而产生偏差。与前面的例子类似，这里的不同数据子集就代表不同的测试场景，在每个场景下都要观察模型的表现。通常我们会采用 $K$ 折交叉验证的方法，将数据集分成 $K$ 个不同的子集，然后进行 $K$ 轮训练和测试，每次选取一个不同的子集作为验证集，其余作为训练集。最终，将 $K$ 次测试的结果进行平均得到模型的性能指标。

图 5-16　交叉验证就像是把手机测试时间分成若干份，分别在不同场景中测试

### 原理输出 5.16

请大家在 ChatGPT 的帮助下录制一个长度约为 2 分钟的短视频，介绍什么是模型的交叉验证。

可以参考的 ChatGPT 提示词如下。

“请简要介绍什么是模型的交叉验证。”

“请结合生活中的例子，介绍什么是模型的交叉验证。”

“假设你是一位大学老师，请用轻松易懂的语言向学生讲解什么是模型的交叉验证。”

### 实操练习 5.16

为了让大家可以用代码的形式学习什么是模型的交叉验证，接下来大家可以让 ChatGPT 生成示例代码，并在 Colab 新建一个 Notebook 文件运行这些代码。

要让 ChatGPT 生成代码，可以参考的提示词如下。

“请用 Python 演示最简单的交叉验证，并进行可视化。”

## 5.5 最大似然估计

最大似然估计是一种常用的参数估计方法，它通过已知的观测数据来确定模型中参数的值。在最大似然估计中，我们假设概率模型已知，但其中的某些参数需要从训练数据中推断出来。

具体地说，当我们有一组观测数据，并且知道这些数据来自某个概率分布但具体参数未知时，最大似然估计可以帮助我们找到最可能产生这些数据的参数值。这种方法的基本思想是，在所有可能的参数取值中，选择使得观测数据出现概率最大的那个参数值作为估计结果。因此，最大似然估计可以视为一种概率论在统计学上的应用，它帮助我们在给定数据的情况下，对模型的参数进行最合理的推断。

最大似然估计的应用非常广泛，可以用来解决现实生活中的各种问题。举个例子，当我们去一家冰淇淋店买冰淇淋时，如果店员能够根据我们的口味喜好来推荐最可能让我们满意的口味，那么这背后就是基于最大似然估计的思想。

具体地说，店员根据之前的经验和观察到的顾客偏好，可以得出一些假设，例如“比起巧克力口味，更多的顾客喜欢草莓口味”。然后，店员会根据已知的顾客点单数据，通过最大似然估计来找到最合适的参数，也就是在当前假设下，预测顾客点单概率最大化的参数值，进而给出最合适的口味推荐，就像图 5-17 这样。

图 5-17　根据大部分人的口味给你推荐冰淇淋，可以看成是最大似然估计

最大似然估计在许多机器学习问题中都有广泛应用，例如线性回归、逻辑回归和高斯混合模型等。

**原理输出 5.17**

请大家在 ChatGPT 的帮助下录制一个长度约为 2 分钟的短视频，介绍什么是最大似然估计。

小贴士

可以参考的 ChatGPT 提示词如下。

“请简要介绍什么是最大似然估计。”

“请结合生活中的例子，介绍什么是最大似然估计。”

“假设你是一位大学老师，请用轻松易懂的语言向学生讲解什么是最大似然估计。”

**实操练习 5.17**

为了让大家可以用代码的形式学习什么是最大似然估计，接下来大家可以让 ChatGPT 生成示例代码，并在 Colab 新建一个 Notebook 文件运行这些代码。

要让 ChatGPT 生成代码，可以参考的提示词如下。

“请用 Python 演示什么是最大似然估计，并进行可视化。”

## 5.6 什么是随机梯度下降

在第 4 章中，我们学习了梯度下降的概念。现在我们再来了解一下什么是随机梯度下降。

随机梯度下降（Stochastic Gradient Descent，SGD）是一种常用的优化算法，在训练神经网络时广泛应用。它与传统的梯度下降算法相比，每次迭代只使用一个样本来更新模型参数，因此计算量更小，收敛速度更快。

举例来说，假设你每天都要做家务，其中包括扫地、拖地、洗碗等任务。传统的梯度下降算法就像你每次做完所有家务再休息，而随机梯度下降算法则是你在完成一个家务任务后就休息一会儿，然后开始下一个任务。

当你在扫地时，你只关注当前正在清理的区域，并根据这个区域的情况调整自己的动作，比如加强力度或者改变方向。这就相当于 SGD 算法中所谓的“使用一个样本来更新模型参数”。当你完成了扫地任务后，你会根据当前已经清理的区域的情况，决定接下来该如何进行拖地任务。这就类似于 SGD 算法中的“重复以上步骤直到满足停止条件”，就像图 5-18 这样。

图 5-18　随机梯度下降，就像每次完成一个家务后，再开始下一个

因此，SGD 算法可以看作一种更加高效的优化算法，它不需要等待所有任务完成后再进行学习调整，而是在完成每个任务后就进行实时的反馈和修改，从而更快地达到最优解。

具体来说，SGD 算法的步骤如下。

（1）随机选择一个样本作为当前迭代的输入。

（2）根据当前模型的参数计算损失函数关于该样本的梯度。

（3）使用学习率和梯度信息来更新模型参数。

（4）重复以上步骤直到满足停止条件。

在实际运用中，SGD 通常会结合一些改进技巧，例如动量、自适应学习率等，以提高算法性能。

**原理输出 5.18**

请大家在 ChatGPT 的帮助下录制一个长度约为 2 分钟的短视频，介绍什么是随机梯度下降。

**小贴士**

可以参考的 ChatGPT 提示词如下。

“请简要介绍什么是随机梯度下降。”

“请结合生活中的例子，介绍什么是随机梯度下降。”

“假设你是一位大学老师，请用轻松易懂的语言向学生讲解什么是随机梯度下降。”

**实操练习 5.18**

为了让大家可以用代码的形式学习什么是随机梯度下降，接下来大家可以让 ChatGPT 生成示例代码，并在 Colab 新建一个 Notebook 文件运行这些代码。

**小贴士**

要让 ChatGPT 生成代码，可以参考的提示词如下。

“请用 Python 演示什么是随机梯度下降，并进行可视化。”

## 5.7 贝叶斯统计

贝叶斯统计是一种统计学方法，它使用概率的观点来表示不确定性。它是基于贝叶斯定理的，该定理描述了如何在已知某些先验信息的情况下，通过新数据来更新我们对事件的概率估计。

贝叶斯统计将一个假设或模型看作一个参数集合，并在这个集合中选择最优解作为最终结果。在这种方法中，我们首先假设一个先验分布，并使用已知的数据来更新这个分布。根据这个更新后的分布，我们可以得到一个后验概率分布，用于对未知量进行预测。这个过程有助于我们处理小样本数据和复杂模型的不确定性。

举个例子来说，假设你想要知道某个人患有某种疾病的概率，你可以使用贝叶斯统计来估计这个概率。首先，你需要先验概率，即在没有任何其他信息的情况下，此人患有该疾病的概率。假设这个先验概率为 0.01（即 1%）。然后，你可以收集一些相关的数据，比如这个人是否感觉不舒服、是否有家族病史等。根据这些数据，你可以计算出后验概率，即在了解这些信息后，此人患有该疾病的概率。如果计算出的后验概率非常高，那么你可能需要进一步检查这个人是否真的患有该疾病；如果计算出的后验概率很低，那么你就可以安心地告诉这个人不必担心。就像图 5-19 所示的这样。

图 5-19　使用贝叶斯统计，可以根据后验概率评估病人是否患病

总之，贝叶斯统计是一种用于推断未知参数的有效方法，它可以帮助我们在不确定的情况下做出更准确的决策。

贝叶斯统计在很多领域都有广泛应用，比如机器学习、金融学、医学、天文学及物理学等。

## 原理输出 5.19

请大家在 ChatGPT 的帮助下录制一个长度约为 2 分钟的短视频，介绍什么是贝叶斯统计。

可以参考的 ChatGPT 提示词如下。

“请简要介绍什么是贝叶斯统计。”

“请结合生活中的例子，介绍什么是贝叶斯统计。”

“假设你是一位大学老师，请用轻松易懂的语言向学生讲解什么是贝叶斯统计。”

## 实操练习 5.19

为了让大家可以用代码的形式学习什么是贝叶斯统计，接下来大家可以让 ChatGPT 生成示例代码，并在 Colab 新建一个 Notebook 文件运行这些代码。

**小贴士**

要让ChatGPT生成代码，可以参考的提示词如下。
"请用Python演示贝叶斯统计的原理，并进行可视化。"

## 5.8 监督学习算法

监督学习算法是机器学习中的一种常见方法，其基本思想是通过已知的输入数据和对应的输出数据，训练出一个模型，可以用来预测新的输入数据的输出结果。在这一节中，我们来简单了解一些常见的监督学习算法。

### 5.8.1 概率监督学习

概率监督学习是一种机器学习方法，它利用已知的数据集来建立一个分类或回归模型，并使用该模型对新数据进行预测。在概率监督学习中，模型会计算出每个可能类别或输出值的概率，并将最有可能的结果作为预测结果。

例如，在分类任务中，模型会学习如何从输入特征推断出输出类别。在训练过程中，模型会根据已知的数据集计算出每个类别的概率分布，并使用这些信息来确定最终的分类结果。在预测过程中，模型会基于输入特征计算出每个类别的概率，然后选择具有最高概率的类别作为预测结果。

概率监督学习涵盖了许多经典的机器学习算法，如朴素贝叶斯、逻辑回归等。这些算法通过不同的方式计算出概率分布，并采用不同的方法进行模型拟合和参数优化。

举一个生活中的例子——假设你经常在网上购物，现在你想要购买一双新的鞋子。你知道自己的脚长和宽度，但不确定哪种尺码最适合你。这时你可以利用概率监督学习来解决问题。

首先，你需要一个训练集，即一些已知大小和舒适度的鞋子。通过观察这些鞋子的尺码、长度、宽度等特征并记录下来，你可以建立一个分类模型，该模型将尺码作为输出值(类别)。

其次，你可以使用逻辑回归来训练这个模型，计算出每个尺码对应的概率分布。例如，你可能发现尺码为36的鞋子具有较高的概率与你的脚匹配，而尺码为35的鞋子则具有较低的概率，就像图5-20所示的这样。

图5-20　利用鞋子的数据建立模型，预测与脚匹配的概率，可以看成一种概率监督学习

最后，在预测阶段，你可以输入自己的脚长和宽度信息，模型将根据之前的训练结果计算每个尺码的概率，并给出最有可能的尺码作为推荐结果。当然，这仅是一个简单的例子，实际上，模型可能会考虑更多的特征和因素，以提高准确性。

**原理输出 5.20**

请大家在 ChatGPT 的帮助下录制一个长度约为 2 分钟的短视频，介绍什么是概率监督学习。

可以参考的 ChatGPT 提示词如下。

"请简要介绍什么是概率监督学习。"

"请结合生活中的例子，介绍什么是概率监督学习。"

"假设你是一位大学老师，请用轻松易懂的语言向学生讲解什么是概率监督学习。"

**实操练习 5.20**

为了让大家可以用代码的形式学习什么是概率监督学习，接下来大家可以让 ChatGPT 生成示例代码，并在 Colab 新建一个 Notebook 文件运行这些代码。

要让 ChatGPT 生成代码，可以参考的提示词如下。

"请用 Python 生成一些数据，分别是鞋子的长度及宽度，以及是否舒适的分类标签。请用逻辑回归模型演示概率监督学习的原理，并进行可视化。"

### 5.8.2　支持向量机

支持向量机（Support Vector Machine，SVM）是一种常见的监督学习算法，可用于分类和回归问题。其基本思想是通过将数据映射到高维空间中，并找到一个能够最大化不同类别之间的间隔（Margin）的超平面来进行分类。

具体来说，SVM 通过寻找一个使不同类别之间距离最大化的决策边界来分类数据。这个决策边界可以被看作一个超平面，它将不同类别的样本分开，并且最大化它们之间的间隔。在实际应用中，通常采用核函数（Kernel Function）将样本映射到高维空间中，从而使原本线性不可分的数据变得线性可分。

SVM 对于小样本、高维空间及非线性分类都有很好的适应性，因此被广泛应用于图像分类、文本分类、生物信息学等领域。

假设你是一家广告公司的员工，你的任务是根据客户的年龄和收入情况来预测他们是否会购买某种产品。你手上有一些已知购买或不购买的客户数据，如何用这些数据来预测未来客户的购买行为呢?

这时候支持向量机就派上用场了。它会把每个客户看作在二维平面上的一个点，其中 $X$ 轴代表年龄，$Y$ 轴代表收入。然后 SVM 会画出一条直线（简单分类）或者曲线（复杂分类），将已知购买和未购买的客户分开。

这条直线或曲线被称为“决策边界”，而离这个决策边界最近的几个点，则被称为“支持向量”。SVM 通过调整这个决策边界，使离它最近的支持向量之间的距离最大化，从而最大限度地提高分类的准确性。

举个例子，如果你发现那些购买了某种产品的客户大都是年龄较大、收入较高的人群，那么 SVM 就可以找到一条直线或曲线，将这些人和其他人区分开来。当你面对一个新的客户时，SVM 可以根据他的年龄和收入情况，判断他是否会购买这种产品，就像图 5-21 所示的这样。

图 5-21　支持向量机通过决策边界，将样本划分到不同的类别

总之，支持向量机是一种可以在高维空间中找到最优决策边界的机器学习算法，能够帮助我们解决分类问题，并且在生活中有很多实际应用。

## 原理输出 5.21

请大家在 ChatGPT 的帮助下录制一个长度约为 2 分钟的短视频，介绍什么是支持向量机。

可以参考的 ChatGPT 提示词如下。

“请简要介绍什么是支持向量机。”

“请结合生活中的例子，介绍什么是支持向量机。”

“假设你是一位大学老师，请用轻松易懂的语言向学生讲解什么是支持向量机。”

## 实操练习 5.21

为了让大家可以用代码的形式学习支持向量机的实现，接下来大家可以让 ChatGPT 生成示例代码，并在 Colab 新建一个 Notebook 文件运行这些代码。

要让 ChatGPT 生成代码，可以参考的提示词如下。

“请用 Python 生成一些数据，分别是顾客的年龄和收入，以及是否购买的分类标签。演示支持向量机的原理，并进行可视化。”

### 5.8.3 决策树

在监督学习算法中，还有一个非常经典的算法——决策树。它基于树形结构来进行决策，每个节点表示一个特征或属性，每个分支代表该特征或属性可能的值或决策结果。通过对输入数据进行逐步分类，在叶子节点处得出最终的分类结果。

决策树算法的优点包括易于理解、快速处理、能够处理多类别输出等。在实际应用中，决策树算法通常用于识别复杂的决策规则，并且在许多领域，如医疗诊断、金融风险评估和行为预测等方面都取得了成功的应用。

结合生活中的场景来说——决策树中的每个非叶节点表示一个决策或测试条件，例如“是否下雨”或“温度是否超过 30 摄氏度”，每个分支代表一个可能的答案，例如“是”或“否”。

举个例子，假设你想决定今天穿什么衣服。你可以使用一个简单的决策树来帮助你做出决策，就像图 5-22 所示的这样。首先，你可以问自己：“今天是不是下雨？”如果是，那么你可以选择穿雨衣。否则，你可以进一步询问自己：“气温是否低于 20 摄氏度？”如果是，你可以选择穿长袖衬衫和外套，否则你可以选择短袖衬衫。

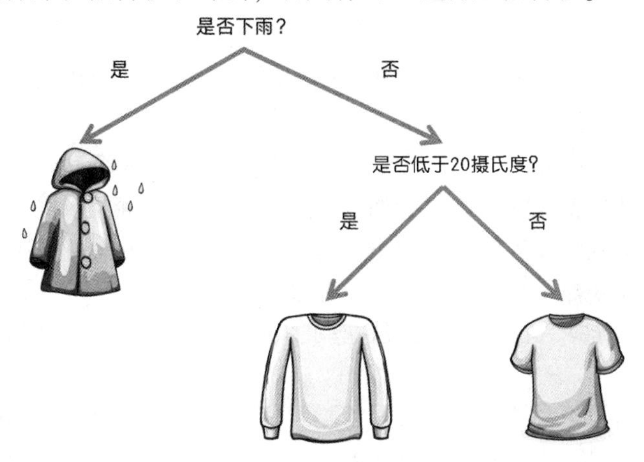


图 5-22 根据天气情况决定穿什么衣服的过程，可以看成是简单的决策树算法

这个例子就是一个简单的决策树算法，利用可以根据的情况做出正确的决策。在机器学习中，我们也可以使用类似的决策树来分类新数据或预测结果。

**原理输出 5.22**

请大家在 ChatGPT 的帮助下录制一个长度约为 2 分钟的短视频，介绍什么是决策树。

可以参考的 ChatGPT 提示词如下。

“请简要介绍什么是决策树。”

“请结合生活中的例子，介绍什么是决策树。”

“假设你是一位大学老师，请用轻松易懂的语言向学生讲解什么是决策树。”

**实操练习 5.22**

为了让大家可以用代码的形式学习什么是决策树，接下来大家可以让 ChatGPT 生成示例代码，并在 Colab 新建一个 Notebook 文件运行这些代码。

小贴士

要让 ChatGPT 生成代码，可以参考的提示词如下。

“请用 Python 生成一些数据，特征是是否下雨和气温如何，分类标签是穿什么衣服。演示决策树的原理，并进行可视化。”

## 5.9 无监督学习算法

无监督学习算法是一类不需要标记数据的机器学习算法。这些算法从未标记的数据中自动发现模式、关系和结构。

无监督学习算法可以分为聚类、降维和关联规则挖掘三种类型。聚类算法通过将相似的数据点分组来识别数据中的模式，例如 K 均值聚类和层次聚类。降维算法通过减少数据的维度来帮助数据可视化和理解，例如主成分分析和 t-SNE。关联规则挖掘算法通过识别项集之间的共同出现来揭示数据中的关联，例如 Apriori 算法。

无监督学习算法被广泛应用于数据挖掘、图像处理、语言处理和生物信息学等领域中。

在第 2 章中我们简单介绍了一种无监督学习算法——主成分分析。下面我们再来看另一种经典的无监督学习算法——K 均值聚类。

K 均值聚类的原理是将一组数据点划分为 $k$ 个簇，使每个数据点都属于距其最近的簇。这个算法的核心思想就是通过不断调整簇的中心点，将数据点分配到最近的簇中。

具体来说，K 均值聚类的过程如下。

(1) 首先随机选择 $k$ 个点作为簇的中心点。

(2) 对于每个数据点，计算它与每个簇中心点的距离，并将其分配给距离最近的簇。

（3）更新每个簇的中心点，即将该簇中所有数据点的坐标取平均值。

（4）重复步骤（2）和（3），直到簇的分配不再发生变化或者达到最大迭代次数。

举个生活中的例子——假设你想要按照人的身高和体重将一群人分成三组，你可以使用 K 均值聚类算法来实现。

（1）你需要选择三个代表每一组的人。比如说，一个瘦高个、一个胖矮个和一个中等身材的人，他们就可以作为每一组的代表（也称为簇中心）。

（2）让每个人都测量自己的身高和体重，并计算他们和三个代表人之间的距离。距离代表人最近的组就是这个人所属的组。

（3）根据每一组内所有人的身高和体重的平均值，重新确定三个代表人。这些新的代表人会更好地代表每一组的人。

（4）再次计算每个人和三个代表人之间的距离，以此来决定每个人所属的组。你不断迭代这个过程，直到每个人被分配到了他所属的最佳组，并且代表人也不再发生变化。

最终，你得到了三组人，其中每组都是由具有相似身高和体重的人构成的。这就是 K 均值聚类算法的基本原理，就像图 5-23 所示的这样。

图 5-23　K 均值算法可以自动根据身高体重将人群分成不同的组

K 均值聚类的优点在于实现简单、速度快、可解释性强，适用于中小规模的数据集。但是，它也有缺点，例如需要事先知道要分成多少个簇、对初始簇中心点的选取比较敏感、对异常值比较敏感等。

### 原理输出 5.23

请大家在 ChatGPT 的帮助下录制一个长度约为 2 分钟的短视频，介绍什么是 K 均值聚类。

**小贴士**

可以参考的 ChatGPT 提示词如下。

“请简要介绍什么是 K 均值聚类。”

“请结合生活中的例子，介绍什么是 K 均值聚类。”

“假设你是一位大学老师，请用轻松易懂的语言向学生讲解什么是 K 均值聚类。”

**实操练习 5.23**

为了让大家可以用代码的形式学习什么是K均值聚类，接下来大家可以让ChatGPT生成示例代码，并在Colab新建一个Notebook文件运行这些代码。

要让ChatGPT生成代码，可以参考的提示词如下。

“请用Python生成一些数据，特征是一群人的身高和体重。用此演示K均值聚类的原理，并进行可视化。”

# 5.10 促使深度学习发展的挑战

前面介绍了一些传统的机器学习算法，但下面这些因素让传统机器学习算法表现欠佳。因此深度学习便应运而生了。

## 5.10.1 维度灾难

维度灾难（Curse of Dimensionality）是指在高维空间中，由于样本特征变得非常稀疏而导致机器学习算法性能下降的现象。在高维空间中，数据点之间的距离变得越来越大，因此需要更多的数据才能准确地表示这些点之间的差异。同时，在高维空间中，许多机器学习算法的维数爆炸，导致计算和存储成本急剧上升。

假设你想在一张纸上画一条线，那么这个问题非常简单，只需要拿起笔画出一条线即可。但如果你想要在三维空间中画一条曲线呢？这要比在二维平面上困难得多。你需要掌握如何在三维空间中操作，才能正确地画出想要的曲线。

现在再考虑一个更高维度的问题，比如在十维或百维甚至更高维空间中画出一条曲线。这个时候，问题就变得异常复杂。你需要具备极高的数学能力和抽象思维能力，才能真正理解和处理这么高维度的数据。

图5-24　当数据维度非常高时，传统的机器学习算法性能会下降，这就是维度灾难

同样道理，当我们处理高维数据时，机器学习算法也会面临同样的挑战。在高维空间中，数据点之间的距离变得非常稀疏，这会导致算法性能下降。同时，在高维空间中，许多机器学习算法的计算和存储成本急剧上升，这也是维度灾难的一个表现。

举个例子，假设你想要对某网站的用户偏好进行分析，观察他们的浏览记录、购买历史等数据。如果只有几个维度，比如用户的性别、年龄、地域等信息，那么这个问题还相对容易处理。但如果你要同时考虑数十个或数百个维度，比如用户的兴趣爱好、社交网络行为等，就像图5-24所示的这样，就是维度灾难。

**原理输出 5.24**

请大家在 ChatGPT 的帮助下录制一个长度约为 2 分钟的短视频，介绍什么是维度灾难。

可以参考的 ChatGPT 提示词如下。
“请简要介绍什么是维度灾难。”
“请结合生活中的例子，介绍什么是维度灾难。”
“假设你是一位大学老师，请用轻松易懂的语言向学生讲解什么是维度灾难。”

### 5.10.2 局部不变性

局部不变性是指模型对输入数据中的小变化具有稳定的响应。换句话说，即使输入数据发生了一些微小的变化，模型的输出也不会发生显著变化。在深度学习中，常常使用卷积神经网络（CNN）来实现局部不变性。

局部不变性可以类比为我们人类对某些事物的认知。当我们看到一个球，无论它是在桌子上还是在地上，我们都能够认出它是一个球，而且我们不需要每次都重新学习如何识别球。同样地，在图像识别中，我们希望模型也能够具有这种“智能”，通过局部不变性来识别图片中的物体。

举个例子，假设我们要判断一张猫的图片是否属于某个特定品种，而这张图片的背景可能会因为光线或者拍摄角度的改变而产生微小的变化。如果我们的模型缺乏局部不变性，那么即使是同一只猫的不同照片，模型也有可能将其识别成不同的品种甚至完全不同的物体。但是如果我们的模型具有局部不变性，那么它就能够忽略这些微小的变化，仍然能够正确地识别猫的品种，就像图 5-25 所示的这样。

图 5-25　借助局部不变性，即使背景不同，模型也可以识别出猫的品种

**原理输出 5.25**

请大家在 ChatGPT 的帮助下录制一个长度约为 2 分钟的短视频，介绍什么是局部不变性。

可以参考的 ChatGPT 提示词如下。

“请简要介绍什么是局部不变性。”

“请结合生活中的例子，介绍什么是局部不变性。”

“假设你是一位大学老师，请用轻松易懂的语言向学生讲解什么是局部不变性。”

### 5.10.3 流形

流形是数学中的一个概念，它描述了一些对象在局部上类似于欧几里得空间，但在全局上则可能具有复杂的拓扑结构。简单来说，流形就是一种可以用欧几里得空间进行近似的空间。

具体而言，流形是一个具有局部欧几里得空间性质的拓扑空间。在数学中，流形通常被定义为一个具有光滑结构的 Hausdorff 空间，这个空间的每一点都存在一个邻域和一个到欧几里得空间的同胚映射，使该空间在那个邻域范围内的性质与欧几里得空间相同。例如，在二维平面上的曲线和曲面都可以看作流形。

图 5-26　把一些橡皮筋扭成螺旋状，可以看成是对流形进行变形

大家知道，我们生活在一个三维空间中，可以用长度、宽度和高度来描述物体的位置。但是有些东西可能无法直接用这种方式来描述，比如一条螺旋形的曲线。如果我们要将这条曲线表示在三维空间中，就需要使用更多的维度，并且会出现很多复杂的结构。

在数学中，我们可以通过引入流形来解决这个问题。流形就像一个“模板”，它可以被拉伸或扭曲以适应复杂的形状，同时仍然保持着某些基本的性质。类比一下，假设你有一个橡皮筋，你可以把它弯曲成各种形状，比如螺旋形等，这就类似于对流形进行变形，就像图 5-26 所示的这样。

另外一个例子是地球表面，虽然地球是三维的，但我们通常会用经度和纬度来描述一个地点的位置。这实际上就是用一个二维的流形来近似描述三维的地球表面。这样的好处是，我们可以更方便地计算两个地点之间的距离，推断海拔高度等信息。

总之，流形提供了一种比传统的欧几里得空间更灵活、更适用于描述复杂物体的数学模型。流形的概念在计算机科学中被广泛应用。在机器学习领域中，流形学习算法利用流形的局部欧几里得结构，将高维数据映射到低维空间中，以便更好地可视化和理解数据。

**原理输出 5.26**

请大家在 ChatGPT 的帮助下录制一个长度约为 2 分钟的短视频，介绍什么是流形。

可以参考的 ChatGPT 提示词如下。
“请简要介绍什么是流形。”
“请结合生活中的例子，介绍什么是流形。”
“假设你是一位大学老师，请用轻松易懂的语言向学生讲解什么是流形。”

现在，我们已经初步学习了一些数学和机器学习中的基本概念，为深度学习的学习做好了充分准备。深度学习作为机器学习领域的前沿，将会为你带来更加令人激动的内容和技术。随着深度学习之旅的展开，你将会逐步深入了解深度学习的各个方面。你将会学到如何选择合适的模型架构，如何进行模型训练和优化，以及如何评估模型的性能。你还将会了解一些最新的研究成果和发展趋势，从而与深度学习领域的前沿保持紧密联系。

# 第6章 深度前馈网络

深度前馈网络（Deep Feedforward Networks，DFN），也称为前馈神经网络（Feedforward Neural Networks，DNN）或多层感知机（Multilayer Perceptrons，MLP），是一种最基本的人工神经网络，由多个神经元按照层次结构排列而成，信息流只能向前传播。本章我们将学习这种最基本的神经网络。

## 6.1 什么是“前馈”

深度前馈网络中的“前馈”表示信息从输入层依次向后传递，每一层只与其前面的层相连，不会形成回路。它仅在单向上进行信息传递，没有反馈循环。

在前馈神经网络中，数据流只能沿着输入到输出的方向流动，而不能沿着输出到输入的方向流动。每个神经元接收到来自前一层的输入信号，将其加权求和、加上偏置项后再通过激活函数进行转换，并将其输出传递到下一层的神经元。这样的操作会一直持续到达最后一层，产生网络的输出结果。

图 6-1　前馈神经网络就像一个只负责送信，不负责退信的邮递员

我们可以将前馈神经网络类比成一个糖果机。当你投入硬币（输入）时，糖果会通过旋转的轮子（隐藏层）最终掉落到出口（输出层）。在这个过程中，糖果是单向移动的，不能返回之前的位置。

另外，我们也可以将前馈神经网络类比成一个邮递员送信。当你寄信（输入）时，邮递员会按照地址（隐藏层）把信送到收件人家的邮箱（输出层），并且信件只能由发送者寄出一次，不能再次返回寄信的人手里，就像图 6-1 所示的这样。

因此，前馈神经网络是一种单向传递信息的模型，它的每一层只接收上一层的信息，并将其传递给下一层。这种单向流动的特性使前馈神经网络在处理大量数据时非常高效，例如图像、语音和文本等领域。

**原理输出 6.1**

请大家在 ChatGPT 的帮助下录制一个长度约为 2 分钟的短视频，介绍深度前馈网络中的前馈是什么意思。

**小贴士**

可以参考的 ChatGPT 提示词如下。

“请简要介绍深度前馈网络中的前馈是什么意思。”

“请结合生活中的例子，介绍深度前馈网络中的前馈是什么意思。”

“假设你是一位大学老师，请用轻松易懂的语言向学生讲解深度前馈网络中的前馈是什么意思。”

**实操练习 6.1**

为了让大家可以用代码的形式学习深度前馈网络中的前馈，接下来大家可以让 ChatGPT 生成示例代码，并在 Colab 新建一个 Notebook 文件运行这些代码。

**小贴士**

要让 ChatGPT 生成代码，可以参考的提示词如下。

“请用 Python 可视化深度前馈网络的前馈是如何传递信息的。”

## 6.2 隐藏层

深度前馈网络是一种基于人工神经网络的模型，其中隐藏层是指除输入层和输出层之外的所有中间层。在深度前馈网络中，数据从输入层进入模型，通过一系列的隐藏层进行处理，最终输出到输出层。每个隐藏层由多个神经元组成，每个神经元接收来自上一层的信号，并通过激活函数将这些信号转换为新的输出信号传递给下一层。

举一个生活中的例子，假设你正在学习如何识别动物的图片，如果只有一个隐藏层，那么该层可能只能捕捉到基本特征，例如边缘、角度或颜色等。然而，如果我们增加了更多的隐藏层，每一层都可以捕捉不同级别的特征，比如头部、眼睛、鼻子、毛发等，这样就可以更准确地识别出不同种类的动物，就像图 6-2 所示的这样。

图 6-2　隐藏层就像是一个魔法盒子中的卡片，每张卡片都可以记录猫的不同特征

隐藏层对于深度前馈网络的性能至关重要。它可以帮助模型捕捉输入数据中的复杂特征，例如高级别的语义信息、空间结构或序列依赖关系。通过多层次的非线性变换，隐藏层可以逐步提取出更抽象、更高级别的特征，从而增强模型的表示能力。因此，在现代深度学习应用中，通常需要使用多个隐藏层来获得更好的性能。

**原理输出 6.2**

请大家在 ChatGPT 的帮助下录制一个长度约为 2 分钟的短视频，介绍深度前馈网络中的隐藏层。

可以参考的 ChatGPT 提示词如下。

“请简要介绍深度前馈网络中的隐藏层是什么。”

“请结合生活中的例子，介绍深度前馈网络中的隐藏层是什么。”

“假设你是一位大学老师，请用轻松易懂的语言向学生讲解深度前馈网络中的隐藏层是什么。”

**实操练习 6.2**

为了让大家可以用代码的形式学习深度前馈网络中的隐藏层，接下来大家可以让 ChatGPT 生成示例代码，并在 Colab 新建一个 Notebook 文件运行这些代码。

要让 ChatGPT 生成代码，可以参考的提示词如下。

“请用 Python 可视化深度前馈网络的隐藏层。”

### 6.2.1 隐藏单元

深度前馈网络的隐藏单元是指位于输入层和输出层之间的神经网络层中的神经元节点。这些神经元通常使用一些非线性的激活函数来实现非线性变换，使模型能够学习更加复杂的特征表示。

具体来说，在深度前馈网络中，每个隐藏层都包含多个隐藏单元，每个隐藏单元接收上一层的输出作为输入，并计算其内部权重和偏置的加权和，然后通过激活函数进行非线性变换。不同的隐藏层可以使用不同的激活函数，例如 sigmoid、ReLU、tanh 等。

深度前馈网络中的隐藏单元可以类比为人类大脑中的神经元。我们的大脑中有数以亿计的神经元，它们相互连接并通过电信号传递信息。每个神经元都接收来自其他神经元的输入，并在其内部对这些输入做一些处理，然后将结果输出到下一个神经元。

类似地，深度前馈网络中的每个隐藏单元也接收来自上一层所有神经元的输入，并使用一些函数对这些输入进行加权和处理，然后将结果通过激活函数输出到下一层的神经元。这些隐藏单元的数量通常非常多，例如几百个或者几千个，因此模型能够学习到更加复杂的特征表示。

举一个生活中的例子，即人脸识别技术。当我们看到一张陌生人的照片时，我们的大脑可以迅速地识别出这个人的面部特征，例如眼睛、鼻子、嘴巴等。同样地，深度前馈网络中的隐藏单元也可以通过学习输入数据中的特征，例如边缘、纹理、形状等，来识别不同的图像或者文字，就像图 6-3 所示的这样。

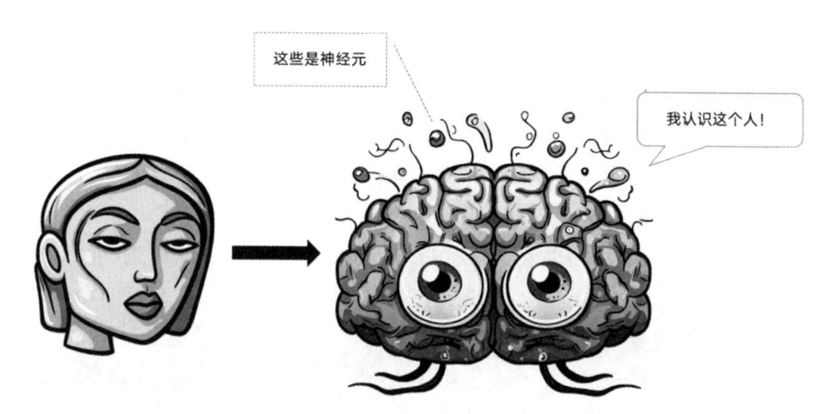


图 6-3　我们常把隐藏单元比作人类大脑中的神经元

隐藏单元的数量和层数是深度前馈网络结构中的两个关键参数，它们直接影响模型的表达能力和泛化能力。因此，在实际应用中，通常需要通过交叉验证等方法来确定最优的隐藏单元数量和层数。

### 原理输出 6.3

请大家在 ChatGPT 的帮助下录制一个长度约为 2 分钟的短视频，介绍深度前馈网络中的隐藏单元。

**小贴士**

可以参考的 ChatGPT 提示词如下。

“请简要介绍深度前馈网络中的隐藏单元是什么。”

“请结合生活中的例子，介绍深度前馈网络中的隐藏单元是什么。”

“假设你是一位大学老师，请用轻松易懂的语言向学生讲解深度前馈网络中的隐藏单元是什么。”

### 实操练习 6.3

为了让大家可以用代码的形式学习深度前馈网络中的隐藏单元，接下来大家可以让 ChatGPT 生成示例代码，并在 Colab 新建一个 Notebook 文件运行这些代码。

**小贴士**

要让 ChatGPT 生成代码，可以参考的提示词如下。

“请用 Python 可视化深度前馈网络的隐藏单元的示意图，不需要训练真的神经网络模型。”

### 6.2.2 激活函数

激活函数是一种数学函数，通常用于神经网络中的每个隐藏单元。它将输入值进行转换，并输出一个新的值作为下一层隐藏单元的输入。在神经网络中，激活函数被用于添加非线性特性，从而使模型能够更好地表示复杂的数据集。

激活函数可以将输入值映射到不同的范围内，例如将负数映射到零或将任何实数映射到［0，1］范围内的值。常见的激活函数包括 sigmoid、ReLU、tanh 和 softmax 等。选择合适的激活函数取决于具体的任务需求及神经网络的结构和大小。

举个例子，假设你想要训练一个神经网络来识别狗和猫的图像。如果你使用的是线性函数，那么无论输入什么样的图像，输出都会是相同的线性组合。这意味着即使输入有所不同，输出也是相同的，这对于分类任务来说是不够的。

但是，如果你使用一个非线性的激活函数，例如 ReLU 函数，那么神经元就会具有非线性特性，这使神经网络可以更好地区分输入数据之间的差异，并学习到更复杂的特征。比如，ReLU 激活函数可以将负数的输出值设为 0，这使神经元只响应正数的输入值，从而使神经网络更容易识别出猫或狗的特征，就像图 6-4 所示的这样。

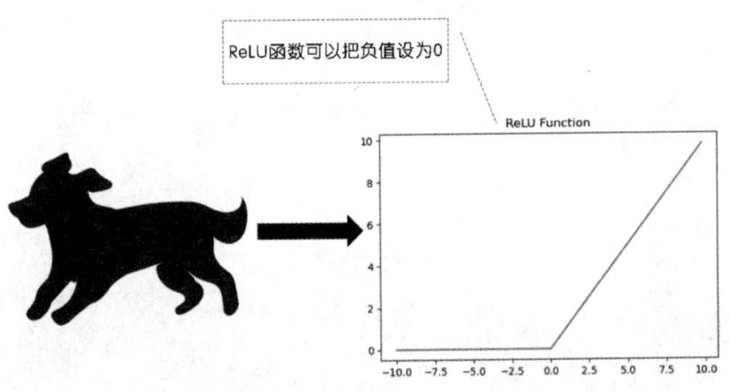


图 6-4　ReLU 是最常用的激活函数之一，它可以把输出的负值设为 0

因此，激活函数在神经网络中扮演着至关重要的角色，它能够使神经网络提高自己的准确率，从而更好地完成分类、回归等任务。

**原理输出 6.4**

请大家在 ChatGPT 的帮助下录制一个长度约为 2 分钟的短视频，介绍激活函数。

可以参考的ChatGPT提示词如下。
“请简要介绍什么是激活函数。”
“请结合生活中的例子，介绍什么是激活函数。”
“假设你是一位大学老师，请用轻松易懂的语言向学生讲解什么是激活函数。”

**实操练习 6.4**

为了让大家可以用代码的形式学习激活函数，接下来大家可以让ChatGPT生成示例代码，并在Colab新建一个Notebook文件运行这些代码。

要让ChatGPT生成代码，可以参考的提示词如下。
“请用Python可视化几种常用的激活函数。”

# 6.3 输出单元

在深度前馈网络中，输出单元是指网络的最后一层神经元，用于产生网络的预测结果。深度前馈网络的输出单元通常根据不同的任务需求而进行选择。例如，对于二分类问题，可以使用Sigmoid函数作为输出单元；对于多分类问题，可以使用Softmax函数作为输出单元；对于回归问题，可以使用线性函数或Tanh函数作为输出单元。

## 6.3.1 Sigmoid输出单元

在第3章中，我们介绍过Sigmoid函数。在深度前馈网络中，Sigmoid输出单元是一种常见的输出单元，它用于二分类问题或将输出值映射到［0，1］范围内的回归问题。其输出为一个介于0和1之间的实数，在二分类问题中，通常可以将输出值大于等于0.5的样本分为一类，将输出值小于0.5的样本分为另一类。

现在我们来看有一个二分类问题的数据集示例——假设我们想要预测某人是否会购买一件特定的商品，我们可以根据以下属性来构建数据集：

```
-年龄：18岁至65岁之间
-性别：男或女
-收入：低于20000美元、20000到50000美元和50000美元以上
-是否有子女：是或否
-是否有房贷：是或否
-是否有车贷：是或否
-最近购物行为：在过去的6个月内购买了该商品或者没有购买
```

数据集中每个样本都包括上述属性的取值及标签（是否购买商品）。我们可以将每个属性的取值转换为数字来表示，并将标签编码为0或1，如表6-1所示。

**表6-1　包含消费者的属性和是否购买商品的示例数据**

| 年龄 | 性别 | 收入 | 有子女 | 有房贷 | 有车贷 | 最近购物行为 | 标签 |
|---|---|---|---|---|---|---|---|
| 25 | 女 | 20000~50000美元 | 否 | 是 | 否 | 0~6个月内购买 | 1 |
| 35 | 男 | 50000美元以上 | 是 | 否 | 是 | 0~6个月内购买 | 1 |
| 45 | 女 | 50000美元以上 | 否 | 是 | 是 | 6个月以上未购买 | 0 |
| 55 | 男 | 20000~50000美元 | 是 | 否 | 否 | 6个月以上未购买 | 0 |
| …… | …… | …… | …… | …… | …… | …… | …… |

假设我们现在有一位新的消费者，是一位30岁的女性，收入在50000美元左右，没有子女，也没有房贷和车贷。那么她是否会购买我们的商品呢？具体如图6-5所示。

图6-5　这是一个典型的二分类问题，需要使用Sigmoid输出单元

对于Sigmoid输出单元的使用，我们可以将其作为二分类问题的激活函数。Sigmoid函数将输出一个在0到1之间的值，可以被解释为样本属于类别1的概率。例如，如果Sigmoid函数的输出值为0.8，则可以认为该样本属于类别1的概率为80%。

### 原理输出6.5

请大家在ChatGPT的帮助下录制一个长度约为2分钟的短视频，介绍Sigmoid输出单元。

可以参考的ChatGPT提示词如下。

“请简要介绍Sigmoid输出单元是什么。”

“请结合生活中的例子，介绍Sigmoid输出单元是什么。”

“假设你是一位大学老师，请用轻松易懂的语言向学生讲解Sigmoid输出单元是什么。”

**实操练习 6.5**

为了让大家可以用代码的形式学习 Sigmoid 输出单元，接下来大家可以让 ChatGPT 生成示例代码，并在 Colab 新建一个 Notebook 文件运行这些代码。

要让 ChatGPT 生成代码，可以参考的提示词如下。

“请生成一个用于二分类问题的数据集，并简单演示一个使用 Sigmoid 输出单元的深度前馈网络。”

## 6.3.2　Softmax 输出单元

Softmax 输出单元主要用于多分类问题，将神经网络输出的连续值转换为概率分布。在神经网络训练过程中，每个输入样本都会被传递到网络的前向传播过程中，最终得到一个向量作为输出。这个输出向量各个元素的值并不一定满足概率分布的条件，因此需要对其进行归一化处理。

Softmax 函数可以对这个向量进行归一化，将所有元素的和变为 1，并且将每个元素变成一个介于 0 和 1 之间的数值，代表该类别的概率估计。

具体地，给定一个输入 $x$，Softmax 函数计算每个输出类别的分数 $s_i$，并将其归一化：

$$p_i = \frac{\mathrm{e}^{s_i}}{\sum_{j=1}^{N} \mathrm{e}^{s_i}}$$

其中，$N$ 是输出类别的数量，$s_i$ 是第 $i$ 个类别的分数，$p_i$ 是第 $i$ 个类别的概率估计。Softmax 函数将 $s_i$ 通过指数函数映射为非负数，然后除以所有可能输出的分数的总和，从而得到概率分布。

举个生活中常见的例子——假设我们要构建一个用于多分类问题的数据集，例如预测某个人喜欢的水果种类。我们可以提取以下特征：

-年龄
-性别
-家庭收入
-是否素食主义者

我们可以将这些特征组合成一个输入向量。同时，我们把这些人最喜欢的水果种类记录下来，作为分类标签，例如：

-苹果 (label 1)
-香蕉 (label 2)

-草莓（label 3）
-橙子（label 4）

现在我们可以使用神经网络来训练一个分类器，将一个人的特征向量映射为最可能喜欢的水果种类，就像图 6-6 所示的这样。

图 6-6　因为这里有 4 种水果，属于多分类问题，可以使用 Softmax 输出单元

在输出层，我们可以使用 Softmax 输出单元来将神经网络的输出转换为概率分布。假设我们的神经网络有 4 个输出节点，表示 4 种不同的水果种类。我们需要对这些节点进行归一化处理，以得到各个类别的概率估计。例如，假设神经网络输出的 4 个值分别为 [5.2, 9.1, 3.8, 7.3]，则通过 Softmax 函数归一化后的概率分布为：

$$p = [0.045, 0.612, 0.008, 0.335]$$

其中，$p_i$ 表示第 $i$ 个类别的概率估计。

### 原理输出 6.6

请大家在 ChatGPT 的帮助下录制一个长度约为 2 分钟的短视频，介绍 Softmax 输出单元。

可以参考的 ChatGPT 提示词如下。
“请简要介绍 Softmax 输出单元是什么。”
“请结合生活中的例子，介绍 Softmax 输出单元是什么。”
“假设你是一位大学老师，请用轻松易懂的语言向学生讲解 Softmax 输出单元是什么。”

### 实操练习 6.6

为了让大家可以用代码的形式学习 Softmax 输出单元，接下来大家可以让 ChatGPT 生成示例代码，并在 Colab 新建一个 Notebook 文件运行这些代码。

要让 ChatGPT 生成代码，可以参考的提示词如下。

“请用 Python 代码生成一个用于多分类问题的数据集，并简单演示一个使用 Softmax 输出单元的深度前馈网络。”

### 6.3.3 Tanh 输出单元

Tanh 输出单元使用双曲正切函数作为激活函数，将神经网络的输出值映射到［-1，1］的范围内。这种输出单元常用于需要输出连续数值的任务，例如回归问题。Tanh 函数的公式为：

$$\tanh(x) = (e^x - e^{-x}) / (e^x + e^{-x})$$

其中，e 表示自然常数，$x$ 为输入值。当 $x$ 趋近于正无穷时，tanh（$x$）趋近于 1；当 $x$ 趋近于负无穷时，tanh（$x$）趋近于-1；当 $x$ 等于 0 时，tanh（$x$）等于 0。

举个例子——我们知道心理健康问题是一种常见的人类健康问题，例如抑郁症、焦虑症等。这些问题通常需要对患者进行心理评估来进行诊断和治疗。在某些情况下，神经网络可以用于自动检测可能存在的心理健康问题。

为了构建一个这样的模型，我们需要利用来自不同受试者的大量数据，并将其与他们的心理健康状况配对。每个受试者的输入特征可以包括性别、年龄、职业、教育水平、家庭背景等。

在该模型中，Tanh 输出单元可以确保我们的输出始终落在［-1，1］范围内，这种方式可以提高模型的稳定性，并且使模型更容易优化。同时，输出值范围内的数值可以被视为患有心理健康问题的概率估计，比如，输出值接近-1 时，存在心理健康问题的可能性更高，反之则没有心理健康问题，就像图 6-7 所示的这样。

图 6-7 Tanh 输出单元让输出值永远在-1 到 1 之间

由于 Tanh 函数具有对称性，它比 Sigmoid 函数在某些情况下表现得更好，尤其是在输入数据分布在0附近时。因此，Tanh输出单元通常比Sigmoid输出单元更适合处理中心化的数据。

**原理输出6.7**

请大家在ChatGPT的帮助下录制一个长度约为2分钟的短视频，介绍Tanh输出单元。

可以参考的ChatGPT提示词如下。

"请简要介绍Tanh输出单元是什么。"

"请结合生活中的例子，介绍Tanh输出单元是什么。"

"假设你是一位大学老师，请用轻松易懂的语言向学生讲解Tanh输出单元是什么。"

**实操练习6.7**

为了让大家可以用代码的形式学习Tanh输出单元，接下来大家可以让ChatGPT生成示例代码，并在Colab新建一个Notebook文件运行这些代码。

要让ChatGPT生成代码，可以参考的提示词如下。

"请用Python代码生成一个恰当的数据集，并简单演示一个使用Tanh输出单元的深度前馈网络。"

## 6.4 万能近似性质

万能近似性质通常指的是一种数学方法，其基本思想是将一个复杂或者难以处理的问题转化为另一个简单或者易于处理的问题进行解决。这种方法在物理学、计算机科学、统计学等领域都有广泛的应用。

在深度前馈网络的设计中，万能近似性质可以用来帮助我们确定网络的最佳深度。

具体而言，当我们设计一个深度前馈网络时，通常会考虑增加其深度以提高模型的表达能力和学习能力。然而，随着网络层数的增加，训练复杂度和过拟合问题也会变得更加严重，从而导致模型性能下降。

为了解决这个问题，我们可以使用万能近似性质来指导深度设计。一种常见的方法是使用剪枝技术，即通过删除冗余的神经元或者连接，使网络变得更加紧凑和有效。这样可以降低网络的复杂度，减少训练时间和计算资源的消耗，同时不影响模型的精度。

另外，我们还可以利用万能近似性质来选择最佳的网络结构和参数设置。例如，可以使用自动化神经网络搜索技术来探索不同的网络结构和参数组合，并对模型的预测准确度和运行效率进行评估和优化。

我们可以通过一个生活中的例子来理解万能近似性质在深度前馈网络深度设计中的应用。假设你是一名家庭主妇，需要在每个月初预算家庭开销。这个问题相当于一个多变量非线性问题，因为有很多因素会影响你的预算，例如房租、水电费、食物、交通费等。如果你把所有这些因素都考虑进去，这个问题就变得非常复杂，不容易求解。

这时，我们就可以使用万能近似性质来简化问题。具体而言，我们可以将这个多变量非线性问题转化为一个更简单的单变量线性问题，例如只考虑食物开销与总体开销的比例。这样就可以更容易地进行预算和调整了，就像图 6-8 所示的这样。

图 6-8　万能近似性质可以帮助你简化制定预算的问题

同样地，在深度前馈网络深度设计中，我们也可以运用万能近似性质来简化问题。例如，我们可以将一个包含多个隐藏层的深度神经网络转化为一个只包含一个或两个隐藏层的浅层神经网络。虽然这样可能会损失一些模型的表达能力，但同时也可以降低训练复杂度和过拟合问题，从而提高模型的性能和效率。

因此，万能近似性质可以帮助我们在深度前馈网络的设计中找到最佳的深度和结构，从而使模型更加精确和高效。

### 原理输出 6.8

请大家在 ChatGPT 的帮助下录制一个长度约为 2 分钟的短视频，介绍万能近似性质。

可以参考的 ChatGPT 提示词如下。
“请简要介绍万能近似性质是什么。”
“请结合生活中的例子，介绍万能近似性质是什么。”
“假设你是一位大学老师，请用轻松易懂的语言向学生讲解万能近似性质是什么。”

### 实操练习 6.8

为了让大家可以用代码的形式学习万能近似性质，接下来大家可以让 ChatGPT 生成示例代码，并在 Colab 新建一个 Notebook 文件运行这些代码。

小贴士

要让 ChatGPT 生成代码，可以参考的提示词如下。

“请用 Python 示例代码和生成的数据演示万能近似性质如何用于深度前馈网络的深度设计，不要用手写识别数据集。”

## 6.5 反向传播

反向传播是一种训练算法，它可以有效地学习输入和输出之间的映射关系。该算法利用梯度下降来迭代调整模型参数，使模型的预测值与真实值之间的误差最小化。下面我们来学习与之相关的知识。

### 6.5.1 计算图

计算图是一种用于表示数学运算的图形化结构。它将运算操作表示为节点，将数据表示为边，同时允许在不同的节点之间进行依赖关系和控制流程的定义。计算图通常用于机器学习和深度学习中，因为这些应用程序需要执行大量复杂的数学计算来训练和优化模型。

在计算图中，节点表示各种数学操作，如加、减、乘、除等，而边则表示数据和运算操作之间的依赖关系。通过将计算过程分解成多个小步骤，计算图可以更好地管理和分析复杂的计算过程，同时还可以优化计算性能。

举个简单的例子——假设我们要做一道算术题，计算$(a+b)*c$的值。在这个计算过程中，我们可以用计算图来清晰地表示每个计算步骤及它们之间的依赖关系。

首先，我们在纸上画出一个空白的计算图。这个图上有一些节点和连接线。节点用来表示每个计算步骤，而连接线则表示数据或计算结果如何在这些步骤之间流动。

第一个节点：我们在计算图上画一个节点，标记为 $a$ 和 $b$ 的加法。这个节点表示将 $a$ 和 $b$ 两个数相加。

第二个节点：这个节点表示乘法运算。它依赖于前一个加法节点的输出。换句话说，我们需要等待 $a$ 和 $b$ 相加的结果，才能进行这一步的乘法运算。

连接线：我们用箭头连接线将两个节点连接起来。箭头的方向表示数据流动的方向，即从左到右。这意味着加法节点的输出（即 $a$ 加 $b$ 的和）将作为乘法节点的输入。整个计算图如图 6-9 所示。

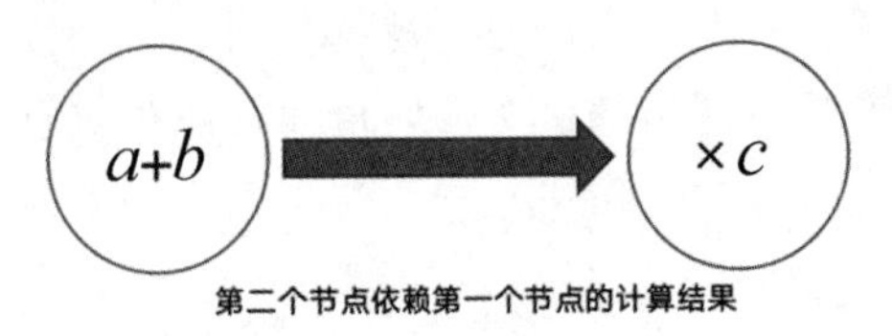


图 6-9　一个简单的计算图示意图

执行计算：有了这个计算图，我们就可以按照图中的顺序逐步执行计算了。首先计算 $a$ 加 $b$ 的和，然后将这个结果传递给乘法节点，最后计算这个和与 $c$ 的乘积。

通过计算图，我们可以直观地看到每个计算步骤是如何依赖于前一个步骤的，以及数据是如何在步骤之间流动的。这对于理解复杂的计算过程，尤其是像神经网络这样涉及多个层次和大量计算的模型来说，是非常有帮助的。在神经网络中，计算图可以变得非常复杂，包含成千上万个节点和连接线。但计算图的基本原理是相同的：每个节点代表一个计算步骤，连接线表示数据流动的方向，整个图描述了从输入到输出的完整计算过程。

**原理输出 6.9**

请大家在 ChatGPT 的帮助下录制一个长度约为 2 分钟的短视频，介绍计算图。

可以参考的 ChatGPT 提示词如下。
“请简要介绍什么是计算图。”
“请结合生活中的例子，介绍什么是计算图。”
“假设你是一位大学老师，请用轻松易懂的语言向学生讲解什么是计算图。”

**实操练习 6.9**

为了让大家可以用代码的形式学习计算图，接下来大家可以让 ChatGPT 生成示例代码，并在 Colab 新建一个 Notebook 文件运行这些代码。

要让 ChatGPT 生成代码，可以参考的提示词如下：
“请用 Python 演示一个最简单的计算图，需要可视化，不要用 graphviz 库。”

### 6.5.2　微积分中的链式法则

微积分中的链式法则（Chain Rule）是求导数的一种基本方法。它用于求解复合函数的导数，即由一个函数组成的另一个函数的导数。

假设有两个函数 $f(x)$ 和 $g(x)$，且它们都可导。那么它们的复合函数 $h(x)=f(g(x))$ 也可导，其导数可以通过链式法则来计算：

$$h'(x)=f'(g(x))\times g'(x)$$

其中，$f'(g(x))$ 表示 $f$ 关于 $g(x)$ 的导数，$g'(x)$ 表示 $g$ 关于 $x$ 的导数。

链式法则可以推广到更多层次的复合函数情形中。例如，如果函数 $h(x)$ 是由三个函数 $f(x)$、$g(x)$ 和 $k(x)$ 依次组成的复合函数，即 $h(x)=f(g(k(x)))$，那么 $h(x)$ 的导数可以通过以下公式来计算：

$$h'(x)=f'(g(k(x)))\times g'(k(x))\times k'(x)$$

举个生活中的例子——假设你要用手表计算自己跑步的速度，但是你的手表只能测量你每分钟跑了多少圈。这时候，你就可以利用链式法则来求出你的实际速度。

具体来说，假设你在跑步机上跑步，它的速度设置为 $v$，而转数为 $r$。我们知道，速度和转数之间的关系是 $v=r\times\pi\times d$，其中 $d$ 是跑步机滚轮的直径，$\pi$ 是圆周率。现在问题是：如果你每分钟跑了 $k$ 圈，那么你的实际速度是多少？

答案就可以用链式法则来求解。首先，我们定义函数 $f(x)=\pi\times x$，$g(x)=d\times x$，$h(x)=r\times x$，其中 $f$ 代表的是计算圆的周长，$g$ 代表的是计算跑步机一圈的长度，$h$ 代表的是计算转数所需的时间。由此可以得到如下的复合函数：

$$v=f(g(h(k)))=\pi\times(d\times(r\times k))$$

现在，我们可以使用链式法则来求导数，即：

$$v'=f'(g(h(k)))\times g'(h(k))\times h'(k)$$

其中 $f'(g(h(k)))$ 等于 $\pi$，$g'(h(k))$ 等于 $d$，$h'(k)$ 等于 $r$。因此，我们可以得到：

$$v'=\pi\times d\times r$$

也就是说，你每分钟跑 $k$ 圈的速度是 $\pi dr$，这就是链式法则的应用，就像图 6-10 所示的这样。

图 6-10　根据微积分的链式法则，我们可以轻松求得自己在跑步机上的速度

类似地，链式法则在生活中还有很多应用。例如，在汽车制动系统中，制动距离和刹车力之间存在复杂的关系，但是可以通过链式法则来求解。再比如，在电路中，电压和电流之间也存在复杂的关系，但是同样可以通过链式法则来求解。总之，链式法则是微积分中非常基础、非常重要的概念，它有着广泛的应用领域。

### 原理输出 6.10

请大家在 ChatGPT 的帮助下录制一个长度约为 2 分钟的短视频，介绍微积分的链式法则。

### 小贴士

可以参考的 ChatGPT 提示词如下。

“请简要介绍微积分的链式法则是什么。”

“请结合生活中的例子，介绍微积分的链式法则是什么。”

“假设你是一位大学老师，请用轻松易懂的语言向学生讲解微积分的链式法则是什么。”

**实操练习 6.10**

为了让大家可以用代码的形式学习微积分的链式法则，接下来大家可以让 ChatGPT 生成示例代码，并在 Colab 新建一个 Notebook 文件运行这些代码。

要让 ChatGPT 生成代码，可以参考的提示词如下：
“请用 Python 演示微积分的链式法则，需要可视化。”

### 6.5.3　全连接 MLP 中的反向传播计算

在一个全连接 MLP 中，输入数据被送入模型中的第一层（也称为输入层），然后通过一系列线性变换和非线性激活函数（例如 ReLU 函数）逐层传递，最终到达输出层。每一层都由一组权重矩阵和偏置向量组成，这些参数会在训练过程中被优化以使模型的预测结果更加准确。

反向传播算法是指根据模型误差对每个参数进行更新的过程。具体来说，在反向传播过程中，我们首先通过前向传播计算出模型的输出，并将其与真实标签进行比较，从而得到误差（通常使用均方误差或交叉熵损失函数）。然后，我们反向传播误差，计算每个参数对误差的贡献，并使用链式法则计算每个参数相对于误差的导数。最后，我们使用梯度下降等优化算法沿着相反的梯度方向更新每个参数的值，从而最小化误差。

全连接 MLP 中的反向传播计算包括以下步骤。

（1）初始化网络的权重和偏置参数。

（2）将一个训练样本输入网络中，正向计算每个神经元的输出值，直到得到输出层的输出值。

（3）计算网络的预测误差，即输出值与目标值之间的差异。

（4）根据误差反向传播，更新输出层的权重和偏置参数。

（5）反向传播误差到每个隐藏层，计算每个神经元的误差贡献，并相应地更新权重和偏置参数。

（6）重复步骤（2）~（5）直到所有训练样本都被处理过，或者达到了最大迭代次数。

在计算梯度时，我们使用反向传播算法来计算每个参数对于误差的偏导数。具体来说，对于每个参数 $w_{ij}$，我们可以使用以下公式计算其梯度：

$$\frac{\partial E}{\partial w_{i,j}}=\frac{\partial E}{\partial o_k}\frac{\partial o_k}{\partial \mathrm{net}_k}\frac{\partial \mathrm{net}_k}{\partial w_{i,j}}$$

其中，$E$ 是网络的误差函数，$o_k$ 是输出层的输出值，$\mathrm{net}_k$ 是输出层的加权输入，$w_{i,j}$ 是连接第 $i$ 个神经元和第 $j$ 个神经元的权重。我们可以通过这个公式计算任何参数的梯度，并使用梯度下降算法来更新参数，以最小化误差函数。

举一个生活中的例子：假设你是一名餐馆经理，你希望通过优化你的菜单价格来提高营业额。你可以将菜单价格看作模型参数，营业额看作模型输出，而顾客点菜的数量则是输入数据。为了训练这个模型，你需要收集历史订单数据，并使用反向传播算法计算每个菜品价格对营业额的影响。例如，如果你发现某个菜品的价格太高，导致顾客购买量下降，那么你可以使用反向传播算法降低这个菜品的价格，从而增加顾客购买量和总营业额。通过不断重复这个过程，你可以逐步优化菜单价格，提高餐厅的盈利能力，就像图6-11所示的这样。

图6-11 反向传播计算，就好像经理通过客人点菜的数量优化菜品价格的过程

**原理输出6.11**

请大家在ChatGPT的帮助下录制一个长度约为2分钟的短视频，介绍反向传播。

可以参考的ChatGPT提示词如下。

“请简要介绍什么是反向传播。”

“请结合生活中的例子，介绍什么是反向传播。”

“假设你是一位大学老师，请用轻松易懂的语言向学生讲解什么是反向传播。”

**实操练习6.11**

为了让大家可以用代码的形式学习反向传播，接下来大家可以让ChatGPT生成示例代码，并在Colab新建一个Notebook文件运行这些代码。

要让ChatGPT生成代码，可以参考的提示词如下。

“请用Python可视化的方式演示反向传播的过程。”

本章介绍了最基本的神经网络——深度前馈网络，以及与其相关的一些基础知识。在下一章中，我们将一起了解深度学习的正则化技术。

# 第7章 深度学习中的正则化

前面我们学习了什么是过拟合，也知道了使用正则化技术可以在一定程度上避免模型过拟合现象的发生。在本章中，我们来进一步了解深度学习中与正则化相关的知识。

## 7.1 参数范数惩罚

在 5.3.3 小节中，我们初步了解了对参数进行范数惩罚的正则化技术。现在大家已经知道，常见的参数范数惩罚包括 L1 参数正则化和 L2 参数正则化。下面我们来详细了解这两种正则化的相关知识。

### 7.1.1 L2 参数正则化

L2 参数正则化是一种常用的机器学习技术，也被称为权重衰减。其目的是通过对模型的参数进行惩罚以避免过拟合。

在使用 L2 参数正则化时，我们会在损失函数中添加一个正则化项。这个正则化项通常表示为下面的公式：

$$\lambda/2 * \|\boldsymbol{w}\|^2$$

其中，$\lambda$ 是一个超参数，表示正则化项的强度；$\boldsymbol{w}$ 表示模型的所有参数；$\|\boldsymbol{w}\|^2$ 表示 $\boldsymbol{w}$ 的 L2 范数（也称欧几里得范数），即平方和再开根号。

通过在损失函数中加入这个正则化项，我们就可以让模型在训练过程中更加倾向于选择小的参数值，从而减少过拟合的风险。当 $\lambda$ 较大时，模型会更强烈地偏向于使用较小的参数值，但这可能会导致欠拟合。

我们可以通过一个生活化的例子来说明 L2 参数正则化。假设你要购买一件新的衣服，但是你不确定哪一种尺码最适合你，你可以采用以下两种策略。

（1）选取较小的尺码，这样衣服可能会比较合身，但也可能穿不进去。

（2）选取较大的尺码，这样衣服可能会比较宽松，但也可能看起来有点松垮。

具体就像图 7-1 所示的这样。

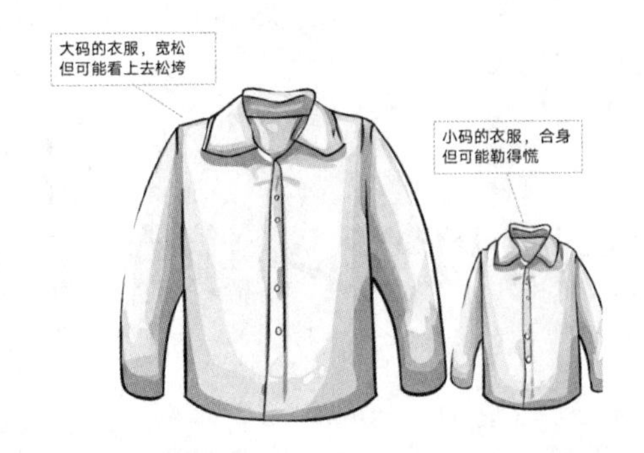


图 7-1　如果把模型的参数比作衣服的尺码，L2 参数正则化会让我们选择较小的尺码

类似地，在机器学习中，我们也需要在模型的参数大小和拟合程度之间进行权衡。通常情况下，我们希望模型的参数值越小越好，因为这有助于避免过拟合的风险。但是，如果参数太小，模型就会欠拟合并表现得很差。

L2 参数正则化的作用就是让模型倾向于选择较小的参数值，同时避免参数过小导致的欠拟合问题。例如，当 λ 值较大时，模型会更加强烈地惩罚大的参数值，使之变得更加接近零。这个过程相当于给模型的每个参数加上了一个“力量”，使其更容易收缩到较小的范围内。这样就可以在保持良好拟合程度的同时，避免过拟合的风险。

总之，L2 参数正则化通过给模型的参数添加一个额外项来惩罚大的权重值，从而提高模型的泛化能力，防止过拟合。

需要注意的是，L2 参数正则化只适用于线性模型和神经网络等使用矩阵操作的模型，不适用于决策树等基于非线性分割的模型。

### 原理输出 7.1

请大家在 ChatGPT 的帮助下录制一个长度约为 2 分钟的短视频，介绍 L2 参数正则化。

可以参考的 ChatGPT 提示词如下。

“请简要介绍什么是 L2 参数正则化。”

“请结合生活中的例子，介绍什么是 L2 参数正则化。”

“假设你是一位大学老师，请用轻松易懂的语言向学生讲解什么是 L2 参数正则化。”

### 实操练习 7.1

为了让大家可以用代码的形式学习 L2 参数正则化，接下来大家可以让 ChatGPT 生成示例代码，并在 Colab 新建一个 Notebook 文件运行这些代码。

小贴士

要让 ChatGPT 生成代码，可以参考的提示词如下。

“请使用 Python 生成一些数据，并演示如何在 MLP 中添加 L2 参数正则化。”

### 7.1.2 L1参数正则化

L1参数正则化是一种常用的参数正则化方法，也被称为Lasso正则化。它通过在损失函数中添加参数的L1范数来惩罚模型的复杂度，并促使模型参数向稀疏性更高的方向优化。

具体来说，L1正则化控制损失函数的公式可以展示为：

$$J_{L1(\boldsymbol{w})} = L(\boldsymbol{w}) + \lambda \sum |\boldsymbol{w}_i|$$

其中，$L(\boldsymbol{w})$是未加入正则化项的损失函数，$\boldsymbol{w}$是模型参数，$\lambda$是正则化系数，用于控制正则化的强度，$\sum |\boldsymbol{w}_i|$是模型参数$\boldsymbol{w}_i$绝对值之和。

可以看到，L1参数正则化加入了绝对值和，因此会倾向于让某些参数变为0，从而实现特征选择的效果。这个特点使L1参数正则化在处理高维数据时表现出色，可以帮助识别对预测有用的特征并且剔除冗余信息。

举个例子来说，假设你是一名足球教练，你需要挑选出一支最佳的11人足球队伍。你会考虑每个球员的能力，但同时也需要注意整个团队的协调性和平衡性，以确保他们能够像一个有机体一样配合。现在，假设你面前有一个球员名单，你要决定谁会出场比赛。

L1参数正则化就像在球员名单上打勾或打叉，以指示哪些球员对结果更有贡献或更无关紧要。如果你像打叉一样地标记了某些球员，那么这些球员的权重将被惩罚，他们在最后的11人名单中可能会被淘汰掉。这种方法可以使模型更倾向于选择具备最大预测能力的特征，而忽略其他无关紧要的特征。

L2参数正则化则像对球员名单进行重新排序，优先选择表现最好的球员，但也会留下一些表现不太好但对整个团队有帮助的球员。在这种情况下，你可能会给名单中每个球员一个分数，并将他们按照得分从高到低进行排序。得分低的队员会留在名单中，但出场的时间更少一些，就像图7-2所示的这样。

图7-2　与L2参数正则化不同，L1参数正则化就像彻底淘汰能力不行的球员

总之，L1参数正则化和L2参数正则化都是用来控制模型复杂度的技术，但它们的惩罚方式不同，L1更倾向于选择具备最大预测能力的特征，而L2更注重整个模型的平衡性。

**原理输出 7.2**

请大家在 ChatGPT 的帮助下录制一个长度约为 2 分钟的短视频，介绍 L1 参数正则化。

小贴士

可以参考的 ChatGPT 提示词如下。

“请简要介绍什么是 L1 参数正则化。”

“请结合生活中的例子，介绍什么是 L1 参数正则化。”

“假设你是一位大学老师，请用轻松易懂的语言向学生讲解什么是 L1 参数正则化。”

**实操练习 7.2**

为了让大家可以用代码的形式学习 L1 参数正则化，接下来大家可以让 ChatGPT 生成示例代码，并在 Colab 新建一个 Notebook 文件运行这些代码。

要让 ChatGPT 生成代码，可以参考的提示词如下。

“请使用 Python 生成一些数据，并演示在 MLP 中 L1 参数正则化和 L2 参数正则化的区别，需要可视化。”

## 7.2 数据集增强

数据集增强是指通过对原始数据进行一系列变换和扩充，使数据集的规模更大、样本更丰富、多样性更高的过程。

在机器学习中，一个常见的问题是训练数据不足或者样本分布不均匀。这些问题会导致模型泛化能力差，容易产生过拟合等问题。数据集增强就是为了解决这些问题而提出的方法。

数据集增强可以通过多种方式实现，例如旋转、翻转、裁剪、缩放、平移、加噪声、改变亮度、对比度等。通过这些变换，我们可以生成很多新的数据样本，从而增加原始数据集的大小。

举个例子，假设我们要训练一个模型来识别猫和狗的图片。如果我们只有几百张猫和狗的图片，可能无法训练出准确的模型。但是，如果我们对这些图片进行旋转、裁剪、缩放等操作，就可以生成更多的猫和狗的图片。这样，我们就可以得到一个更大的数据集，从而训练出更准确的模型，就像图 7-3 所示的这样。

总之，数据集增强是一个非常重要的技术，在机器学习中被广泛应用。它可以帮助我们解决数据不足或者样本分布不均匀的问题，提高模型的泛化能力和准确度。

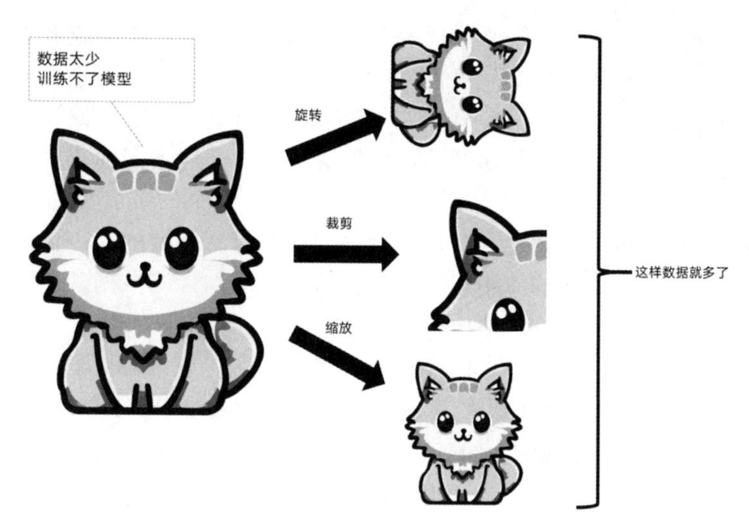


图 7-3　对图片进行旋转、裁剪、缩放等操作，可以得到一个更大的数据集

**原理输出 7.3**

请大家在 ChatGPT 的帮助下录制一个长度约为 2 分钟的短视频，介绍数据集增强。

小贴士

可以参考的 ChatGPT 提示词如下。
“请简要介绍什么是数据集增强。”
“请结合生活中的例子，介绍什么是数据集增强。”
“假设你是一位大学老师，请用轻松易懂的语言向学生讲解什么是数据集增强。”

**实操练习 7.3**

为了让大家可以用代码的形式学习数据集增强，接下来大家可以让 ChatGPT 生成示例代码，并在 Colab 新建一个 Notebook 文件运行这些代码。

要让 ChatGPT 生成代码，可以参考的提示词如下。
“请用 Python 生成一些数据，并进行数据集增强，需要可视化。”

## 7.3　噪声鲁棒性

噪声鲁棒性是指一个系统或模型在面对噪声干扰时保持稳定和准确地输出结果的能力。噪声可以是来自输入数据中的噪声或错误，也可能是来自外部环境的噪声干扰。在机器学习领域中，噪声鲁棒性通常用来描述一个模型对于未知、不规则或者意外情况的适应能力。例如，在语音识别任务中，噪声鲁棒性可以衡量模型是否能够正确识别含有背景噪声的音频；在图像分类任务中，噪声鲁棒性可以衡量模型是否能够正确识别含有模糊或扭曲情况的图像。一个具有高噪声鲁棒性的模型能够更好地适应不同的应用场景并提供更加可靠的预测结果。

向数据中添加噪声可以有效地通过数据增强方式来提高模型的噪声鲁棒性。添加噪声可以帮助模型更好地适应不同的应用场景和数据分布，增加训练数据的多样性，从而提高模型的泛化能力和对于噪声干扰的适应能力。

下面举一个生活中常见的例子。假设你是一名司机，在平常的行车中，你会遇到各种不同的情况，例如天气、路面状况、其他车辆和行人等。如果你只在单一的道路上行驶，那么你学习的仅仅是这条道路上的规律和条件，而当你遇到其他不同的路况时，你可能就会感到困惑和不适应，就像图 7-4 所示的这样。

图 7-4　如果你只在驾校里开过车，那么真实道路上的行人和车辆就可以看成是噪声

同样地，模型也需要学习更多的数据来提高其噪声鲁棒性。向数据中添加噪声可以帮助模型更好地适应不同的数据分布，增加训练数据的多样性，从而提高模型的泛化能力和对于噪声干扰的适应能力。

举个例子，假设你正在开发一个人脸识别的系统。如果你只让模型学习完美的、清晰的正面人脸图像，那么当你面对模糊的、侧面的，或者遮挡的人脸时，模型将难以正确识别。但是如果你向数据中添加一些噪声，例如扭曲、模糊或遮挡等信息，那么模型就能够通过学习这些噪声数据，更准确地识别人脸，提高其噪声鲁棒性。

因此，向数据中添加噪声可以使模型更好地适应各种不同的数据分布，从而提高其泛化能力和对于噪声干扰的适应能力，就像司机需要在不同的道路上行驶一样。

**原理输出 7.4**

请大家在 ChatGPT 的帮助下录制一个长度约为 2 分钟的短视频，介绍噪声鲁棒性。

可以参考的 ChatGPT 提示词如下。
“请简要介绍噪声鲁棒性是什么。”
“请结合生活中的例子，介绍噪声鲁棒性是什么。”
“假设你是一位大学老师，请用轻松易懂的语言向学生讲解噪声鲁棒性是什么。”

**实操练习 7.4**

为了让大家可以用代码的形式学习噪声鲁棒性，接下来大家可以让 ChatGPT 生成示例代码，并在 Colab 新建一个 Notebook 文件运行这些代码。

要让 ChatGPT 生成代码，可以参考的提示词如下。
“请用 Python 生成一些数据，并添加一些噪声，需要可视化噪声鲁棒性。”

## 7.4 半监督学习

半监督学习是介于监督学习和无监督学习之间的一种机器学习方法，它利用有标记数据和未标记数据进行训练。在半监督学习中，我们可以使用部分标记数据和大量未标记数据来构建模型，以便更好地利用可用数据。

通常情况下，有标记数据的获取比较困难、费时和昂贵，而大量未标记数据相对容易获取。半监督学习通过充分利用这些未标记数据来提高模型的性能，从而达到更好的泛化能力。

在半监督学习中，我们可以使用各种算法来利用未标记数据，例如自动编码器、生成对抗网络、图嵌入等技术。这些算法旨在学习数据的结构或特征，并将其应用于有标记数据集中的任务。

举个例子，想象你正在学习一门新语言，你可以通过跟老师学习来获得一些有标签数据，比如基础单词和语法规则。但是在实际生活中，你可能会接触到很多没有标签的数据，比如电视剧台词或者报纸文章，这些都是没有被标记的数据。在半监督学习中，你可以利用这些没有标签的数据来进一步提高你的语言能力，比如通过阅读不同类型的文章来学习更多的词汇和表达方式，就像图 7-5 所示的这样。

图 7-5　半监督学习，就像你自己学习老师没有教过的单词一样

半监督学习可以提高模型的泛化性能，因为它可以利用未标记的数据来帮助训练模型。在传统的监督学习中，我们只使用带标签的数据来训练模型，但这种方法通常需要大量的标签数据才能获得良好的泛化性能。而半监督学习则允许我们使用未标记的数据来增强模型训练，从而提高泛化性能。

具体来说，在半监督学习中，我们可以使用未标记的数据来进行以下两个方面的训练。

(1) 利用未标记数据来学习更好的特征表示：未标记的数据可能包含更多的信息，利用这些信息，可以帮助模型学习更好的特征表示，从而提高泛化性能。

(2) 利用未标记数据进行协同训练：在半监督学习中，我们可以结合标记和未标记数据来进行训练，从而可以更准确地估计模型的预测结果。这可以帮助模型避免过度拟合带标记数据，并提高泛化性能。

总之，半监督学习允许我们利用未标记的数据来增强模型训练，从而提高泛化性能，尤其是在标记数据量较少的情况下。

半监督学习在实际应用中具有很高的价值，例如在计算机视觉领域中，我们可以使用半监督学习来解决对象识别、图像分类、语义分割等问题。此外，在自然语言处理领域中，半监督学习也可以用于文本分类、情感分析、机器翻译等任务。

**原理输出 7.5**

请大家在 ChatGPT 的帮助下录制一个长度约为 2 分钟的短视频，介绍半监督学习。

小贴士

可以参考的 ChatGPT 提示词如下。
“请简要介绍什么是半监督学习。”
“请结合生活中的例子，介绍什么是半监督学习。”
“假设你是一位大学老师，请用轻松易懂的语言向学生讲解什么是半监督学习。”

**实操练习 7.5**

为了让大家可以用代码的形式学习半监督学习，接下来大家可以让 ChatGPT 生成示例代码，并在 Colab 新建一个 Notebook 文件运行这些代码。

要让 ChatGPT 生成代码，可以参考的提示词如下。
“请用 Python 生成一些数据，并演示半监督学习，需要可视化。”

## 7.5 多任务学习

多任务学习（Multi-Task Learning，MTL）是一种机器学习技术，它允许在同一模型中同时执行多个相关的任务。通过共享底层特征表示，多个任务可以共同学习和改进，从而提高整体性能和效率。

与单任务学习相比，多任务学习考虑了更广泛的问题，因为它可以处理多种类型的输入和输出数据，这些数据可能来自不同的领域、任务、语言或媒介。多任务学习有助于避免针对每个任务都单独训练一个模型，并且可以减少需要训练的总模型数量和数据量，从而提高训练速度和性能。

假设你是一名学生，要同时学习数学、英语和历史三门课程，每门课程都有不同的知识点和考试内容。如果你只用一种学习方法来准备这些考试，可能会发现自己在某些科目上表现不佳。

这就好比机器学习中的单任务学习，它只能处理一个任务，而且需要针对每个任务都训练一个模型，这样就会增加训练时间和复杂性。

相反，如果你使用多任务学习的方法，将数学、英语和历史三门课程作为不同的任务，并且使用共享的学习策略，可以更有效地学习并取得更好的成绩。例如，你可以使用类似于记忆卡片的技术，将所有的定义、公式、重点知识等分类整理，然后在复习时一起温习，以此来提高数学、英语、历史三门课程的成绩，就像图 7-6 所示的这样。

图 7-6　想象你同时学习数学、英语和历史，这就是生活中的多任务学习

在机器学习中，同样可以使用多任务学习的方法，将不同的任务（如图像分类、物体检测和图像分割）组合在一起，使用一个模型进行训练和预测，从而提高整体性能和效率。

多任务学习可以提高模型的泛化性能的原因有以下几点。

（1）共享特征表示：多个任务可能共享相同或相似的特征表示，这些共享的特征表示可以帮助模型更好地理解不同任务之间的关系，从而提高模型对新数据的泛化能力。

（2）正则化作用：多任务学习可以在训练过程中引入额外的约束，以帮助模型避免过拟合。例如，通过共享参数，模型需要在多个任务之间找到一个平衡，从而降低过度依赖某个任务的风险。

（3）数据增强：多任务学习可以利用多个任务之间的交互来增强数据集，从而丰富模型的训练数据，进一步提高泛化性能。

总的来说，多任务学习的本质是在训练过程中引入额外的信息和约束，以帮助模型更好地理解数据，并在多个任务之间找到有意义的联系，从而提高模型的泛化性能。因此多任务学习被广泛应用于各种领域，如自然语言处理、计算机视觉、语音识别等。

### 原理输出 7.6

请大家在 ChatGPT 的帮助下录制一个长度约为 2 分钟的短视频，介绍多任务学习。

可以参考的ChatGPT提示词如下。
“请简要介绍什么是多任务学习。”
“请结合生活中的例子，介绍什么是多任务学习。”
“假设你是一位大学老师，请用轻松易懂的语言向学生讲解什么是多任务学习。”

**实操练习 7.6**

为了让大家可以用代码的形式学习多任务学习，接下来大家可以让ChatGPT生成示例代码，并在Colab新建一个Notebook文件运行这些代码。

要让ChatGPT生成代码，可以参考的提示词如下。
“请用Python生成一些数据，并演示多任务学习，需要可视化。”

## 7.6 提前终止

深度学习中的提前终止（Early Stopping，也翻译为“早停”）是一种常用的正则化技术，通过在训练期间监视模型的性能并在性能达到最佳时停止训练来避免过拟合。

具体来说，我们可以将数据集分成训练集和验证集，在训练过程中定期评估模型在验证集上的性能，并跟踪最佳性能所对应的模型参数。如果在连续的若干轮训练后模型在验证集上的性能没有提高，那么我们就可以认为模型已经开始过拟合，此时就可以停止训练，使用最佳的模型参数进行预测。

图 7-7 提前终止，就像我们在烤面包时，在合适的时间终止，以免面包烤糊

提前终止技术可以帮助我们避免训练时间过长而导致的过拟合，并且还可以减少计算资源消耗。

举个生活中的例子——提前终止就像烤面包一样。如果你烤得时间太短，面包会不熟；如果你烤得时间太长，面包会烤糊。所以你需要找到一个合适的时间点来停止烤面包，这样面包才能烤得恰到好处，就像图7-7所示的这样。

在深度学习中，提前终止就是在训练模型时找到一个合适的时间点来停止训练，以防止模型过拟合。过拟合就像是面包烤糊了一样，模型记住了太多训练数据的细节，而不能很好地推广到新数据。通过监控模型在验证数据集上的性能并在性能停止改善或开始下降时停止训练，我们可以防止过拟合并获得一个更好的模型。

**原理输出 7.7**

请大家在 ChatGPT 的帮助下录制一个长度约为 2 分钟的短视频，介绍提前终止。

可以参考的 ChatGPT 提示词如下。
“请简要介绍什么是提前终止。”
“请结合生活中的例子，介绍什么是提前终止。”
“假设你是一位大学老师，请用轻松易懂的语言向学生讲解什么是提前终止。”

**实操练习 7.7**

为了让大家可以用代码的形式学习提前终止，接下来大家可以让 ChatGPT 生成示例代码，并在 Colab 新建一个 Notebook 文件运行这些代码。

要让 ChatGPT 生成代码，可以参考的提示词如下。
“请用 Python 生成一些数据，并演示提前终止，需要可视化。”

## 7.7　参数绑定和参数共享

参数绑定也是一种正则化方法，它通过利用先验知识将机器学习模型的参数划分为组，并强制每组中的所有参数取相同的值。例如，如果我们有两个模型执行相同的分类任务（具有相同的类集），但输入分布略有不同，那么我们可以使用正则化来强制这两个模型的参数彼此接近。

这种方法曾被用于将一个作为监督分类器训练的模型的参数正则化，使其接近另一个在无监督范式下训练的模型（以捕获输入数据的分布）的参数。

举个通俗易懂的例子——参数绑定就像是给一群人分配相同的工作服。假设你有两个团队，他们都需要穿工作服来完成任务。你可以给每个团队分别分配工作服，也可以让他们共享相同的工作服，就像图 7-8 所示的这样。

参数共享也是用于控制深度神经网络复杂度的方法，这种方法是指我们强制一组参数相等。这是因为我们将多个模型或模型组件解释为共享一组唯一的参数。这样可以减少存储在内存中的参数数量。卷积神经网络中最广泛使用的参数共享是卷积层中的核参数共享。

图 7-8　参数绑定，可以类比为我们给员工分配同款的工作服

简而言之，参数绑定是指我们希望某些参数彼此接近，而参数共享是指我们强制一组参数相等。

### 原理输出 7.8

请大家在 ChatGPT 的帮助下录制一个长度约为 2 分钟的短视频，介绍参数绑定与参数共享。

**小贴士**

可以参考的 ChatGPT 提示词如下。

“请简要介绍什么是参数绑定与参数共享。”

“请结合生活中的例子，介绍什么是参数绑定与参数共享。”

“假设你是一位大学老师，请用轻松易懂的语言向学生讲解什么是参数绑定与参数共享。”

### 实操练习 7.8

为了让大家可以用代码的形式学习参数绑定与参数共享，接下来大家可以让 ChatGPT 生成示例代码，并在 Colab 新建一个 Notebook 文件运行这些代码。

**小贴士**

要让 ChatGPT 生成代码，可以参考的提示词如下。

“请用 Python 生成一些数据，并演示参数绑定，需要可视化。”

“请用 Python 生成一些数据，并演示参数共享，需要可视化。”

# 7.8 稀疏表示

在深度学习中，稀疏表示是指使用尽可能少的非零元素来表示数据。这种表示方法可以帮助我们发现数据中隐藏的模式，并更有效地学习高维数据表示。

稀疏表示的一个优点是它可以作为一种正则化形式，通过将参数推向零来简化模型。这样，模型可以学习哪些参数可以被删除，从而减少参数的总数。

稀疏表示还被证明对于深度强化学习有用，可以减轻灾难性干扰并提高智能体在累积奖励方面的性能。

用通俗的例子来说——稀疏表示就像是用最少的词来描述一件事情。例如，如果你想描述一只猫，你可以使用很多词语，如“我是一只有着柔软的皮毛、锋利的爪子和可爱的小耳朵的动物”，也可以简单地说“这是一只猫”，就像图 7-9 所示的这样。

图 7-9　稀疏表示就像是用最少的词来描述一件事情

具体来说，稀疏表示的作用包括以下三个方面。

（1）减少特征数量：通过使用稀疏表示，我们可以仅仅保留一小部分的特征并且不会失去太多信息，从而减少输入向量的维度，降低计算成本。

（2）提高泛化能力：稀疏表示可以缓解过拟合的问题，因为它少了许多不必要的特征，使模型更容易泛化到新样本。

（3）增强可解释性：稀疏表示使我们可以更清楚地看到哪些特征被使用，因此有助于增强模型的可解释性。

因此，在深度学习中，稀疏表示是非常重要的概念，它可以帮助我们构建更加高效、准确和可解释性的模型。

### 原理输出 7.9

请大家在 ChatGPT 的帮助下录制一个长度约为 2 分钟的短视频，介绍稀疏表示。

**小贴士**

可以参考的ChatGPT提示词如下。
“请简要介绍什么是稀疏表示。”
“请结合生活中的例子，介绍什么是稀疏表示。”
“假设你是一位大学老师，请用轻松易懂的语言向学生讲解什么是稀疏表示。”

**实操练习7.9**

为了让大家可以用代码的形式学习稀疏表示，接下来大家可以让ChatGPT生成示例代码，并在Colab新建一个Notebook文件运行这些代码。

要让ChatGPT生成代码，可以参考的提示词如下。
“请用Python生成一些数据，并演示如何对其进行稀疏表示，需要可视化。”

## 7.9 Bagging和其他集成方法

Bagging，也称为自举聚合，是一种常用的集成学习方法，用于减少噪声数据集中的方差。在Bagging中，从训练集中随机选择带替换的数据样本，这意味着单个数据点可以被选择多次。

Bagging算法通过多次有放回地从数据集中随机抽取样本，构建多个基学习器（例如决策树）。每个基学习器都是独立训练的，并且它们之间没有强依赖关系。最终，Bagging算法将多个基学习器的预测结果进行融合，通常是通过投票或取平均值的方式，得出最终的预测结果。

通过结合多个基学习器的预测结果，Bagging算法可以显著提高整体的预测准确率。每个基学习器都能从不同的角度捕捉数据的特征，因此融合后的结果更加全面和准确。此外，通过构建多个基学习器并融合它们的预测结果，Bagging算法可以降低单个学习器过拟合的风险。每个基学习器可能只关注数据集的某个子集或某个特征，因此融合后的结果更不容易受到某个特定学习器过拟合的影响。

通俗地讲，Bagging就像是让一群人独立地解决同一个问题，然后将他们的答案综合起来。例如，如果你想知道一个城市的人口数量，你可以让多个人分别进行调查，然后将他们的答案取平均值，就像图7-10所示的这样。

Bagging可以帮助我们提高机器学习算法的性能和准确性。它用于处理偏差-方差折衷，并减少预测模型的方差。

除了可以降低过拟合的风险，Bagging还可以提高模型的稳定性和鲁棒性。由于我们使用了多个模型来进行预测，因此即使其中一些模型出现问题，也不会对最终结果产生太大影响。

综上所述，使用 Bagging 可以帮助我们提高模型的准确性、稳定性和鲁棒性。

除 Bagging 之外，还有许多其他常见的集成方法，包括以下几种。

（1）Boosting：这种方法通过迭代地训练一系列模型来提高预测性能。在每次迭代中，都会调整数据的权重，以便更好地关注错误分类的数据。常见的 Boosting 算法包括 AdaBoost 和梯度提升（Gradient Boosting）。

（2）Stacking：这种方法通过训练多个不同类型的模型来进行数据预测。然后，使用另一个模型（称为元模型）来组合这些模型的预测结果，以获得更准确的预测。

（3）随机森林：这是一种基于决策树的集成方法。它通过对训练数据进行自举采样和特征随机化来构建多个决策树，并对这些树的预测结果取平均值或多数票来进行预测。

图 7-10　Bagging 就像我们把多个人的调查结果取平均值一样

这些集成方法都旨在通过组合多个模型来提高预测性能。

## 原理输出 7.10

请大家在 ChatGPT 的帮助下录制一个长度约为 2 分钟的短视频，介绍 Bagging。

可以参考的 ChatGPT 提示词如下。

“请简要介绍 Bagging 是什么。”

“请结合生活中的例子，介绍 Bagging 是什么。”

“假设你是一位大学老师，请用轻松易懂的语言向学生讲解 Bagging 是什么。”

## 实操练习 7.10

为了让大家可以用代码的形式学习 Bagging，接下来大家可以让 ChatGPT 生成示例代码，并在 Colab 新建一个 Notebook 文件运行这些代码。

要让 ChatGPT 生成代码，可以参考的提示词如下。

“请用 Python 生成一些数据，并演示最简单的 Bagging 方法，需要可视化。”

# 7.10 Dropout

Dropout 是一种用于深度神经网络的正则化技术，旨在防止过拟合。它通过在训练过程中随机丢弃一些神经元来实现，这意味着这些神经元在前向传播和反向传播过程中都不会起作用。

Dropout 的主要优点是它可以防止过拟合。由于在每次迭代中都会随机丢弃一些神经元，因此模型不太可能依赖任何一个特定的神经元。这样，模型就不太可能对训练数据过拟合。

此外，Dropout 还可以被看作一种集成学习方法。由于在每次迭代中都会随机丢弃一些神经元，因此每次迭代都相当于在训练一个不同的模型。最终，这些模型的预测结果会被组合起来，以获得更准确的预测。

通俗地讲，Dropout 就像是在打篮球比赛时，教练会让一些球员在不同的时间轮流休息，以防止球队过度依赖某些球员，就像图 7-11 所示的这样。

图 7-11　Dropout 就像是教练在每场比赛中让某个球员下场休息一样

与其他正则化技术相比，Dropout 具有以下优点。

（1）实现简单。与 L1 和 L2 正则化需要对网络的权重进行调整不同，Dropout 只涉及神经元输出的二进制随机打开和关闭，实现起来非常简单。

（2）计算速度快。Dropout 不需要对权重进行额外的计算，可以直接应用于前向传播中，因此计算速度非常快。

（3）改善模型泛化能力。通过减少神经元之间的依赖性，Dropout 可以防止过拟合，并改善网络的泛化能力，从而在测试数据上获得更好的结果。

（4）避免了神经元之间的协同适应。神经元之间的协同适应是指某些神经元学会了依赖特定的输入特征，在输入发生变化时会导致预测的错误。Dropout 强制神经元在训练期间被关闭，从而避免了这种协同适应的情况。

（5）不会丢失太多信息。尽管在每次迭代中都会有一部分神经元被丢弃，但在整个训练过程这些神经元还是多次迭代的。这意味着在多次迭代中，每个神经元都有机会被训练和更新。因此，从整个训练过程来看，并没有太多的信息被永久丢失。相反，这种随机性使得模型能够学习到更加鲁棒和泛化的特征。

因此，Dropout 是一种非常有效的正则化技术，可以减少神经网络的过拟合风险，并提高其泛化能力。

**原理输出 7.11**

请大家在 ChatGPT 的帮助下录制一个长度约为 2 分钟的短视频，介绍 Dropout。

可以参考的 ChatGPT 提示词如下。

“请简要介绍 Dropout 是什么。”

“请结合生活中的例子，介绍 Dropout 是什么。”

“假设你是一位大学老师，请用轻松易懂的语言向学生讲解 Dropout 是什么。”

**实操练习 7.11**

为了让大家可以用代码的形式学习 Dropout，接下来大家可以让 ChatGPT 生成示例代码，并在 Colab 新建一个 Notebook 文件运行这些代码。

要让 ChatGPT 生成代码，可以参考的提示词如下。

“请用 Python 生成一些数据，并演示最简单的 Dropout，需要可视化。”

## 7.11 对抗训练

对抗训练是一种机器学习技术，旨在使神经网络模型对抗输入数据中的意外扰动具有更强的鲁棒性。这些扰动可能是人为制造的，也可能是来自真实世界的噪声、干扰或者随机变化。通过给模型展示带有随机扰动的输入数据，并要求它仍能正确地进行分类或预测，对抗训练可以增强模型的健壮性和泛化能力。

对抗训练通常涉及生成对抗样本，即以恶意方式微调输入数据，以欺骗模型而不被人类观察到。生成对抗样本的方法包括基于梯度的攻击、黑盒攻击、白盒攻击等。对抗训练的优点是提高了模型的安全性，缺点是增大了计算复杂度，需要更多的计算资源和时间。

下面举一个简单易懂的例子。假设你是一家银行的风险控制部门的工作人员，你需要设计一个模型来判断用户的借款申请是否有风险。但现实中存在一些欺诈者会故意提供虚假信息，以获得贷款。他们可能会修改自己的收入、资产或信用评分等信息，来达到通过审核的目的，而对抗训练就像图 7-12 所示的这样。

图 7-12　对抗训练，就像让模型预先就见过各种欺诈手段，从而不会被骗

这时候，你就可以使用对抗训练技术来让你的模型更加鲁棒。比如，在训练数据中加入一些噪声数据或者对抗样本数据，让模型在处理这些数据时也能够保持准确性。这样就可以有效地应对欺诈者的恶意攻击，提高模型的准确性和可靠性。

### 原理输出 7.12

请大家在 ChatGPT 的帮助下录制一个长度约为 2 分钟的短视频，介绍对抗训练。

**小贴士**

可以参考的 ChatGPT 提示词如下。
“请简要介绍什么是对抗训练。”
“请结合生活中的例子，介绍什么是对抗训练。”
“假设你是一位大学老师，请用轻松易懂的语言向学生讲解什么是对抗训练。”

### 实操练习 7.12

为了让大家可以用代码的形式学习对抗训练，接下来大家可以让 ChatGPT 生成示例代码，并在 Colab 新建一个 Notebook 文件运行这些代码。

**小贴士**

要让 ChatGPT 生成代码，可以参考的提示词如下。
“请用 Python 生成一些数据，并演示最简单的对抗训练，需要可视化。”

本章介绍了深度学习中一些常见的正则化方法。在下一章中，我们将一起学习与深度模型优化相关的知识。

# 第8章 深度模型中的优化

深度模型的优化对于获得高性能和泛化能力强的模型至关重要。选择适当的优化方法和策略可以提高模型的效率、准确性和稳定性，并帮助解决梯度消失、过拟合等问题。本章将学习与模型优化有关的知识。

## 8.1 学习和纯优化有什么不同

深度模型的学习和纯优化在深度学习中有一些不同之处，包括以下几个方面。

（1）目标函数：在纯优化问题中，通常存在一个明确的目标函数，如最小化误差或最大化某个指标。而在深度学习中，学习的目标函数往往是由损失函数定义的，该损失函数衡量了模型的预测结果与真实标签之间的差异。

（2）数据驱动：深度学习的学习过程是数据驱动的。深度模型通过观察大量的训练数据来学习数据中的模式和特征，从而进行预测和泛化。这与传统的纯优化方法不同，后者更依赖手工设计的特征和规则。

（3）模型参数：在纯优化问题中，参数通常是连续可优化的变量。而在深度学习中，模型参数既可以是连续的（如权重和偏置）；也可以是离散的（如卷积核的形状或注意力机制的位置等）。这使深度学习中的优化问题更加复杂。

（4）层级结构：深度学习中的模型通常具有层级结构，由多个层组成，每个层都包含一些可学习的参数。这种层级结构增加了纯优化问题的复杂性，需要在整个模型中同时考虑参数的更新。

（5）非凸优化：深度学习中的优化问题通常是非凸的，即目标函数存在多个局部最小值。相比之下，纯优化问题往往可以通过数学手段找到全局最优解或者接近最优解的解析解。因此，在深度学习中，选择合适的优化算法和策略至关重要。

让我们通过一个简单的例子来理解深度模型的学习和纯优化之间的区别。假设你正在学习如何玩乒乓球。在纯优化中，你可能会被给予一个明确的目标函数，比如每次击球后使球离对手更远。你可以使用数学公式计算出最佳的击球角度和力量，以使球尽可能远离对手。这就是一个纯优化问题，你需要根据目标函数进行调整，直到找到使球的最终位置最优的击球方式。

然而，在深度模型的学习中，你没有明确的目标函数，也没有提前定义好的规则。相反，你会从观察和经验中学习。你会观察其他高手的技巧，模仿他们的动作，并通过不断实践和反馈来逐渐改进你的技能。你会尝试不同的击球方式，观察球的路径和对手的反应，然后根据这些反馈来调整你的下一次击球。这个过程就像在训练数据中学习关键的模式和特征，以便在真实的比赛中取得好成绩，就像图 8-1 所示的这样。

图 8-1　学习与纯优化的区别，就像你练习乒乓球时，不是按照固定套路，而是根据观察和经验来进行训练

与纯优化相比，深度模型的学习更加灵活、适应性更强。它不仅可以使用预定义的规则和目标函数，还可以通过大量的实例和经验来学习，并自动调整模型的参数以适应不同的情况。它能够从复杂的、未知的数据中提取出有用的信息，并进行泛化，以在面对新的、未见过的情况时做出准确的预测或决策。

总结起来，深度模型的学习类似于通过观察、实践和反馈来学习某种技能，不断改进和调整自己的方式。与之相比，纯优化更加依赖预定义的规则和目标函数，通过优化算法来找到使目标函数最优的参数值。

### 原理输出 8.1

请大家在 ChatGPT 的帮助下录制一个长度约为 2 分钟的短视频，介绍深度模型的学习和纯优化有什么不同。

可以参考的 ChatGPT 提示词如下。

“请简要介绍深度模型的学习和纯优化有什么不同。”

“请结合生活中的例子，介绍深度模型的学习和纯优化有什么不同。”

“假设你是一位大学老师，请用轻松易懂的语言向学生讲解深度模型的学习和纯优化有什么不同。”

**实操练习 8.1**

为了让大家可以用代码的形式学习深度模型的学习和纯优化有什么不同，接下来大家可以让 ChatGPT 生成示例代码，并在 Colab 新建一个 Notebook 文件运行这些代码。

要让 ChatGPT 生成代码，可以参考的提示词如下：
“请用 Python 演示深度模型的学习和纯优化有什么不同。”

## 8.2 小批量算法

小批量算法（Mini-Batch Algorithm）是机器学习和深度学习中常用的一种优化算法，用于在训练过程中对模型参数进行更新。与全批量算法（Batch Algorithm）相比，小批量算法将训练数据集划分为多个较小的批次进行处理。

在小批量算法中，每个批次由一小部分训练样本组成，通常是几十到几千个样本。这些批次按顺序依次输入模型进行前向传播和反向传播计算，并根据计算得到的梯度来更新模型的参数。整个训练过程会遍历多个批次，直到完成对所有样本的训练。

与全批量算法相比，小批量算法具有以下几个方面的优势。

（1）内存效率：使用小批量可以有效降低内存消耗，特别是当训练数据集非常庞大时。不需要同时加载整个数据集到内存中，而是逐批次加载和处理，降低了内存的需求。

（2）训练速度：小批量算法利用并行化能力，在计算硬件（如 GPU）上能够更好地发挥性能。通过同时处理多个样本，可以提高训练速度，加快模型收敛的过程。

（3）泛化能力：在某种程度上，小批量算法可以提高模型的泛化能力。每个批次中包含来自整个数据集的样本子集，有助于模型更好地学习数据的统计特性，并降低对于单个样本的过拟合风险。

小批量算法的批次大小选择是一个重要的超参数，需要根据具体任务和数据进行调优。较小的批次可以提供更多的随机性和噪声，有助于跳出局部最优解，但可能导致训练过程更加不稳定。较大的批次可以提供更稳定的梯度估计，但会增加内存需求和计算成本。

用生活中的例子来比喻，小批量算法就像我们在做事情时，将任务拆分成一小部分一小部分来完成。假设你需要清理一间非常乱的房间，使用全批量算法就意味着你需要一次性将整个房间的杂乱物品都清理完毕。这可能会很耗费时间和精力，因为你要处理大量的物品，而且可能没有足够的地方来储存所有的物品。

但是，如果你使用小批量算法，你可以将房间分成几个区域，每次只处理一个区域。例如，你可以先专注于整理床边的一小块区域，再专注于整理书桌上的一小块区域，然后专注于整理衣柜里的一小块区域。通过这种方式，你可以逐步清理整个房间，而不感到过度压力和疲劳，就像图 8-2 所示的这样。

图 8-2 小批量算法就像我们在清理房间时分区域进行打扫一样

小批量算法在机器学习中的作用类似。训练数据集就像是一间杂乱的房间，而每个数据样本就像是房间中的一件物品。使用小批量算法，我们将训练数据划分为多个小批次，每次只处理一个小批次的数据。这样做有助于减少内存占用并提高训练速度。

通过逐步处理小批次数据，我们可以更有效地更新模型参数，并使模型逐渐学习到整个数据集的特征。就像分区清理房间一样，小批量算法让模型能够更好地适应训练数据，提高泛化能力，并加快训练过程。

总而言之，小批量算法就是将大任务拆分成多个小任务来完成，让训练过程更高效、更稳定，就像我们在清理房间时分区域处理一样。

需要说明的是，随机梯度下降算法可以被视为一种小批量算法。在传统的梯度下降算法中，每次更新模型参数时需要计算所有样本的梯度，而在随机梯度下降算法中，每次更新参数时只使用一个样本或者一小批样本的梯度。

### 原理输出 8.2

请大家在 ChatGPT 的帮助下录制一个长度约为 2 分钟的短视频，介绍什么是小批量算法。

可以参考的 ChatGPT 提示词如下。
“请简要介绍什么是小批量算法。”
“请结合生活中的例子，介绍什么是小批量算法。”
“假设你是一位大学老师，请用轻松易懂的语言向学生讲解什么是小批量算法。”

### 实操练习 8.2

为了让大家可以用代码的形式学习什么是小批量算法，接下来大家可以让 ChatGPT 生成示例代码，并在 Colab 新建一个 Notebook 文件运行这些代码。

要让 ChatGPT 生成代码，可以参考的提示词如下。
“请用 Python 演示什么是小批量算法，需要可视化。”

# 8.3 基本算法

在第 5 章中，我们简要介绍了随机梯度下降。它是深度学习中最常用的优化算法之一，尤其是在训练神经网络时被广泛应用。在这一节中，我们来进一步学习与随机梯度下降相关的知识。

## 8.3.1 学习率

学习率（Learning Rate）是深度学习中优化算法的一个重要超参数，用于控制模型在每次参数更新时的步幅大小。它决定了在梯度下降过程中每次迭代时参数更新的速度。

在梯度下降算法中，参数的更新公式通常形如：

新的参数=原始参数−学习率×梯度

学习率乘以梯度相当于指定了参数更新的幅度。如果学习率较小，那么每次更新的步子就会比较小，收敛速度可能会很慢；而如果学习率较大，更新的步子可能会太大，导致错过最优解或者震荡不收敛。

选择合适的学习率是深度学习中的一个关键任务。如果学习率选择得太低，模型可能需要更长的时间才能收敛或者可能陷入局部最优解；如果学习率选择得太高，模型可能无法收敛，甚至出现发散现象。通常需要通过实验和调整来找到一个合适的学习率值。

图 8-3　学习率就相当于你在学习弹吉他时调整手指位置的幅度

用通俗的语言来说，学习率就像是我们在学习一项新技能时，决定每次调整学习进程的步伐大小。

想象一下，你正在学习如何玩一个新的乐器，比如吉他。刚开始时，你可能会试着弹奏一些简单的和弦或者练习基本指法。在这个过程中，你需要不断地调整自己的手指位置和力度，以找到正确的音符。这里的学习率就相当于你调整手指位置的幅度，就像图 8-3 所示的这样。

如果你选择了一个很小的学习率，那么你在调整手指位置时会非常缓慢。你会一点点地移动手指，尝试找到正确的位置，然后再试着弹奏。这样虽然稳妥，但是学习的速度可能会很慢，你需要更长的时间才能掌握更复杂的乐曲。

相反，如果你选择了一个很大的学习率，你可能会非常快速地移动手指，并且容易错过正确的位置。你可能会按下错误的弦或者产生错误的音符。这种情况下，你需要不断地纠正错误，甚至退回到之前的步骤。学习的过程可能会变得混乱而不稳定。

适当选择学习率非常重要。你希望找到一个合适的学习率，使你能够在每次学习中找到正确的位置，进一步提高你的技能。你可能需要通过尝试不同的学习率，并观察学习的效果来确定最佳的学习率值。

在实践中，还有一些学习率调度策略可以尝试，例如学习率衰减和自适应学习率。学习率衰减可以在训练过程中逐渐减小学习率，以使模型在接近最优解时收敛速度更慢，而自适应学习率则根据梯度的变化情况动态地调整学习率大小。这些策略旨在提高模型的性能和稳定性。

**原理输出 8.3**

请大家在 ChatGPT 的帮助下录制一个长度约为 2 分钟的短视频，介绍什么是学习率。

可以参考的 ChatGPT 提示词如下。
“请简要介绍什么是学习率。”
“请结合生活中的例子，介绍什么是学习率。”
“假设你是一位大学老师，请用轻松易懂的语言向学生讲解什么是学习率。”

**实操练习 8.3**

为了让大家可以用代码的形式学习什么是学习率，接下来大家可以让 ChatGPT 生成示例代码，并在 Colab 新建一个 Notebook 文件运行这些代码。

要让 ChatGPT 生成代码，可以参考的提示词如下。
“请用 Python 演示什么是学习率，需要可视化。”

### 8.3.2 动量

在优化算法中，动量（Momentum）是一种技术，用于加速梯度下降的收敛过程。它基于模拟物体运动时的惯性概念，通过积累之前梯度的指数加权平均来决定参数更新的方向和步长。

动量算法引入了一个称为动量的概念，它可以理解为模型在更新参数时具有的速度或动力。在每次迭代中，动量算法会根据当前梯度的方向和大小来调整动量的方向和大小，并且在更新参数时将动量考虑在内。

具体来说，动量算法使用一个动量变量（通常记为 v 或 velocity）来存储之前梯度的加权平均。该变量在每次迭代中更新，以便保持对历史梯度的记忆。参数的更新方向和步长则由当前梯度和动量共同决定。

动量算法可以帮助克服梯度下降的某些局限性，例如减少震荡和加速收敛。它在处理复杂的非凸优化问题时尤其有用，并且在深度学习中广泛应用于训练神经网络模型。

当我们谈论动量时，可以将其类比为日常生活中的物体运动。想象一下你站在一个大草坡上，面前有一颗球。你打算将球推下去并让它滚下坡。这个过程中，你可以选择不同的力度和角度来推球，就像图 8-4 所示的这样。

图 8-4　动量就像这个球滚下山的速度，我们越用力推它，它滚得越快

如果你只是轻轻地推球，它可能会以缓慢而稳定的速度滚下坡。但是，如果你用更大的力气来推球，并且给予它一个初始的速度，那么球就会以较快的速度滚下坡。

在这个例子中，球的滚动速度就类似于模型优化过程中的动量。动量可以理解为物体在运动中具有的惯性或速度。当你用力推球时，球的动量会增加，使其以更快的速度滚下坡。

同样地，在优化算法中，动量也起到了类似的作用。通过引入动量概念，优化算法能够记住之前的梯度信息，并以一种积极的方式利用该信息来调整参数的更新方向和步长。这样做的结果是，在优化过程中参数更新的速度会增加，从而促进算法更快地收敛到最优解。

所以，动量可以帮助优化算法在参数更新时具有较大的速度和惯性，就像你用力推球一样，使优化过程更加高效。

总结起来，动量是一种用于梯度下降优化的技术，通过积累之前梯度的加权平均来决定参数更新的方向和步长，从而加速优化算法的收敛过程。

### 原理输出 8.4

请大家在 ChatGPT 的帮助下录制一个长度约为 2 分钟的短视频，介绍什么是动量。

可以参考的 ChatGPT 提示词如下。

“请简要介绍什么是动量。”

“请结合生活中的例子，介绍什么是动量。”

“假设你是一位大学老师，请用轻松易懂的语言向学生讲解什么是动量。”

**实操练习 8.4**

为了让大家可以用代码的形式学习什么是动量，接下来大家可以让 ChatGPT 生成示例代码，并在 Colab 新建一个 Notebook 文件运行这些代码。

要让 ChatGPT 生成代码，可以参考的提示词如下。

“请用 Python 演示什么是动量，需要可视化。”

## 8.4 参数初始化策略

参数初始化策略是在神经网络训练过程中，对模型的参数进行初始赋值的一种策略。合理的参数初始化可以帮助神经网络更好地收敛和学习。

举个例子来说明，假设你要学习如何玩一个游戏，而神经网络就像是你的大脑。在开始学习之前，你需要对大脑的某些部分进行初始化，即给它一些起始信息。这相当于神经网络的参数初始化。

图 8-5 参数初始化策略，就像我们开始玩一个新的游戏，需要给大脑一些初始信息

现在，如果你选择将所有的参数都初始化为零，即大脑的每个部分都没有任何起始信息，那么你可能会遇到问题。因为每个神经元的输出都是一样的，那么在学习过程中，无论你进行多少次尝试，你都不会从错误中学习到什么。这就好像你一直在使用同样的策略打游戏，永远无法找到正确的方法。

相反，如果你采用了一个良好的参数初始化策略，比如高斯分布或者均匀分布，你会给大脑一些随机的起始信息。这样，你就有了多种尝试的可能性，并且可以从错误中学习到正确的方法。就好像你在打游戏时，尝试了不同的策略，发现了一种更有效的方式来完成任务，就像图 8-5 所示的这样。

在深度学习中，常见的参数初始化策略包括以下几种。

（1）随机初始化：最简单的方法是使用随机数来初始化参数。这样可以打破对称性并引入足够的随机性，有助于网络学习不同的特征。

（2）零初始化：将所有参数初始化为零。然而，这种方法可能导致每个神经元的更新都是相同的，从而无法有效地学习。

（3）常数初始化：将所有参数初始化为一个常数。然而，这种方法会导致每个神经元的输出都是相同的，造成信息的丢失。

（4）Xavier/Glorot 初始化：根据每一层输入和输出的维度，使用均匀分布或正态分布来随机初始化参数。Xavier 初始化可以使每一层的激活值保持在一个合理的范围内，从而更好地进行反向传播。

（5）He 初始化：类似于 Xavier 初始化，但是在计算标准差时，只考虑了输入维度。He 初始化适用于使用 ReLU 等激活函数的网络。

（6）预训练初始化：有时可以使用预训练模型的参数来初始化网络。例如，可以使用在大规模数据上预训练的模型的参数，然后在特定任务上进行微调。

总之，参数初始化策略是为了给神经网络提供一个合适的起始点，让它能够更好地学习和适应数据。通过选择适当的策略，我们可以改善网络的性能并加快训练过程。选择适当的参数初始化策略对于神经网络的性能和收敛速度至关重要。不同的初始化策略适用于不同的网络结构和激活函数，因此需要根据具体情况进行选择。

### 原理输出 8.5

请大家在 ChatGPT 的帮助下录制一个长度约为 2 分钟的短视频，介绍什么是参数初始化策略。

**小贴士**

可以参考的 ChatGPT 提示词如下。

“请简要介绍什么是参数初始化策略。”

“请结合生活中的例子，介绍什么是参数初始化策略。”

“假设你是一位大学老师，请用轻松易懂的语言向学生讲解什么是参数初始化策略。”

### 实操练习 8.5

为了让大家可以用代码的形式学习什么是参数初始化策略，接下来大家可以让 ChatGPT 生成示例代码，并在 Colab 新建一个 Notebook 文件运行这些代码。

要让 ChatGPT 生成代码，可以参考的提示词如下。

“请用 Python 演示一个最常用的参数初始化策略，需要可视化。”

## 8.5 自适应学习率算法

自适应学习率算法是一种优化算法，用于调整机器学习模型中的学习率。学习率是指在每次参数更新时所使用的步长大小，它对模型的训练效果和收敛速度具有重要影响。

在传统的固定学习率算法中，学习率通常被设置为一个固定的常数。然而，在实际应用中，数据的分布和模型的复杂度可能会导致最优的学习率存在较大差异。自适应学习率算法旨在通过动态地调整学习率来提高训练的效果。

自适应学习率算法的核心思想是根据模型在训练过程中的表现来自动调整学习率。这些算法通常结合了梯度信息和历史训练步骤的信息进行学习率的更新。

举一个通俗易懂的例子——当我们学习新知识或者掌握新技能时，有时候我们会面临不同的情况和难度级别。有些任务可能很简单，我们只需要花一点时间就能掌握；而有些任务可能非常困难，需要更多的时间和努力才能理解和应用。

图 8-6　自适应学习率算法就像是在学习钢琴时调整你的练习时间

想象一下你在学习弹钢琴。开始学习时，你可能对钢琴键是完全陌生的，你需要慢慢了解每个键的位置和音符的含义。在这个阶段，你可能需要花更多的时间去练习，每天都要反复弹奏相同的曲子。

然而，随着时间的推移，你对钢琴键的熟悉程度提高了，你开始可以更快地弹奏音符和曲子。此时，如果你仍然坚持每天花同样长的时间来练习相同的曲子，可能就会觉得进展缓慢，因为你已经达到了一个较高的水平。

自适应学习率算法就像是在学习钢琴时调整你的练习时间，根据你当前的学习状态和进展，自动调整每天练习的时间及练习的内容。当你刚开始学习时，可以提供更多的时间和机会去练习基础知识和简单曲子。随着你的进步，可以逐渐减少练习时间，并开始尝试更复杂的曲子和技巧，就像图 8-6 所示的这样。

换言之，自适应学习率算法根据你的表现和需要来调整学习的速度和难度，以达到更高效的学习效果。类似地，在机器学习中，自适应学习率算法根据模型在训练过程中的表现来调整学习率，以更好地优化模型参数并提高预测性能。

其中一些常见的自适应学习率算法包括以下几种。

(1) AdaGrad (Adaptive Gradient)：AdaGrad 根据参数的梯度大小来自适应地调整学习率。它将学习率分别应用到每个参数上，并且随着训练的进行，对于经常更新的参数，逐渐降低学习率；对于不经常更新的参数，逐渐增加学习率。

(2) RMSProp (Root Mean Square Propagation)：RMSProp 使用指数加权平均来调整学

习率。它考虑了梯度的移动平均值，并且通过除以梯度平方的均值来缩放学习率。这可以有效地抑制历史梯度波动的影响，适应性地调整学习率。

（3）Adam（Adaptive Moment Estimation）：Adam 结合了 AdaGrad 和 RMSProp 的优点，在计算梯度的一阶矩估计（均值）和二阶矩估计（方差）时使用指数加权平均。它具有较好的性能和广泛的适用性，在很多机器学习任务中被广泛采用。

这些自适应学习率算法都旨在提供一种自动调整学习率的方法，从而在不同的模型和数据集上达到更好的训练效果。

**原理输出 8.6**

请大家在 ChatGPT 的帮助下录制一个长度约为 2 分钟的短视频，介绍什么是自适应学习率算法。

可以参考的 ChatGPT 提示词如下。

“请简要介绍什么是自适应学习率算法。”

“请结合生活中的例子，介绍什么是自适应学习率算法。”

“假设你是一位大学老师，请用轻松易懂的语言向学生讲解什么是自适应学习率算法。”

**实操练习 8.6**

为了让大家可以用代码的形式学习什么是自适应学习率算法，接下来大家可以让 ChatGPT 生成示例代码，并在 Colab 新建一个 Notebook 文件运行这些代码。

要让 ChatGPT 生成代码，可以参考的提示词如下。

“用 Python 演示自适应学习率算法的原理，需要可视化。”

### 8.5.1　AdaGrad 算法

AdaGrad（Adaptive Gradient）是常见的自适应学习率算法之一，下面是对 AdaGrad 算法的详细介绍。

1. 学习率衰减

AdaGrad 算法中的一个关键思想是为每个参数维护一个独立的学习率。初始时，所有参数的学习率都设置为相同的常数。然后，随着模型的训练，学习率会根据参数的梯度进行自适应地调整。具体而言，学习率会随着时间衰减，使参数在训练初期可以较大幅度地更新，而在训练后期则较小幅度地更新。

2. 梯度累积

AdaGrad 算法通过累积梯度的平方和来自适应地调整学习率。对于每个参数的梯度，它会计算梯度平方的累积和，并将其保存在一个累积变量中。这样做是为了让学习率能够自动适应参数的更新情况。如果一个参数的梯度在过去的迭代中较大，那么它的学习率将减小；反之，如果一个参数的梯度较小，则学习率将增加。

3. 参数更新

在 AdaGrad 算法中，每个参数的更新公式如下所示：

学习率=初始学习率/(sqrt(累积梯度平方和)+epsilon)

新参数=旧参数-学习率×梯度

其中，初始学习率是用户指定的常数，epsilon 是一个非常小的值，用于避免除以零的情况。

当谈到 AdaGrad 算法的缺点时，我们可以用一个跑步的比喻来解释。假设你正在训练一个机器学习模型，使用了 AdaGrad 算法来更新模型参数。想象你是一个跑步者，而模型的参数就好像你的速度。在 AdaGrad 算法中，每次更新参数时，会根据之前的梯度信息来调整学习率。这意味着对于经常出现的参数，学习率会被降低；而对于不经常出现的参数，学习率会增加。

现在，让我们看看 AdaGrad 算法的一个缺点：学习率的逐渐衰减。在一开始，学习率可能会很大，因为还没有太多的历史梯度信息可供参考。这就好像你刚开始跑步时，你的速度可能会很快。

然而，随着时间的推移，AdaGrad 算法会积累所有历史梯度的平方和，以调整学习率。这就像是你在跑步时累积了过去所有的体能消耗。这意味着，随着时间的推移，体能消耗越来越大，跑步的速度也越来越慢。

这可能会导致问题。考虑以下情况：当你接近终点时，你可能需要加快速度才能尽快到达。但是由于 AdaGrad 算法的特性，学习率会变得非常小，这样你就无法加快速度，就像图 8-7 所示的这样。

图 8-7　由于 AdaGrad 算法的特性，学习率会变得非常小，就像你无法加快跑步速度

类似地，在机器学习中，当模型接近最优解时，学习率可能会衰减到足够低的程度，使模型无法进一步改进。

总结起来，AdaGrad 算法通过自适应地调整学习率，使在训练过程中对于不同参数可以有针对性地进行更新。相对于传统的固定学习率优化算法，AdaGrad 算法能够更好地处理稀疏数据和非平稳目标函数，适用于很多机器学习任务，特别是在自然语言处理和计算机视觉领域取得了较好的效果。然而，AdaGrad 算法也存在一些问题，比如学习率会随着时间衰减得过快，导致训练过早停止。

**原理输出 8.7**

请大家在 ChatGPT 的帮助下录制一个长度约为 2 分钟的短视频，介绍什么是 AdaGrad 算法。

可以参考的 ChatGPT 提示词如下。
“请简要介绍什么是 AdaGrad 算法。”
“请结合生活中的例子，介绍什么是 AdaGrad 算法。”
“假设你是一位大学老师，请用轻松易懂的语言向学生讲解什么是 AdaGrad 算法。”

**实操练习 8.7**

为了让大家可以用代码的形式学习什么是 AdaGrad 算法，接下来大家可以让 ChatGPT 生成示例代码，并在 Colab 新建一个 Notebook 文件运行这些代码。

要让 ChatGPT 生成代码，可以参考的提示词如下。
“用 Python 演示 AdaGrad 算法的原理，需要可视化。”

## 8.5.2　RMSProp 算法

RMSProp 也是一种采用了自适应学习率的算法，使在训练过程中可以更有效地更新模型参数。但它在学习率的调整上与 AdaGrad 算法有所不同。下面是 RMSProp 算法和 AdaGrad 算法之间的区别。

1. 学习率累积方式

AdaGrad 算法通过累积参数梯度的平方和来自适应地调整学习率。它将过去所有的梯度平方进行累加，并将其作为学习率的分母。

RMSProp 算法也是通过累积参数梯度的平方和来自适应地调整学习率，但它使用的是指数加权移动平均值。它只考虑了过去一段时间内的梯度平方的移动平均，而不是累加所有的梯度平方。

2. 学习率衰减方式

AdaGrad 算法采用固定的学习率衰减策略，随着训练迭代次数的增加，学习率会越来越小。

RMSProp 算法也采用学习率衰减策略，但它通常使用一个较小的初始学习率，并且衰减得更加平缓。这样可以保持相对较大的学习率，在训练后期仍然能够进行适当的参数更新。

3. 适用情况

AdaGrad 算法在处理稀疏数据和非平稳目标函数时表现较好。它适合应用于一些具有高维稀疏特征的问题，比如自然语言处理任务。

RMSProp 算法在处理序列数据、循环神经网络（RNN）等问题时表现较好。由于 RMSProp 算法使用了指数加权移动平均值，它更加关注近期的梯度变化，能够适应动态变化的数据。

当谈到 RMSProp 值相对于 AdaGrad 的优势时，我们可以通过一个关于爬山的例子来解释。

假设你是一位登山者，目标是登上一座高山的顶峰。在攀登过程中，你需要调整步伐以适应不同的地形和难度。这里，你是一个模型，而步伐则是模型参数，用于控制你攀登的速度和方向。

让我们先来看看使用 AdaGrad 算法进行攀登的情况。当你开始攀登时，你会积累每一步的梯度信息，就像 AdaGrad 算法中累加梯度平方的总和一样。在开始阶段，你可能会遇到陡峭的山坡，因此你会采取小步伐来保持稳定。然而，随着时间的推移，你累积的梯度信息越来越多，学习速率逐渐减小。这可能导致你在攀登后期步伐过小，无法跨越较大的障碍。

现在我们再来看看 RMSProp 算法。RMSProp 算法使用指数加权移动平均值来估计梯度的变化趋势。在爬山的例子中，这相当于你观察一段时间内山坡的倾斜程度。如果你在最近几步中遇到了非常陡峭的山坡，RMSProp 算法会根据这个趋势调整步伐。如果山坡变得更陡，步伐将缩小以避免过大的变化。通过这种方式，RMSProp 算法可以更好地适应不同山坡的斜率，并使你能够更灵活地前进，就像图 8-8 所示的这样。

图 8-8　RMSProp 算法好比能够更好地适应不同山坡的斜率，使你能够更灵活地前进

因此，RMSProp 算法的优势在于它可以适应不同的梯度变化趋势，而不仅仅是简单地累加梯度平方。相比之下，AdaGrad 算法倾向于学习速率递减得更快，可能导致在后期阶段无法有效地前进。RMSProp 算法则更有可能帮助你应对攀登过程中不断变化的难度，并更好地寻找登顶的路径。

总的来说，RMSProp 算法和 AdaGrad 算法都是自适应学习率的优化算法，但它们在学习率累积方式和学习率衰减方式上有所不同，适用于不同的问题和数据类型。在实践中，根据具体的任务需求和数据特点，选择适合的优化算法可以改善模型的训练效果。另外，还有其他优化算法如 Adam、Adadelta 等，它们也是基于自适应学习率的思想，可以进一步改善模型的训练过程。

**原理输出 8.8**

请大家在 ChatGPT 的帮助下录制一个长度约为 2 分钟的短视频，介绍什么是 RMSProp 算法。

可以参考的 ChatGPT 提示词如下。
“请简要介绍什么是 RMSProp 算法。”
“请结合生活中的例子，介绍什么是 RMSProp 算法。”
“假设你是一位大学老师，请用轻松易懂的语言向学生讲解什么是 RMSProp 算法。”

**实操练习 8.8**

为了让大家可以用代码的形式学习什么是 RMSProp 算法，接下来大家可以让 ChatGPT 生成示例代码，并在 Colab 新建一个 Notebook 文件运行这些代码。

要让 ChatGPT 生成代码，可以参考的提示词如下。
“用 Python 演示 RMSProp 算法的原理，需要可视化。”

### 8.5.3　Adam 算法

Adam 算法结合了动量算法和 RMSProp 算法。它在训练深度神经网络时表现出色，并被广泛应用。

Adam 算法利用梯度的一阶矩估计（即均值）和二阶矩估计（即方差）来调整每个参数的学习率。相对于传统的梯度下降方法，Adam 算法可以自适应地调整学习率，并且能够快速收敛到最优解。

为了更好地理解，我们可以把 Adam 算法类比为一个人学习如何骑自行车。假设你是一个正在学习骑自行车的人，而 Adam 算法就像是你的教练。

当你刚开始学习骑自行车时，你可能需要较大的步幅来调整自行车的平衡。这就相当于 Adam 算法中的较高学习率，它在训练初期允许权重快速调整以达到更好的表现。

随着你的技能不断提高，你会渐渐熟悉自行车的平衡感，并且对于微小的调整更加敏感。在这个阶段，你需要更小的步幅来微调自行车的平衡。同样地，Adam 算法也会通过自适应地减小学习率，使模型在训练后期能够更精确地收敛。

此外，当你骑自行车时，可能会遇到一些坡道或者颠簸的路段。在这些情况下，你需要更快地调整自行车的平衡，以应对外部环境的变化。类似地，Adam 算法可以根据每个参数的梯度变化来自适应地调整学习率，以适应数据中的不同特征和模式，就像图 8-9 所示的这样。

图 8-9　Adam 算法就像你的教练会根据你的骑车技能和路况来调整指导方式一样

总的来说，Adam 算法最独特的优势在于它能够根据每个参数的梯度变化自适应地调整学习率。这使模型能够更好地适应不同阶段的训练，并且在处理复杂数据时表现得更出色。就像你的教练会根据你的骑车技能和路况来调整指导方式一样，Adam 算法通过自适应地调整学习率，帮助神经网络更有效地学习并具备更好的性能。

下面是 Adam 算法的主要步骤。

（1）初始化参数：设置初始参数和超参数，包括学习率（alpha）、一阶矩估计的衰减率（beta1）、二阶矩估计的衰减率（beta2）和 epsilon 值（用于数值稳定性）。

（2）初始化变量：对每个参数，初始化一阶矩变量 $m$ 为零向量，初始化二阶矩变量 $v$ 为零向量。

（3）迭代更新：对于每次迭代 $t$，针对每个参数进行以下操作。

①计算梯度：计算当前参数的梯度。

②更新一阶矩估计：更新一阶矩变量 $m$，使用指数加权平均将当前梯度纳入考虑，衰

减率为 beta1。

③更新二阶矩估计：更新二阶矩变量 $v$，使用指数加权平均将当前梯度的平方纳入考虑，衰减率为 beta2。

④矫正偏差：由于 $m$ 和 $v$ 初始化为 0 向量，它们在初始阶段会被偏向较小的值，因此需要进行偏差校正，以修正这种影响。

⑤更新参数：根据一阶矩估计 $m$、二阶矩估计 $v$ 和学习率 alpha，通过调整参数的更新步长来更新参数。

Adam 算法的核心思想是综合利用历史梯度的一阶矩估计和二阶矩估计，并自适应地调整学习率，在训练过程中平衡速度和稳定性。通过自动调整学习率大小，Adam 算法能够有效地处理不同参数具有不同尺度的问题，并且通常能够收敛到较好的解。

目前来说，Adam 算法广泛适用于各种神经网络训练任务，通常在实践中的表现较为出色。

**原理输出 8.9**

请大家在 ChatGPT 的帮助下录制一个长度约为 2 分钟的短视频，介绍什么是 Adam 算法。

可以参考的 ChatGPT 提示词如下。

“请简要介绍什么是 Adam 算法。”

“请结合生活中的例子，介绍什么是 Adam 算法。”

“假设你是一位大学老师，请用轻松易懂的语言向学生讲解什么是 Adam 算法。”

**实操练习 8.9**

为了让大家可以用代码的形式学习什么是 Adam 算法，接下来大家可以让 ChatGPT 生成示例代码，并在 Colab 新建一个 Notebook 文件运行这些代码。

要让 ChatGPT 生成代码，可以参考的提示词如下。

“用 Python 演示 Adam 算法的原理，需要可视化。”

## 8.6　二阶近似方法

在第 4 章中，我们了解了一种二阶的优化方法——牛顿法。在这一节中，我们再来学习一些其他的二阶方法。

### 8.6.1 共轭梯度

在数学中，如果有两个向量 $\boldsymbol{a}$ 和 $\boldsymbol{b}$，当它们的内积为零时，我们称它们是“共轭”的。也就是说，如果 $\boldsymbol{a}\cdot\boldsymbol{b}=0$，则称向量 $\boldsymbol{a}$ 和向量 $\boldsymbol{b}$ 是共轭的。

共轭的概念可以通过几何直观地理解。假设我们在二维平面上考虑，$\boldsymbol{a}$ 和 $\boldsymbol{b}$ 分别表示两个非零向量。如果 $\boldsymbol{a}$ 和 $\boldsymbol{b}$ 是共轭的，那么它们之间的夹角将是 90 度（垂直）。这意味着它们在空间中的方向互相垂直。

在线性代数中，共轭的概念通常与复数相关。对于一个复数 $z=a+bi$，其中 $a$ 和 $b$ 分别表示实部和虚部，其共轭复数定义为 $z^*=a-bi$。可以看出，共轭复数的实部相同，而虚部的符号相反。

让我们用一个通俗易懂的例子来理解什么是共轭。想象你正在玩桌上足球游戏。每个人都有两个木棒，分别控制自己一方的球员。当你想要传球给队友时，你需要调整木棒的角度和力度，以便将球传到正确的位置。

现在，假设你和你的队友站在球场的两个对角线位置上。如果你想要将球传给队友，你会注意到球与你的队友之间存在一个角度。这时候，为了使球传到对方那边，你需要调整你的木棒的角度和力度。

在这种情况下，共轭就是指你的木棒的位置和方向与你的队友的木棒的位置和方向相互垂直。也就是说，你的木棒朝向正前方，而你的队友的木棒朝向左右两侧。这样的设置可以确保你们之间没有重叠，球可以顺利地从你那里传给队友。

换句话说，共轭就是指在这个桌上足球游戏中，你和你的队友调整木棒的角度和方向，使它们相互垂直，以便更好地传球。这种共轭关系可以让你们的传球更加有效和顺畅，就像图 8-10 所示的这样。

图 8-10　共轭就像在桌上足球游戏中，你和队友调整木棒的角度和方向

在数学中，共轭的概念也类似。它表示两个向量或数值在某种方式下相互垂直或互补。这种关系可以帮助我们解决问题、优化计算过程，并提高效率。

所以，共轭就是在不同情境下描述两个物体、向量或数值之间相互垂直或互补的特定关系，以便达到更好的效果。

在共轭梯度方法中，共轭的概念是指搜索方向之间的特定关系。通过选择共轭的搜索方向，可以更有效地逼近最优解。这种选择方式确保了每个搜索方向都在整个搜索空间中是相互正交的，从而提高了算法的收敛速度。

因此，在共轭梯度方法中，“共轭”用来描述迭代过程中不同搜索方向的关系，以提高求解效率。

在每一次迭代中，共轭梯度方法通过计算残差和搜索方向的内积来确定步长，并更新当前解向量。然后，根据新的解向量计算新的残差，再选择一个新的共轭搜索方向。这个过程将重复执行，直到达到预设的收敛条件或满足精度要求为止。

共轭梯度方法的一个重要特点是，它可以在一定的迭代次数内精确地求解对称正定线性方程组，而不会出现舍入误差累积导致的数值不稳定性。这使它在科学计算和数值优化领域中得到广泛应用，特别是在大规模问题和高性能计算环境下。

**原理输出 8.10**

请大家在 ChatGPT 的帮助下录制一个长度约为 2 分钟的短视频，介绍什么是共轭梯度。

可以参考的 ChatGPT 提示词如下。
“请简要介绍什么是共轭梯度。”
“请结合生活中的例子，介绍什么是共轭梯度。”
“假设你是一位大学老师，请用轻松易懂的语言向学生讲解什么是共轭梯度。”

**实操练习 8.10**

为了让大家可以用代码的形式学习什么是共轭梯度，接下来大家可以让 ChatGPT 生成示例代码，并在 Colab 新建一个 Notebook 文件运行这些代码。

要让 ChatGPT 生成代码，可以参考的提示词如下。
“用 Python 演示共轭梯度的原理，需要可视化。”

### 8.6.2　BFGS

BFGS（由 Broyden、Fletcher、Goldfarb、Shanno 四人提出）是一种非线性优化算法，用于求解无约束最优化问题。它是拟牛顿方法的一种，旨在寻找目标函数的最小值点。

BFGS 算法使用目标函数的梯度信息来逐步优化参数，在每个迭代步骤中更新参数的估计值。该算法通过构建一个近似的 Hessian 矩阵来模拟目标函数的局部二阶信息。Hessian

矩阵是目标函数的二阶偏导数，描述了函数在给定点附近的曲率。

BFGS 算法的主要思想是不断地逼近目标函数的 Hessian 矩阵的逆，并根据当前梯度的变化情况进行调整。通过这种方式，BFGS 算法能够有效地搜索目标函数的最小值点，特别适用于大规模问题。

BFGS 算法相对于其他优化算法的优势在于，它不需要显式地计算和存储 Hessian 矩阵，而是通过迭代更新一个逼近矩阵。这使 BFGS 算法具有较低的内存消耗，并且可以应用于高维问题。

下面举个通俗易懂的例子，比如，我们要找到一种合适的烹饪方法来做出美味的蛋糕，BFGS 算法像是一个智能的烹饪助手，就像图 8-11 所示的这样。

图 8-11　想象 BFGS 是一位智能烹饪助手，它可以帮助我们制作蛋糕

这位智能烹饪助手具有以下几个特点。

（1）快速学习和改进。它可以快速学习和改进你的烹饪技巧。假设你刚开始尝试做蛋糕，你并不知道最佳的配方和步骤。BFGS 会根据你目前的尝试和结果，给出下一步的建议，例如增加或减少某种原料的用量，调整烤箱的温度等。这样，它可以帮助你逐步接近制作出完美蛋糕的方法。

（2）适用于复杂问题。BFGS 算法在处理复杂问题时非常有效。想象一下，你想制作一个多层次、口感细腻的蛋糕，需要考虑许多因素，比如面粉的质量、烤箱的温度、打发蛋白的时间等。BFGS 算法可以通过观察每次制作的结果，并根据当前状态和之前的尝试，指导你下一步的改进方向。这样，你就可以逐步找到制作出完美蛋糕的方法，而不必一开始就面对过多的复杂性。

（3）不断调整的实验。BFGS 算法可以看作一个不断调整的实验过程。想象一下，你制作蛋糕时可以尝试不同的配方和技巧，并根据每次的结果做出调整。BFGS 算法会帮助你在每次实验之后分析结果，并根据当前状态和之前的实验，提供下一次实验的指导。这样，你可以通过迭代的方式逐渐接近制作完美蛋糕的秘诀。

（4）个性化优化。BFGS 算法可以根据你的个人口味进行个性化的优化。每个人对于蛋糕的喜好可能有所不同，有些人喜欢奶油的味道，有些人喜欢浓郁的巧克力味。BFGS

算法可以根据你的反馈和偏好，在每次优化过程中调整参数，以满足你个人的口味。

综上所述，BFGS 算法具有快速学习和改进、适用于复杂问题、不断调整实验和个性化优化等特点。它像是一个智能的烹饪助手，可以帮助你逐步改进蛋糕制作的技巧，在尝试不同的配方和技巧后逐渐接近制作出完美蛋糕的秘诀。

**原理输出 8.11**

请大家在 ChatGPT 的帮助下录制一个长度约为 2 分钟的短视频，介绍什么是 BFGS。

可以参考的 ChatGPT 提示词如下。

“请简要介绍什么是 BFGS。”

“请结合生活中的例子，介绍什么是 BFGS。”

“假设你是一位大学老师，请用轻松易懂的语言向学生讲解什么是 BFGS。”

**实操练习 8.11**

为了让大家可以用代码的形式学习什么是 BFGS，接下来大家可以让 ChatGPT 生成示例代码，并在 Colab 新建一个 Notebook 文件运行这些代码。

要让 ChatGPT 生成代码，可以参考的提示词如下。

“用 Python 演示 BFGS 算法，需要可视化。”

## 8.7　一些优化策略

这一节中，我们将探索一些神经网络的优化策略，包括批标准化、坐标下降及监督预训练。

### 8.7.1　批标准化

批标准化（Batch Normalization，BN）是一种用于深度神经网络中的技术，旨在加速模型的训练速度并提高其性能。它由 Sergey Ioffe 和 Christian Szegedy 在 2015 年提出。

在深度神经网络中，每一层的输入数据分布可能会随着训练过程的进行而发生变化，这被称为内部协变量移位。内部协变量移位会导致训练过程变得缓慢，并且需要更小的学习率来保证收敛。此外，如果每一层的输入数据分布不稳定，可能会导致某些层变得难以训练。

批标准化通过对每一层的输入进行归一化处理来解决内部协变量移位的问题。

结合一个生活中的例子来理解，想象一下你正在烘烤一些饼干。在制作饼干的过程中，你需要控制烤箱的温度以确保饼干烤得均匀且完美。如果你将所有的饼干同时放入烤箱中，它们可能会由于自身温度的差异，导致一些饼干烤焦，而其他饼干则没有完全烤熟。

这里，要烤的饼干就可以类比为神经网络中每一层的输入数据。而批标准化就是在每一层之前对输入数据进行调整，以使它们保持稳定和一致，就像图 8-12 所示的这样。

图 8-12　批标准化的作用类似于对饼干的温度进行调整，有助于我们烤出更好的饼干

具体来说，在烘烤饼干的例子中，你可以进行以下操作来实现类似于批标准化的效果。

（1）先测量每个饼干的表面温度。

（2）再计算所有饼干的平均温度和温度的方差。

（3）根据计算得到的平均温度和方差，对每个饼干的温度进行调整，使它们更加均匀。

（4）最后将所有的饼干放入烤箱中进行烘烤。

这样做的好处是，无论每个饼干在烤箱中的位置如何，它们都会受到相似的热量影响。这样一来，所有的饼干都能够烤得更均匀，避免了一些饼干过度烤焦或未完全烤熟的问题。

在神经网络中，批标准化的作用类似于上述例子中对饼干温度的调整。它通过对每一层的输入数据进行归一化处理，使它们保持稳定和一致。这有助于加速神经网络的训练，并提高模型的性能，就像在烘烤过程中使用批标准化可以获得更好的饼干一样。

通过批标准化，神经网络在每个训练小批量数据上都进行标准化处理，从而使每一层的输入分布保持稳定。这有助于加速网络的训练过程，允许使用更大的学习率，并且可以提升模型的泛化能力。此外，批标准化还具有一定的正则化效果，有助于降低过拟合的风险。

需要注意的是，批标准化在训练和推理（测试）阶段的操作略有不同。在训练阶段，批标准化使用当前小批量数据的均值和方差进行标准化；而在推理阶段，则使用在训练过程中累积的整体均值和方差进行标准化，以便对新的输入进行预测。

**原理输出 8.12**

请大家在 ChatGPT 的帮助下录制一个长度约为 2 分钟的短视频，介绍什么是批标准化。

可以参考的 ChatGPT 提示词如下。
“请简要介绍什么是批标准化。”
“请结合生活中的例子，介绍什么是批标准化。”
“假设你是一位大学老师，请用轻松易懂的语言向学生讲解什么是批标准化。”

**实操练习 8.12**

为了让大家可以用代码的形式学习什么是批标准化，接下来大家可以让 ChatGPT 生成示例代码，并在 Colab 新建一个 Notebook 文件运行这些代码。

要让 ChatGPT 生成代码，可以参考的提示词如下。
“用 Python 演示批标准化算法，需要可视化。”

### 8.7.2　坐标下降

在机器学习和优化领域，“坐标下降”（Coordinate Descent）是一种迭代优化算法，用于求解目标函数的最小值或最大值。它的特点是每次迭代只更新一个坐标轴上的变量，而将其他变量固定。

用通俗的语言来说，当我们想要找到一个目标的最佳解决方案时，坐标下降是一种迭代的方法，它类似于我们在解决问题时的一种思维方式。想象一下你的朋友告诉你他的家离你的家有一段距离，而你想尽快找到他的家。你没有地图，但你可以问路人指引。为了找到正确的路径，你会使用坐标下降方法。

首先，你决定沿着一个方向出发，比如东方向。你开始朝东走一段距离，然后询问路人指引。路人告诉你应该往北。你信任这个指引，并转向北方向走一段距离，就像图8-13所示的这样。

接下来，你再次询问另一个路人，他告诉你应该往东走。你根据他的指引调整方向并前进。

你不断重复这个过程——沿一个方向前进一段距离，询问路人，然后根据指引调整方向。每一步中，你只关注当前的方向和指引，而不考虑其他方向上的信息。

图 8-13　坐标下降，就像每次问路时固定其他方向并更新当前方向的操作

通过这种方式，你朝着目标越来越接近。当你发现询问路人不再改变你的方向时，你可能已经接近你朋友的家了。

在这个例子中，你就是坐标下降算法中的一个变量，而不同的方向和指引就是每次迭代中固定其他变量并更新当前变量的操作。通过反复调整方向和前进，你最终找到了朋友的家，这就类似于坐标下降算法寻找目标函数的最优解。

坐标下降算法的关键在于，在每次迭代中只考虑一个变量，将其他变量固定。这种方式使每次子问题的优化相对简单，可以使用一维优化方法（如线性搜索或牛顿法）来求解。

坐标下降算法在某些情况下可以高效地求解优化问题，特别是当目标函数在每个变量上的单变量子问题很容易解决时。然而，它也存在一些限制，例如可能收敛到局部最小值，尤其是在目标函数不是凸函数或具有强相关性的情况下。

总之，坐标下降是一种基于逐个变量更新的迭代优化算法，常用于解决多维优化问题。

## 原理输出 8.13

请大家在 ChatGPT 的帮助下录制一个长度约为 2 分钟的短视频，介绍什么是坐标下降。

可以参考的 ChatGPT 提示词如下。

“请简要介绍什么是坐标下降。”

“请结合生活中的例子，介绍什么是坐标下降。”

“假设你是一位大学老师，请用轻松易懂的语言向学生讲解什么是坐标下降。”

## 实操练习 8.13

为了让大家可以用代码的形式学习什么是坐标下降，接下来大家可以让 ChatGPT 生成示例代码，并在 Colab 新建一个 Notebook 文件运行这些代码。

要让 ChatGPT 生成代码，可以参考的提示词如下。
“用 Python 演示坐标下降算法，需要可视化。”

### 8.7.3　监督预训练

监督预训练是一种机器学习方法，用于训练深度神经网络模型。它基于一个两阶段的训练过程：预训练和微调。

在监督预训练的第一阶段，使用大规模的未标记数据来预训练一个深度神经网络模型，通常是自编码器或生成对抗网络（GAN）。这个模型通过学习数据的内部表示和特征，从而捕捉到数据中的一般性信息。

在预训练完成后，第二阶段是微调，使用带有标签的数据集来进一步优化模型。在这个阶段，将预训练得到的模型作为初始权重，然后根据标签数据进行有监督的训练。这样可以使模型更好地适应具体任务，并使其在特定领域上具有更好的性能。

监督预训练的主要优点是可以利用大规模未标记数据进行预训练，在没有大量标注数据的情况下仍然能够获得较好的性能。此外，预训练模型还具有更强的泛化能力，可以在不同但相关的任务上表现出色。

想象一下，你要学习一门新的游戏，但是你没有任何关于游戏规则和策略的知识。然而，一个有经验的玩家坐在你旁边，告诉你每一步应该怎么走。这个有经验的玩家就像是预训练模型，他给你提供了正确的答案或者行动指导，就像图 8-14 所示的这样。

图 8-14　预训练模型就像有经验的玩家，会给你提供正确的答案或者行动指导

在监督预训练中，我们的神经网络就是那个刚开始不知道游戏规则的学习者，预训练

模型就是有经验的玩家。

举个例子，假设我们要训练一个图像分类的模型。我们有一堆带有标签（比如狗、猫、汽车等）的图像。监督预训练的过程就是让模型观察这些图像和它们的标签，并尝试学习如何将不同的图像分类为正确的标签。模型会根据标记数据中图像的特征和对应的标签之间的关系，逐渐学习如何识别不同类别的图像。

一旦模型完成了监督预训练，它就可以应用到实际的任务中，比如给新的未标记图像分类。模型通过之前学到的知识，尝试将新的图像正确分类，并且不需要再次进行标记数据的训练。这就好比你在游戏中独立行动，不再需要有经验的玩家一直指导你。

最著名的监督预训练模型之一是 BERT（Bidirectional Encoder Representations from Transformers），它在自然语言处理领域取得了巨大成功。此外，监督预训练模型还有其他一些变种和相关方法，例如 GPT 和 RoBERTa。

**原理输出 8.14**

请大家在 ChatGPT 的帮助下录制一个长度约为 2 分钟的短视频，介绍什么是监督预训练。

可以参考的 ChatGPT 提示词如下。
“请简要介绍什么是监督预训练。”
“请结合生活中的例子，介绍什么是监督预训练。”
“假设你是一位大学老师，请用轻松易懂的语言向学生讲解什么是监督预训练。”

**实操练习 8.14**

为了让大家可以用代码的形式学习什么是监督预训练，接下来大家可以让 ChatGPT 生成示例代码，并在 Colab 新建一个 Notebook 文件运行这些代码。

要让 ChatGPT 生成代码，可以参考的提示词如下。
“用 Python 演示最简单的监督预训练，需要可视化。”

到此，我们一起学习了深度网络模型优化的一些相关知识。从下一章开始，我们将继续学习一些适用于不同领域或场景的深度神经网络。

# 第 9 章 卷积神经网络

在本章中，我们将一起了解久负盛名的“卷积神经网络”。卷积神经网络在图像识别等领域的表现极为优秀，接下来我们就从卷积运算、池化等基本概念开始，逐步学习卷积神经网络的相关知识。

## 9.1 卷积运算

卷积运算（Convolution Operation）是一种数学运算，广泛应用于信号处理和图像处理领域。它在计算机视觉和深度学习中被广泛使用。

卷积操作的基本思想是将两个函数（可以是实值函数或复值函数）合并成一个新的函数。在图像处理中，通常使用的是二维卷积运算。它将输入图像与一个称为卷积核（或滤波器）的小矩阵进行卷积操作。

卷积操作通过在输入图像上滑动卷积核，并在每个位置上执行逐元素乘法和求和操作来生成输出特征图。具体而言，卷积操作将卷积核的每个元素与它们重叠的图像窗口内的对应像素进行相乘，然后将所有乘积结果相加，得到输出特征图中的一个像素值。

用生活中的例子来比喻——当我们在制作咖啡时，使用一个滤纸来冲泡咖啡粉就好比进行卷积运算。下面让我们以手冲咖啡为例。

首先，我们准备一杯手冲咖啡所需的设备：咖啡壶、滤纸和咖啡粉。我们将滤纸放置在咖啡壶的上方，并将研磨好的咖啡粉倒入滤纸的中央。

其次，我们开始进行卷积运算。想象咖啡粉是二维的，而滤纸本身是另一个小型的二维过滤器。滤纸可以有不同的形状，例如正方形或圆形。

然后，我们慢慢地倒入热水（相当于输入数据）到滤纸上。热水会与咖啡粉接触，并通过滤纸渗透。此时，卷积操作开始了。

在这个卷积操作中，滤纸上的热水与每个咖啡粉进行互动。它提取每个位置的咖啡颗粒的味道和特性。这就好比在每个位置上，滤纸上的热水与对应的咖啡粉进行相乘和求和操作。然后我们得到了一杯香浓的咖啡。

在这个例子中，滤纸就相当于卷积核，它提取了咖啡粉的特征（味道）。每个位置的咖啡粉与滤纸上的热水的交互就类似于卷积运算中元素相乘和求和的过程。最终，我们获得了一杯经过特征提取的咖啡，就像图 9-1 所示的这样。

图 9-1　咖啡壶上的滤纸就像卷积核，能够提取咖啡粉的味道（特征）

同样地，卷积运算在图像处理中也是类似的原理，它将输入图像与卷积核进行逐像素相乘和求和，从而提取出图像的特征。这些特征可以用于识别物体、边缘检测等任务。

卷积运算在深度学习中被广泛应用于图像分类、目标检测、图像生成等任务中，它能够有效地提取图像的局部特征并保留空间结构信息，对于处理图像数据具有重要作用。

**原理输出 9.1**

请大家在 ChatGPT 的帮助下录制一个长度约为 2 分钟的短视频，介绍什么是卷积运算。

可以参考的 ChatGPT 提示词如下。

“请简要介绍什么是卷积运算。”

“请结合生活中的例子，介绍什么是卷积运算。”

“假设你是一位大学老师，请用轻松易懂的语言向学生讲解什么是卷积运算。”

**实操练习 9.1**

为了让大家可以用代码的形式学习什么是卷积运算，接下来大家可以让 ChatGPT 生成示例代码，并在 Colab 新建一个 Notebook 文件运行这些代码。

要让 ChatGPT 生成代码，可以参考的提示词如下。

“用 Python 演示卷积运算的过程，需要可视化。”

## 9.2　为什么要使用卷积运算

使用卷积运算有以下几个重要原因。

（1）特征提取：卷积运算能够有效地提取输入数据中的特征。在图像处理中，卷积操作可以捕捉到图像的局部信息，通过不同的卷积核可以提取到边缘、角点、纹理等低级特征。而在深度学习中，通过堆叠多个卷积层，网络可以逐渐提取到更加抽象和高级的特征。这些特征对于后续任务（如图像分类、目标检测等）的成功完成非常关键。

（2）参数共享：卷积运算具有参数共享的特性。在卷积过程中，一个卷积核的权重在整个输入空间上是共享的。这种共享机制使卷积神经网络具有更少的参数量，减少了模型的复杂度并提高了计算效率。此外，参数共享也使网络能够对输入的平移、旋转、尺度变化等具有一定的不变性。

（3）空间结构保持：卷积运算在处理图像数据时能够保持其空间结构。传统的全连接层会破坏输入数据的空间关系，而卷积操作通过局部连接的方式保留了图像中像素的相对位置关系。这对于图像处理任务非常重要，因为图像中的空间信息通常承载着重要的语义和特征。

举个生活中的例子——想象你正在读一本书，但是字太小，难以辨认。你需要使用放大镜来看清文字。在这个例子中，放大镜就起到了卷积运算的作用。它通过对图像进行卷积操作，增加了每个像素周围的信息，使细节更加清晰可见。放大镜选择性地突出或模糊图像中的特定区域，使我们能够更好地理解和处理所看到的内容，就像图 9-2 所示的这样。

综上所述，卷积运算在图像处理和深度学习中具有独特的优势，能够提取特征、减少参数量及保持空间结构，从而为处理和分析图像数据提供有效的工具和方法。

图 9-2　放大镜起的作用，就像卷积运算一样

### 原理输出 9.2

请大家在 ChatGPT 的帮助下录制一个长度约为 2 分钟的短视频，介绍为什么要使用卷积运算。

**小贴士**

可以参考的 ChatGPT 提示词如下。

“请简要介绍为什么要使用卷积运算。”

“请结合生活中的例子，介绍为什么要使用卷积运算。”

“假设你是一位大学老师，请用轻松易懂的语言向学生讲解为什么要使用卷积运算。”

### 实操练习 9.2

为了让大家可以用代码的形式学习为什么要使用卷积运算，接下来大家可以让

ChatGPT 生成示例代码，并在 Colab 新建一个 Notebook 文件运行这些代码。

小贴士

要让 ChatGPT 生成代码，可以参考的提示词如下。
“用 Python 演示卷积运算提取特征的过程，需要可视化。”

## 9.3 池化

在计算机视觉和深度学习中，池化（Pooling）是一种常用的操作。它主要用于减少数据的空间尺寸，并且降低数据量，从而降低模型的复杂性。

在卷积神经网络（CNN）中，池化通常紧跟在卷积层之后。池化操作可以分为最大池化（Max Pooling）和平均池化（Average Pooling）两种常见的类型。

最大池化是将输入数据划分为不重叠的矩形区域（例如 2×2 的区域），然后在每个区域内选择最大值作为输出。这样可以减少图像的空间维度，并保留主要特征。最大池化通常用于提取图像中的边缘、纹理等局部特征。

平均池化则是在每个区域内计算输入数据的平均值作为输出。与最大池化相比，平均池化更加平滑，能够保留更多的整体信息。平均池化通常用于图像分类任务中。

下面举一个生活中的例子——洗衣服。当我们洗衣服时，有时候我们会用桶来装满水，然后把一大堆脏衣服放进去。但是，如果我们的桶太小，无法容纳所有的脏衣服，或者我们没有足够的时间和精力清洗那么多衣服，这时就需要采取一些策略来减少工作量。

在这种情况下，我们可以进行一种类似于池化的操作。这意味着我们将所有的脏衣服分成若干组，并且每组中只选择一个代表来代替整个组。例如，如果一组脏衣服中有 5 件，我们可以只选择其中最脏的一件来代表整组。这样，我们不需要处理每一件衣服，而是只处理最脏的衣服，就像图 9-3 所示的这样。

图 9-3　池化操作，就像我们分组后挑出最脏的衣服来洗

通过这种方式，我们减少了工作量和所需的资源。我们只需要处理有代表性的衣服，而不必为每一件衣服都做相同的工作。这就是池化的概念。

在计算机视觉中，池化的原理与上述例子类似。它将输入数据划分为一些小的区域，并从每个区域中选择一个代表值。这个代表值可以是最大值（最大池化）或者平均值（平均池化）。通过这样的操作，我们可以减少数据的尺寸，并且保留重要的特征信息。就像在洗衣服的例子中一样，池化操作帮助我们简化了问题，减少了计算量，并提取出关键的特征。

使用池化操作，可以有效地减小数据的尺寸，减少参数数量，降低计算量，并提取出图像或特征图中的关键信息。这有助于提高模型的计算效率和泛化能力。

**原理输出 9.3**

请大家在 ChatGPT 的帮助下录制一个长度约为 2 分钟的短视频，介绍什么是池化。

可以参考的 ChatGPT 提示词如下。
“请简要介绍什么是池化。”
“请结合生活中的例子，介绍什么是池化。”
“假设你是一位大学老师，请用轻松易懂的语言向学生讲解什么是池化。”

**实操练习 9.3**

为了让大家可以用代码的形式学习什么是池化，接下来大家可以让 ChatGPT 生成示例代码，并在 Colab 新建一个 Notebook 文件运行这些代码。

要让 ChatGPT 生成代码，可以参考的提示词如下。
“用 Python 演示池化的过程，需要可视化。”

## 9.4 基本卷积函数的变体

基本卷积函数有几个常见的变体：膨胀卷积（Dilated Convolution）、逐点卷积（Pointwise Convolution）、转置卷积（Transposed Convolution）等。下面我们来了解一下这几个变体的概念。

### 9.4.1 膨胀卷积

膨胀卷积，也被称为空洞卷积，它是一种在深度学习中常用的卷积运算技术。它在传统卷积操作的基础上引入了一个膨胀率参数，用于控制卷积核中各个元素之间的间距。

传统的卷积操作使用固定大小的卷积核对输入数据进行滑动窗口计算。而膨胀卷积则通过在卷积核的元素之间插入一些间隔，来扩大感受野的范围。这样可以增加网络的感受野，使网络能够捕捉更广阔的上下文信息。

在膨胀卷积中，膨胀率定义了卷积核元素之间的距离。当膨胀率为1时，膨胀卷积与传统卷积相同；当膨胀率大于1时，卷积核元素之间的间隔会变大，这导致输出特征图的尺寸减小。

膨胀卷积在许多计算机视觉任务中表现出色。由于其扩展的感受野，它能够更好地处理具有大尺度差异或全局上下文关系的图像。例如，在语义分割任务中，膨胀卷积可以在保持较高分辨率的同时，捕获到更广阔的上下文信息，有助于提高分割的准确性。

我们可以通过一个生活中的例子来理解膨胀卷积。假设你要打扫一个大房间的地板，而你只有一个小拖把，每次只能清扫一小块地。如果你按照传统的方式，每次移动拖把的位置一格，那么你需要花费很多时间和精力才能完成整个房间的清扫。但如果你使用膨胀卷积的思想，你可以在每次移动拖把的位置时跳过几格地板，同时仍然能够有效地清扫到更多的地方。这样，你就可以更快地完成任务，就像图9-4所示的这样。

图9-4　膨胀卷积的思想，就像我们在每次移动拖把的位置时，跳过几格地板

在深度学习中，膨胀卷积的应用类似于这个例子。当我们在进行图像处理或者语音处理等任务时，膨胀卷积可以帮助我们在保持感受野范围的同时，提高模型的感知能力。传统的卷积操作只能看到局部的信息，而膨胀卷积操作则可以通过增加卷积核内元素之间的距离，使模型在感受野范围内能够覆盖更广阔的区域，获取更多的上下文信息。

举个例子，假设你要识别一张图片中的车辆。传统的卷积操作只能关注到车辆的局部特征，如车轮、车头等。但是通过使用膨胀卷积，我们可以在感受野范围内扩大卷积核的间隔，从而将周围更多的像素信息考虑进来，比如整个车身的轮廓特征、周围道路的背景等。这样一来，模型就能更好地理解场景，并更准确地进行车辆识别。

总之，膨胀卷积通过引入间隔，使卷积核在感受野范围内能够覆盖更广阔的区域，获取更多的上下文信息。这种方法在图像处理和语音处理等领域中被广泛应用，可以帮助提升模型的性能和表达能力。

**原理输出 9.4**

请大家在 ChatGPT 的帮助下录制一个长度约为 2 分钟的短视频，介绍什么是膨胀卷积。

可以参考的 ChatGPT 提示词如下。
“请简要介绍什么是膨胀卷积。”
“请结合生活中的例子，介绍什么是膨胀卷积。”
“假设你是一位大学老师，请用轻松易懂的语言向学生讲解什么是膨胀卷积。”

**实操练习 9.4**

为了让大家可以用代码的形式学习什么是膨胀卷积，接下来大家可以让 ChatGPT 生成示例代码，并在 Colab 新建一个 Notebook 文件运行这些代码。

要让 ChatGPT 生成代码，可以参考的提示词如下。
“用 Python 演示膨胀卷积的过程，需要可视化。”

### 9.4.2　逐点卷积

逐点卷积是一种卷积操作，也被称为 1×1 卷积或通道卷积。它是卷积神经网络中常用的一种操作。

逐点卷积的操作很简单，它对输入张量的每个像素位置进行独立的卷积运算。具体而言，逐点卷积使用一个 1×1 的卷积核，该卷积核只涉及当前像素位置，并且不考虑相邻像素之间的关系。

在逐点卷积中，输入张量的每个通道都会与一个相应的卷积核进行元素级别的乘法，并将乘积相加得到输出张量的对应位置。这样可以实现对每个通道进行线性变换和特征融合，从而改变通道数或维度。

下面举一个通俗的例子，想象一下你有一个装满不同颜色的橡皮泥小球的篮子，每种颜色的小球代表输入张量中的一个通道。现在，你希望混合这些橡皮泥小球来创建新的颜色，并减少篮子中小球的数量。逐点卷积就像是你用一个特殊的调配器来操作这些橡皮泥小球。

首先，你需要选择一个与篮子中橡皮泥小球数量相同的调配器（可以是一个小盒子），然后将每个橡皮泥小球放在这个小盒子中，并将它和另一个橡皮泥小球揉在一起，这样便得到一个新的颜色。这个过程相当于逐点卷积中的元素级别乘法和相加操作。

通过这种方式，你可以将不同颜色的橡皮泥小球揉在一起，创造出新的颜色，并且最终你得到的篮子中的小球数量也减少了。这就好比逐点卷积通过混合通道的特征，生成了新的特征并降低了通道数，就像图 9-5 所示的这样。

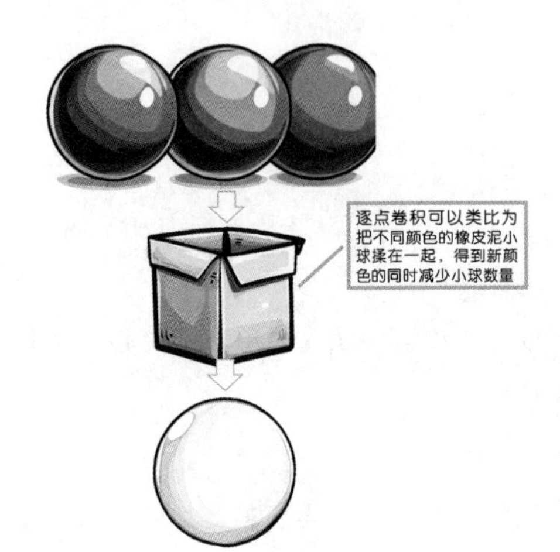


图 9-5　逐点卷积就像是揉合不同颜色的橡皮泥小球，创造新的颜色并减少小球的数量

逐点卷积还可以用于调整小球的颜色亮度或对比度，就像我们可以通过调整特定调配器中小球的数量来改变颜色的明暗程度。

总而言之，逐点卷积就像是使用调配器来混合不同颜色的小球，创造新的颜色，并减少小球的数量。它在图像处理和深度学习中常用于特征融合、降维和非线性变换等任务中。

逐点卷积的主要作用如下。

（1）降低通道数：逐点卷积可以通过选择适当的卷积核数量来减少输入张量的通道数。这对于降低模型复杂性、减少参数数量及控制计算量非常有用。

（2）特征融合：逐点卷积可以将多个通道的特征进行线性组合，从而融合信息并生成新的特征表示。这有助于提高模型的表达能力。

（3）非线性变换：逐点卷积可以在每个像素位置上应用非线性激活函数，如 ReLU，以引入非线性变换，提高模型的表达能力。

逐点卷积常被用于深度神经网络中的特征图降维、通道注意力机制、调整通道数等任务中，它在保持空间维度不变的同时，对输入的通道进行操作，灵活性较高，并且具有较少的计算开销。

### 原理输出 9.5

请大家在 ChatGPT 的帮助下录制一个长度约为 2 分钟的短视频，介绍什么是逐点卷积。

**小贴士**

可以参考的 ChatGPT 提示词如下。

“请简要介绍什么是逐点卷积。”

“请结合生活中的例子，介绍什么是逐点卷积。”

“假设你是一位大学老师，请用轻松易懂的语言向学生讲解什么是逐点卷积。”

**实操练习 9.5**

为了让大家可以用代码的形式学习什么是逐点卷积，接下来大家可以让 ChatGPT 生成示例代码，并在 Colab 新建一个 Notebook 文件运行这些代码。

要让 ChatGPT 生成代码，可以参考的提示词如下。
“用 Python 演示逐点卷积的过程，需要可视化。”

### 9.4.3 转置卷积

转置卷积，也被称为反卷积，是一种常用于图像处理和深度学习中的运算。尽管名字中含有“卷积”一词，但它实际上并不是传统意义上的卷积操作，而是卷积的逆过程。

在传统的卷积操作中，我们通过将卷积核与输入信号进行逐点相乘并求和来生成输出特征图。而转置卷积则是将输出特征图通过适当的填充和步幅设置映射回输入特征图的过程。

转置卷积的作用是根据给定的滤波器和步幅，在较小的输出特征图上生成较大的输入特征图。这在图像生成、语义分割、目标检测等任务中非常有用。

用通俗的话来讲——假设你有一幅画作，你希望将它放大到更大的尺寸。然而，你没有原始画作的高分辨率版本，只有一个低分辨率的图像。这时候，你就可以使用转置卷积来实现这个目标。

转置卷积的过程就像是在画布上绘制一个个透明的格子，并将每个小格子填充成与原始画作的一部分相似的颜色或纹理。通过绘制足够多的小格子，最终就能还原出一幅较大尺寸的高分辨率画作。

具体来说，你可以将原始画作看作输入特征图，而转置卷积操作则会生成一个较大尺寸的输出特征图，类似于放大后的画作。转置卷积过程中，每个小格子就相当于卷积核，负责捕捉输入特征图中的特定信息并放大到输出特征图中。

在计算机视觉中，转置卷积在图像生成、超分辨率重建等任务中非常有用。它可以通过学习适当的卷积核权重，通过较低分辨率的图像生成更高分辨率、更多细节的图像。

因此，转置卷积就是一种通过绘制透明格子并将其填充来放大图像的过程，使我们能够从低分辨率输入中还原出高分辨率的输出，就像图 9-6 所示的这样。

转置卷积的实现方式通常使用矩阵乘法，并且需要注意选择合适的填充和步幅参数。在深度学习中，转置卷积经常用于反卷积网络或转置卷积网络，用于从低维特征图恢复到高维原始输入。

需要注意的是，术语“转置卷积”有时也用来表示卷积的互相关操作，这是由于在某些框架中，转置卷积操作被实现为互相关的变体。因此，在具体的上下文中，对于“转置卷积”一词的解释可能会有所不同。

图 9-6　转置卷积就像是一种通过绘制透明格子并将其填充来放大图像的过程

**原理输出 9.6**

请大家在 ChatGPT 的帮助下录制一个长度约为 2 分钟的短视频，介绍什么是转置卷积。

可以参考的 ChatGPT 提示词如下。

“请简要介绍什么是转置卷积。”

“请结合生活中的例子，介绍什么是转置卷积。”

“假设你是一位大学老师，请用轻松易懂的语言向学生讲解什么是转置卷积。”

**实操练习 9.6**

为了让大家可以用代码的形式学习什么是转置卷积，接下来大家可以让 ChatGPT 生成示例代码，并在 Colab 新建一个 Notebook 文件运行这些代码。

要让 ChatGPT 生成代码，可以参考的提示词如下。

“用 Python 演示转置卷积的过程，需要可视化。”

## 9.5 卷积核的初始化

在了解了与卷积核相关的基本概念之后，可能有的读者会有这样一个问题——在实际应用中，我们该如何设置卷积核呢？接下来我们就来了解一下几种常用的卷积核的初始化方法。

### 9.5.1　随机初始化

随机初始化（Random Initialization）是最常见的初始化方法之一。它通过从某个分布（如均匀分布或高斯分布）中随机生成数值来初始化卷积核权重。

对于均匀分布的随机初始化，权重通常在一个较小的范围内随机选择，例如［-1，1］范围内的均匀分布。

对于高斯分布的随机初始化，权重通常从均值为 0、标准差较小的正态分布中采样。这可以通过使用具有零均值和较小标准差的正态分布函数来实现。

现在我们用一个例子来理解卷积核的随机初始化。假设你是一名艺术家，你要创建一幅画作，但你不知道该画什么。你决定使用一些颜料和画笔来表达你的想法。在开始画之前，你需要调整画笔的初始状态，即将画笔蘸上颜料。

如果你将所有的画笔都蘸满相同颜色的颜料，并且开始画画，那么无论你画多少次，最终的画面都会变得相似而缺乏差异。这就好像使用相同的卷积核权重进行卷积操作，会导致提取的特征相似而缺乏多样性。

另一种情况是，如果你将所有的画笔初始状态都设置成空白，没有涂过任何颜料，你开始画画时，每支画笔都会留下相同的空白痕迹。这就好像将所有的卷积核权重初始化为零，它们会在训练过程中得到相同的梯度更新，导致它们无法学到不同的特征。

因此，在绘画和卷积神经网络中，我们需要使用随机初始化的方法。这就好像在开始绘画之前，你随机选择一些颜料蘸在每支画笔上。这样，每支画笔就有了不同的初始状态，可以呈现出不同的效果，就像图 9-7 所示的这样。

图 9-7　随机初始化就好像在开始绘画之前，我们随机选择一些颜料蘸在画笔上

类似地，卷积核的随机初始化会使它们具有不同的初始权重，从而能够提取各种不同的图像特征。通过随机初始化卷积核，我们可以增加网络的表达能力，让每个卷积核都专注于提取不同的特征，最终帮助我们获得更准确的预测结果。

**原理输出 9.7**

请大家在 ChatGPT 的帮助下录制一个长度约为 2 分钟的短视频，介绍什么是卷积核的随机初始化。

可以参考的 ChatGPT 提示词如下。

"请简要介绍什么是卷积核的随机初始化。"

"请结合生活中的例子，介绍什么是卷积核的随机初始化。"

"假设你是一位大学老师，请用轻松易懂的语言向学生讲解什么是卷积核的随机初始化。"

**实操练习 9.7**

为了让大家可以用代码的形式学习什么是卷积核的随机初始化，接下来大家可以让 ChatGPT 生成示例代码，并在 Colab 新建一个 Notebook 文件运行这些代码。

要让 ChatGPT 生成代码，可以参考的提示词如下。

"用 Python 演示卷积核的随机初始化，需要可视化。"

### 9.5.2 Xavier 初始化

Xavier 初始化（Xavier Initialization），也称为 Glorot 初始化，是一种常用的卷积神经网络中的权重初始化方法，根据输入和输出维度自适应调整初始权重。Xavier 初始化旨在保持信号在前向传播过程中的方差不变，更好地适应激活函数的属性，使训练过程更加稳定。它适用于激活函数是线性的或具有饱和区域的网络层。

Xavier 初始化通过根据输入和输出的维度来确定权重的初始范围，从而使信号在前向传播过程中保持相对一致的方差。

现在，让我们用一个生活中的例子来解释 Xavier 初始化。假设你是一个面包师傅，你要制作一个新的面团。你知道面团的质量对最终的面包品质非常重要。

如果你使用太少的面粉（低方差），面团会变得粘稠，难以操作，无法做出漂亮的面包。相反，如果你使用太多的面粉（高方差），面团会变得非常干燥，无法黏合在一起。

Xavier 初始化的目标就是让每个卷积核的输出具有适当的方差。这样，在网络的前向传播过程中，每个卷积核都能够将输入数据有效地传递给下一层，并且激活函数（比如 ReLU）能够发挥最佳效果。

回到面包制作的例子，Xavier 初始化就好比你使用恰到好处的面粉量来制作面团。它确保面团有足够的黏性，可以顺利做出漂亮的面包，而不会太湿或太干，就像图 9-8 所示的这样。

Xavier 初始化方法的具体步骤如下。

（1）对于一个形状为(n_in，n_out)的权重矩阵，其中 n_ in 是输入的维度，n_ out 是输出的维度。

（2）从均匀分布中随机抽取值，范围为[-a，a]，其中 a=sqrt(6/(n_in+n_out))。

（3）将抽取的随机值作为初始权重。

这里的关键思想是根据输入和输出的维度来确定权重的初始范围。通过使用这样的初始化方法，可以帮助避免梯度消失和梯度爆炸问题，并提高训练的收敛速度和改善最终效果。

请注意，Xavier 初始化方法不仅可以应用于卷积核的权重初始化，还可以应用于全连接层等其他层的权重初始化。

图 9-8　Xavier 初始化就好比你使用恰到好处的面粉量来制作面团

**原理输出 9.8**

请大家在 ChatGPT 的帮助下录制一个长度约为 2 分钟的短视频，介绍什么是卷积核的 Xavier 初始化。

可以参考的 ChatGPT 提示词如下。

“请简要介绍什么是卷积核的 Xavier 初始化。”

“请结合生活中的例子，介绍什么是卷积核的 Xavier 初始化。”

“假设你是一位大学老师，请用轻松易懂的语言向学生讲解什么是卷积核的 Xavier 初始化。”

**实操练习 9.8**

为了让大家可以用代码的形式学习什么是卷积核的 Xavier 初始化，接下来大家可以让 ChatGPT 生成示例代码，并在 Colab 新建一个 Notebook 文件运行这些代码。

要让 ChatGPT 生成代码，可以参考的提示词如下。

“用 Python 演示卷积核的 Xavier 初始化，需要可视化。”

### 9.5.3　He 初始化

He 初始化（He Initialization），也称为 Kaiming 初始化，它是一种针对使用 ReLU 激活

函数的网络层进行优化的方法。He 初始化根据输入和输出维度的平方根调整初始权重，来保持信号在前向传播过程中的方差不变。

He 初始化是由 Kaiming He 等人在 2015 年提出的，其目的是解决梯度消失和梯度爆炸的问题，并改善模型的收敛性和性能。

He 初始化通过合理地设置卷积核的初始权重，可以更好地适应输入数据的分布。具体而言，He 初始化根据卷积核的尺寸来确定初始权重的范围，使初始化后的权重满足一个合理的方差。

He 初始化是一种常用的初始化方法，它被设计用来更好地适应深度神经网络的训练过程。这种初始化方法通过合理选择卷积核的初始值，可以帮助神经网络更快地收敛并提高训练效果。

He 初始化和 Xavier 初始化有什么区别呢？下面我们可以通过一个简单的例子来解释。假设你是一位厨师，正在准备一道美味的汉堡。汉堡的馅料非常重要，它们相当于神经网络中的卷积核。现在我们来比较一下 He 初始化和 Xavier 初始化的区别，就像图 9-9 所示的这样。

图 9-9　He 初始化和 Xavier 的区别，就像制作汉堡时分配馅料的不同方式

He 初始化就像在制作汉堡时给每种馅料分配不同的初始比例。你会根据馅料自身的特性和重要性来决定它们的初始比例。例如，如果你有三种馅料：牛肉、鸡肉和蔬菜，而你知道牛肉在整个汉堡中起着更重要的作用，那么你可能会给牛肉分配更多的比例。这就类似于 He 初始化，它根据卷积核的大小来为每个权重赋予一个较大的初始值，以便更好地处理复杂的数据。

Xavier 初始化就像在制作汉堡时给每种馅料分配均等的初始比例。你不考虑馅料的具体特性和重要性，只是给每种馅料平均分配比例。这样可以确保汉堡中的每种馅料都能够充分体现出来。在神经网络中，Xavier 初始化会根据输入和输出的维度来为权重赋予一个符合高斯分布的初始值，以确保信号在前向传播过程中能够更好地传递。

简而言之，He 初始化和 Xavier 初始化的区别在于给卷积核赋予初始值的方式不同。He 初始化会更注重卷积核的大小和重要性，而 Xavier 初始化则更注重输入和输出的维度平衡。

He 初始化的具体公式如下：

$$W = \text{random. randn}(n) * \text{sqrt}(2/n)$$

其中，$W$ 表示卷积核的初始权重，$n$ 表示卷积核的输入通道数。

He 初始化根据高斯分布生成随机数，并乘以一个缩放因子（即 sqrt(2/n)），其中 sqrt 表示平方根。这个缩放因子是根据正态分布的方差公式推导而来，旨在确保初始化后的权重满足一个合理的方差。

使用 He 初始化可以有效地避免梯度消失和梯度爆炸问题，有助于改善模型的训练效果和性能。它在实践中广泛应用于卷积神经网络的各个层，包括卷积层、全连接层等。

需要注意的是，在使用 He 初始化时，权重的初始值是随机生成的，并且每个卷积核都需要进行独立的初始化。

### 原理输出 9.9

请大家在 ChatGPT 的帮助下录制一个长度约为 2 分钟的短视频，介绍什么是卷积核的 He 初始化。

可以参考的 ChatGPT 提示词如下。

“请简要介绍什么是卷积核的 He 初始化。”

“请结合生活中的例子，介绍什么是卷积核的 He 初始化。”

“假设你是一位大学老师，请用轻松易懂的语言向学生讲解什么是卷积核的 He 初始化。”

### 实操练习 9.9

为了让大家可以用代码的形式学习什么是卷积核的 He 初始化，接下来大家可以让 ChatGPT 生成示例代码，并在 Colab 新建一个 Notebook 文件运行这些代码。

要让 ChatGPT 生成代码，可以参考的提示词如下。

“用 Python 演示卷积核的 He 初始化，需要可视化。”

对于卷积神经网络的一些基本概念，我们就先了解这么多。在下一章中，我们来一起学习另外一种强大的神经网络——循环神经网络。

# 第 10 章 循环神经网络

循环神经网络（Recurrent Neural Network，RNN）是一种用于序列建模的神经网络方法。与传统的前馈神经网络不同，RNN 在处理序列数据时具有记忆能力。RNN 通过在时间步骤上共享权重来处理序列数据。对于每个时间步骤，RNN 会接受输入和前一个时间步骤的隐藏状态，并产生输出和当前时间步骤的隐藏状态。这种隐藏状态的传递使 RNN 可以对当前输入进行建模时考虑到其之前的上下文信息。由于 RNN 的循环结构，它可以有效地处理具有任意长度的序列数据。这使 RNN 在自然语言处理、语音识别、机器翻译等任务中非常有用。

## 10.1 展开计算图

在开始学习循环神经网络之前，我们先来了解一下什么是展开计算图。展开计算图（Unrolled Computation Graph）是循环神经网络在时间维度上的可视化表示。它通过将循环网络展开成多个时间步骤的连接形式，使我们能够更清晰地理解和计算 RNN 的前向传播过程。

当我们想要理解循环神经网络是如何在时间上处理序列数据时，可以使用展开计算图来帮助我们更好地可视化和思考。

举个通俗易懂的例子——假设你正在观看一部电影。在每个时间步骤中，你会看到剧情的发展随着故事的展开而改变。展开计算图就像是把电影分解成每个时间步骤的剧情变化。你可以看到故事线在不同时间步骤中的发展，并观察它是如何随着时间的推移而演变的，就像图 10-1 所示的这样。

这个例子可以帮助我们理解展开计算图的作用。它允许我们直观地观察和分析循环神经网络在处理序列数据时是如何考虑历史信息、传递隐藏状态及计算输出的。通过展开计算图，我们可以更好地理解 RNN 模型在序列建模任务中的工作原理，并进行必要的优化和调整。

在展开计算图中，每个时间步骤都对应一个完全独立的神经网络结构，这些结构之间通过权重共享来建立时间上的连接。具体而言，每个时间步骤的输入会被传递给相应的神经元，并根据当前的输入和前一个时间步骤的隐藏状态计算输出和新的隐藏状态。这种方式可以让 RNN 在处理序列数据时考虑到历史信息。

图 10-1　展开计算图就像是把电影分解成每个时间步骤的剧情变化

展开计算图的长度取决于序列的长度。例如，如果输入序列有 10 个时间步骤，则展开计算图将包含 10 个时间步骤的神经网络结构。这样一来，我们可以直观地看到信息是如何在时间上流动的，并可以对每个时间步骤的计算进行详细分析。

展开计算图的主要优点是提供了对 RNN 模型进行可视化和理解的方式。它可以帮助我们更好地理解网络中参数的更新、梯度的传播及长期依赖关系的建模过程。此外，展开计算图还为反向传播算法提供了一个明确的方式，使我们可以有效地计算梯度并进行模型的参数更新。

需要注意的是，展开计算图只是对循环神经网络前向传播过程的一种可视化表示，并不改变实际的计算过程。

### 原理输出 10.1

请大家在 ChatGPT 的帮助下录制一个长度约为 2 分钟的短视频，介绍什么是展开计算图。

**小贴士**

可以参考的 ChatGPT 提示词如下。
“请简要介绍什么是展开计算图。”
“请结合生活中的例子，介绍什么是展开计算图。”
“假设你是一位大学老师，请用轻松易懂的语言向学生讲解什么是展开计算图。”

### 实操练习 10.1

为了让大家可以用代码的形式学习什么是展开计算图，接下来大家可以让 ChatGPT 生成示例代码，并在 Colab 新建一个 Notebook 文件运行这些代码。

**小贴士**

要让 ChatGPT 生成代码，可以参考的提示词如下。
“请用 Python 代码，绘制一个展开计算图，对一个最简单的 RNN 进行可视化。”

## 10.2 循环神经网络

说完了展开计算图，我们就来正式认识一下循环神经网络。循环神经网络（RNN）是一种人工神经网络模型，专门用于处理序列数据。与其他传统神经网络模型不同，RNN能够对序列的上下文信息进行建模，并在处理过程中保持状态。

RNN 的主要特点是引入了循环连接，允许信息在网络内部进行传递和保存。每个时间步都有一个隐藏状态，它可以将当前输入与之前的状态结合起来，生成一个新的输出和更新后的隐藏状态。这种循环结构使 RNN 在处理序列数据时能够考虑到历史信息，并且能够处理可变长度的输入。

循环神经网络的设计灵感来自人类大脑中的一种处理方式，即记忆与上下文的关联。为了理解循环神经网络，我们可以以写诗为例。假设你正在写一首诗，每写一个句子时，你会根据之前已经写过的句子来确定接下来要写的内容。在这个过程中，你的思维是连续的，上下文信息是相互关联的，就像图 10-2 所示的这样。

图 10-2 循环神经网络就像我们写诗时，结合上一句来写下一句

循环神经网络就像是一条学习记忆的路径，它可以将之前的信息传递给当前的状态。在写诗的例子中，当写下一个句子时，你会考虑前面写过的句子，以便更好地理解当前要表达的意思，并生成合适的句子。

总结起来，循环神经网络是一种具有记忆和上下文关联能力的深度学习模型。它在处理序列数据（如文本、音频、时间序列等）时非常有效，可以通过传递之前的信息来影响当前的状态，并产生相应的输出。

RNN 在自然语言处理、语音识别、机器翻译等任务中被广泛应用。然而，传统的 RNN 存在梯度消失和梯度爆炸等问题，导致长期依赖关系难以捕捉。为了解决这些问题，出现了许多改进的 RNN 变体，如长短期记忆网络（Long Short-Term Memory，LSTM）和门控循环单元（Gated Recurrent Unit，GRU），它们通过引入门控机制来增强记忆能力和梯度流动性。

总的来说，循环神经网络是一种强大的序列建模工具，可以处理具有时序关系的数据，并在许多领域中取得了显著的成果。

**原理输出 10.2**

请大家在 ChatGPT 的帮助下录制一个长度约为 2 分钟的短视频，介绍什么是循环神经网络。

可以参考的 ChatGPT 提示词如下。
“请简要介绍什么是循环神经网络。”
“请结合生活中的例子，介绍什么是循环神经网络。”
“假设你是一位大学老师，请用轻松易懂的语言向学生讲解什么是循环神经网络。”

**实操练习 10.2**

为了让大家可以用代码的形式学习什么是循环神经网络，接下来大家可以让 ChatGPT 生成示例代码，并在 Colab 新建一个 Notebook 文件运行这些代码。

要让 ChatGPT 生成代码，可以参考的提示词如下。
“请用 Python 代码，演示一个最简单的循环神经网络，并将其可视化。”

## 10.3 双向 RNN

双向循环神经网络（Bidirectional Recurrent Neural Network，BiRNN）是一种特殊类型的循环神经网络，它在处理序列数据时同时考虑了过去和未来的上下文信息。

传统的 RNN 模型在每个时间步骤只有一个方向的信息流动，即从前向后或从后向前。而双向 RNN 通过在同一层中引入两个 RNN，一个按照时间顺序（正向）处理输入序列，另一个按照时间逆序（反向）处理输入序列，从而实现了对过去和未来上下文信息的捕捉。

在双向 RNN 中，每个时间步骤的隐藏状态由两部分组成：正向隐藏状态和反向隐藏状态。正向隐藏状态是从序列的开头到当前时间步骤的信息流，而反向隐藏状态则是从序列的结尾到当前时间步骤的信息流。这样，每个时间步骤的输出可以同时考虑到过去和未来的上下文信息。

举个例子，假设你正在阅读一段文字，并希望理解每个词的含义。如果只使用单向循环神经网络，它只能根据之前的词来预测当前词的含义，无法考虑后面的词对当前词的影响。但是，如果使用双向循环神经网络，则可以同时考虑之前和之后的词，从而更准确地理解每个词的含义，就像图 10-3 所示的这样。

图 10-3　双向循环神经网络，就像同时考虑之前和之后的词，从而更准确地理解每个词

使用双向 RNN 的优势在于能够更全面地捕捉序列中的依赖关系。例如，在自然语言处理任务中，双向 RNN 可以同时考虑到前文和后文的单词，从而更好地理解当前单词的含义。

在训练过程中，双向 RNN 的参数通过正向和反向传播进行更新。正向传播按照时间顺序计算正向隐藏状态，反向传播按照时间逆序计算反向隐藏状态。然后将两个方向的隐藏状态合并，在输出层进行预测或进一步处理。

总而言之，双向循环神经网络在处理序列数据时能够同时考虑过去和未来的上下文信息，具有更强的表示能力。这种模型在许多自然语言处理、语音识别和生物信息学等领域中得到了广泛应用。

### 原理输出 10.3

请大家在 ChatGPT 的帮助下录制一个长度约为 2 分钟的短视频，介绍什么是双向循环神经网络。

可以参考的 ChatGPT 提示词如下。

“请简要介绍什么是双向循环神经网络。”

“请结合生活中的例子，介绍什么是双向循环神经网络。”

“假设你是一位大学老师，请用轻松易懂的语言向学生讲解什么是双向循环神经网络。”

### 实操练习 10.3

为了让大家可以用代码的形式学习什么是双向循环神经网络，接下来大家可以让 ChatGPT 生成示例代码，并在 Colab 新建一个 Notebook 文件运行这些代码。

要让 ChatGPT 生成代码，可以参考的提示词如下：
“请用 Keras 框架演示一个最简单的双向循环神经网络，并将其可视化。”

## 10.4 基于编码-解码的序列到序列架构

基于编码-解码的序列到序列（Sequence-to-Sequence）架构是一种机器学习模型，用于处理输入和输出都是序列数据的任务。它广泛应用于自然语言处理任务，如机器翻译、文本摘要和对话生成等。

该架构由两个主要部分组成：编码器（Encoder）和解码器（Decoder）。编码器将输入序列转换为一个固定长度的向量表示，通常称为上下文向量（Context Vector）或隐藏状态（Hidden State）。解码器接收上下文向量，并将它作为初始状态来生成输出序列。

在训练过程中，编码器和解码器的目标是最大限度地减少实际输出序列与预期输出序列之间的差异。为此，通常使用一种被称为“teacher forcing”的技术，在训练期间将实际的目标输出序列作为解码器的输入，以帮助模型学习正确的输出序列。

在推理过程中，输入序列被馈送给编码器，产生上下文向量，然后解码器逐步生成输出序列，直到遇到特定的结束标记或达到最大输出长度。

下面我们用一个通俗的例子来帮助理解基于编码-解码的序列到序列架构——假设我们正在讲一个有趣的笑话。

首先，我们需要将笑话的内容转化为一连串的单词或句子。这就是输入序列，类似于我们讲故事的过程。例如，输入序列可以是：“有一天，一只猫走进了一个酒吧。”

其次，我们需要将这个输入序列通过编码器进行处理。编码器会把每个单词或句子转化为一个向量表示，类似于把整个故事的要点和信息进行提取，并转化为一个上下文向量。在我们的例子中，编码器可能会将输入序列转化为一个表示该笑话主题的向量。

然后，我们将这个上下文向量传递给解码器。解码器的任务是根据上下文向量来生成输出序列，也就是回答我们的故事或笑话的结局。解码器会根据上下文理解生成下一个单词或句子，并持续生成达到结束的标记或者故事结束，就像图 10-4 所示的这样。

图 10-4 基于编码-解码的序列到序列架构，就像我们现编一个笑话讲给朋友的过程

最后，我们得到一个输出序列，它是由解码器生成的故事结局。在我们的例子中，输出序列可能是：“然后，它喵着一声

说：‘我要一杯牛奶!’”

通过这个例子，我们可以看到基于编码-解码的序列到序列架构是如何将输入序列转化为有意义的输出序列的。就像我们用故事来传达信息一样，编码器将输入序列转化为上下文向量，然后解码器使用这个上下文向量来生成有趣的笑话结局。它可以帮助计算机理解和生成人类语言，并在自然语言处理任务中发挥重要作用。

基于编码-解码的序列到序列架构具有很大的灵活性和广泛的适用性，可以应用于各种序列转换任务。它为处理输入和输出长度不同的序列提供了一种有效的方法，并在机器翻译、对话生成等任务中取得了很好的效果。

**原理输出 10.4**

请大家在 ChatGPT 的帮助下录制一个长度约为 2 分钟的短视频，介绍什么是基于编码-解码的序列到序列架构。

**小贴士**

可以参考的 ChatGPT 提示词如下。

“请简要介绍什么是基于编码-解码的序列到序列架构。”

“请结合生活中的例子，介绍什么是基于编码-解码的序列到序列架构。”

“假设你是一位大学老师，请用轻松易懂的语言向学生讲解什么是基于编码-解码的序列到序列架构。”

**实操练习 10.4**

为了让大家可以用代码的形式学习什么是基于编码-解码的序列到序列架构，接下来大家可以让 ChatGPT 生成示例代码，并在 Colab 新建一个 Notebook 文件运行这些代码。

**小贴士**

要让 ChatGPT 生成代码，可以参考的提示词如下。

“请用 Python 代码，演示一个最简单的基于编码-解码的序列到序列架构，并将其可视化。”

## 10.5 深度循环网络

与传统的循环神经网络相比，深度循环网络具有多个循环层。每个循环层都会将其输出作为下一个时间步的输入，从而使信息能够在不同的时间步之间流动。

深度循环网络的每个循环层通常使用相同的权重参数，以便在时间上共享知识和特征。这种共享可以提供更好的表示能力，并且能够捕捉到更长时间范围内的依赖关系。通过堆叠多个循环层，深度循环网络能够学习更复杂的序列模式和特征，从而提高模型的性能。

我们可以通过一个生活中的例子来理解深度循环网络和传统循环神经网络的区别。假设你是一位博物馆管理员，负责展示不同时期的艺术品。你希望为每个展览创建一个介绍性的文本，以吸引观众的兴趣。

在传统的循环神经网络中，你会将整个文本作为一个序列输入，并按顺序对逐个词语进行处理。每个时间步骤的输入是当前词语和上一个时间步骤的隐藏状态。该隐藏状态会传递信息并影响后续时间步骤的预测。

然而，传统的循环神经网络存在一个问题，就是长期依赖关系的捕捉能力较弱。当文本非常长或者存在较远的依赖关系时，网络可能难以有效地记忆和利用先前的信息。

这时候，具有更多循环层的深度循环网络就可以在一定程度上解决这个问题。深度循环网络通过堆叠多个循环层来扩展其模型的深度。每个循环层都有自己的隐藏状态，并且可以将其传递给下一个循环层，从而建立更复杂的时间依赖关系。

回到博物馆的例子，假设你使用了一个深度循环网络来生成展览的介绍文本。第一个循环层负责理解和生成与整体主题相关的句子，例如艺术品的历史背景。然后，这个隐藏状态会传递给第二个循环层，它可以进一步处理并生成更加具体的描述，比如艺术家的风格和创作技巧，就像图 10-5 所示的这样。

图 10-5 深度循环网络，就像是你给一件艺术品写复杂的介绍

通过堆叠多个循环层，深度循环网络能够更好地捕捉时间依赖关系，并提供更准确、更丰富的文本生成能力。相比之下，传统的循环神经网络可能无法捕捉到这种复杂的依赖关系，导致生成的文本缺乏连贯性和深度。

因此，深度循环网络在处理序列数据时具有优势，特别是对于长期依赖关系的建模。它能够更好地记忆和利用过去的信息，从而提供更精确和全面的预测和生成能力。

常见的深度循环网络包括基于 LSTM（Long Short-Term Memory，长短期记忆网络）或 GRU（Gated Recurrent Unit，门控循环单元）单元的网络。这些单元具有更强大的记忆能力，能够有效地处理长期依赖关系。

总结来说，深度循环网络是一种具有多个循环层的神经网络结构，用于处理序列数据，并能够捕捉到长期的依赖关系。它在很多序列相关的任务中取得了良好的效果。

**原理输出 10.5**

请大家在 ChatGPT 的帮助下录制一个长度约为 2 分钟的短视频，介绍什么是深度循环网络。

可以参考的 ChatGPT 提示词如下。

“请简要介绍什么是深度循环网络。”

“请结合生活中的例子，介绍什么是深度循环网络。”

“假设你是一位大学老师，请用轻松易懂的语言向学生讲解什么是深度循环网络。”

**实操练习 10.5**

为了让大家可以用代码的形式学习什么是深度循环网络，接下来大家可以让 ChatGPT 生成示例代码，并在 Colab 新建一个 Notebook 文件运行这些代码。

要让 ChatGPT 生成代码，可以参考的提示词如下。

“请用 Python 代码，演示一个最简单的深度循环网络，并将其可视化。”

## 10.6 递归神经网络

递归神经网络（Recursive Neural Network）也是循环神经网络的一种变体，它用于处理树状结构数据的神经网络模型。与传统的前馈神经网络不同，递归神经网络能够从树的节点和它们之间的关系中提取特征，并对整个树进行综合建模。

在递归神经网络中，在构建树结构时，每个节点都有一个表示该节点的向量作为输入。然后，通过应用递归函数，将子节点的表示组合成父节点的表示。这个递归过程由网络自动完成，使网络可以在树的结构中捕获上下文信息。

当我们想要理解一个复杂的事物时，我们可以采取递归的方式来思考。递归是指通过将问题分解为更小、更简单的部分并重复应用相同的规则来解决问题的方法。递归神经网络就是受到这种递归思维启发而设计的一种神经网络模型。

我们可以通过一个生活中的例子来说明递归神经网络。假设你正在阅读一本小说，这本小说由章节组成，每个章节又由段落组成，每个段落由句子组成，每个句子由单词组成。整个小说的结构就像一棵树，根节点是整本小说，章节是根节点的子节点，段落是章节的子节点，以此类推，直到叶子节点的单词，就像图 10-6 所示的这样。

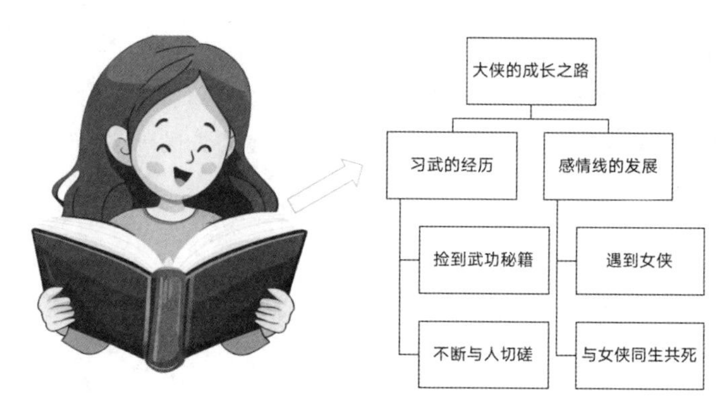


图 10-6　递归神经网络，就像一部树状结构的小说

递归神经网络通过在每个节点上应用相同的规则来处理这种树状结构的数据。对于每个节点，它会先处理它的子节点，然后将子节点的信息组合起来得到父节点的表示。这个过程不断地递归进行，直到处理完整棵树。

在上述例子中，递归神经网络可以从单词级别开始提取特征，然后将这些特征组合成句子级别的表示，再将句子级别的表示组合成段落级别的表示，最终得到整本小说的表示。这样，递归神经网络能够捕捉到不同层次上的语义信息，从而更好地理解整个故事。

递归神经网络通常包括两个关键组件：节点表示和组合函数。节点表示是指将每个节点映射到一个向量表示，通常使用词嵌入或其他特征提取方法来获得。组合函数定义了如何从子节点的表示生成父节点的表示。一种常见的组合函数是简单地将子节点的表示连接在一起或求和。

递归神经网络在自然语言处理领域得到广泛应用，特别是在句法分析和语义角色标注等任务中。通过将句子解析成树状结构并应用递归神经网络，可以有效地捕捉句子中的语法和语义信息。递归神经网络也可用于其他领域，如计算机视觉中的图像分析和生物信息学中的蛋白质结构预测等。

总结一下，递归神经网络是一种用于处理树状结构数据的神经网络模型，能够从节点和它们之间的关系中提取特征，并在整棵树中建模上下文信息。它在自然语言处理和其他领域中具有广泛的应用。

## 原理输出 10.6

请大家在 ChatGPT 的帮助下录制一个长度约为 2 分钟的短视频，介绍什么是递归神经网络。

### 小贴士

可以参考的 ChatGPT 提示词如下。

“请简要介绍什么是递归神经网络。”

“请结合生活中的例子，介绍什么是递归神经网络。”

“假设你是一位大学老师，请用轻松易懂的语言向学生讲解什么是递归神经网络。”

**实操练习 10.6**

为了让大家可以用代码的形式学习什么是递归神经网络，接下来大家可以让 ChatGPT 生成示例代码，并在 Colab 新建一个 Notebook 文件运行这些代码。

要让 ChatGPT 生成代码，可以参考的提示词如下。

“请用 Keras 演示一个最简单的递归神经网络，并将其可视化。”

## 10.7 长短期记忆网络

长短期记忆网络（LSTM）是一种特殊类型的循环神经网络，用于处理和预测序列数据。与传统的 RNN 相比，LSTM 具有更强的记忆能力，能够有效地捕捉和处理长期依赖性。在传统 RNN 中，随着时间的推移，梯度会逐渐消失或爆炸，导致难以学习长期依赖性的信息。而 LSTM 通过添加被称为“门”的机制来解决这个问题。

LSTM 的核心思想是引入三个关键门控单元：遗忘门（Forget Gate）、输入门（Input Gate）和输出门（Output Gate）。这些门通过自适应的方式控制信息的流动，从而实现对序列中重要信息的选择性保留和提取。

我们可以将 LSTM 想象成一个具有记忆功能的小助手。它有三个重要的组件：遗忘门、输入门和输出门。

（1）遗忘门就像是帮我们决定是否要忘记之前的信息。比如，在接收到新的句子时，LSTM 会判断之前的记忆中哪些是不重要的，可以被遗忘掉。

（2）输入门就像是帮我们决定是否要把新的信息添加到记忆中。当我们接收到新的句子时，LSTM 会考虑是否需要将其中一部分信息存储下来，以便后面使用。

（3）输出门则决定了何时将记忆中的信息提取出来并使用。当我们需要回答问题或做出预测时，LSTM 会根据需要决定是否将记忆中的相关信息输出。

具体就像图 10-7 所示的这样。

通过这种方式，LSTM 可以根据上下文和语境适应地处理序列数据，从而更好地理解和预测未来的信息。就像我们在生活中使用记忆来联想和回忆过去的经历，LSTM 也能够用其记忆功能来帮助计算机处理有关时间顺序和依赖关系的任务。

遗忘门通过决定之前的记忆是否需要被遗忘来控制信息的清除。输入门通过决定新的输入是否需要被加入记忆中来控制信息的存储。输出门通过决定当前时刻的记忆状态是否对外部可见来控制信息的输出。

LSTM 的结构使它能够有效地处理长序列，并且在许多任务中表现出色，如语言建模、机器翻译、语音识别等。它不仅能够学习序列中的时间依赖性，还能够捕捉到更长期的上下文信息。

图 10-7　LSTM 可以决定哪些事情应该被记住，哪些被遗忘

综上所述，LSTM 是一种强大的循环神经网络变体，通过门控机制解决了传统 RNN 难以处理长期依赖性的问题，广泛应用于各种序列数据建模和预测任务中。

## 原理输出 10.7

请大家在 ChatGPT 的帮助下录制一个长度约为 2 分钟的短视频，介绍什么是长短期记忆网络。

可以参考的 ChatGPT 提示词如下。

“请简要介绍什么是长短期记忆网络。”

“请结合生活中的例子，介绍什么是长短期记忆网络。”

“假设你是一位大学老师，请用轻松易懂的语言向学生讲解什么是长短期记忆网络。”

## 实操练习 10.7

为了让大家可以用代码的形式学习什么是长短期记忆网络，接下来大家可以让 ChatGPT 生成示例代码，并在 Colab 新建一个 Notebook 文件运行这些代码。

要让 ChatGPT 生成代码，可以参考的提示词如下。

“请用 Keras 演示一个最简单的长短期记忆网络，并将其可视化。”

## 10.8 门控循环单元

除前文介绍的长短期记忆网络之外，还有其他一些门控循环神经网络（Gated Recurrent Neural Networks，GRNN）的变体，例如门控循环单元（Gated Recurrent Unit，GRU）。下面我们来简要了解一下它的概念。

门控循环单元是一种循环神经网络的变体，用于处理序列数据。它通过引入门控机制来解决传统循环神经网络中存在的梯度消失和梯度爆炸的问题，并能够更好地捕捉长期依赖关系。

GRU 的结构相对于传统的循环神经网络较为复杂，它包含一个更新门（Update Gate）和一个重置门（Reset Gate）。

当我们用循环神经网络来处理序列数据时，长期依赖问题是一个挑战。为了解决这个问题，出现了一些改进的模型，其中包括门控循环单元和长短期记忆网络（LSTM）。让我用一个生活中的例子来解释它们的区别，假设你正在创作一段音乐，你按照一定的规则来选择音符，然后将这些音符组合成一首曲子。在这个例子中，你就是一个序列数据（音符）的处理器，你的大脑就像一个循环神经网络。

LSTM 可以看作一个有记忆力的作曲家。当你创作音乐时，LSTM 会记住之前的每个音符，并根据这些信息来决定下一个音符应该是什么。

相比之下，GRU 是一个更简单直接的作曲家。它只有以下两个关键部分。

（1）更新门：当你考虑添加新的音符时，GRU 决定是否使用新的信息更新当前的创作。如果更新门开启，新的音符将影响你的创作；如果关闭，创作保持不变。

（2）重置门：当你尝试新的音符组合时，GRU 决定是否忽略之前的部分创作。如果重置门打开，以前的创作会被清除；如果关闭，则继续使用之前的创作。

总结一下，LSTM 和 GRU 在作曲时的区别在于记忆的处理方式。LSTM 通过输入门、遗忘门和输出门来控制记忆的读取和写入，能够更好地捕捉长期的音乐结构和风格；而 GRU 通过更新门和重置门来管理记忆，相对更简化一些。

也就是说，LSTM 适用于需要更长时间记忆的音乐生成任务，如创作复杂的交响乐；而 GRU 则适用于更简单的音乐生成任务，如创作简单的旋律。选择使用哪种模型取决于你对音乐结构和风格的要求，就像图 10-8 所示的这样。

图 10-8　LSTM 和 GRU 的区别，就像图中的这两位作曲家

在实际应用中，LSTM 在某些情况下可能更适用于需要长期记忆的任务，如自然语言处理中的语言生成。而 GRU 则更适合于计算资源有限或对速度要求较高的场景，如实时语音识别。选择使用哪种模型取决于任务的需求和资源限制。

**原理输出 10.8**

请大家在 ChatGPT 的帮助下录制一个长度约为 2 分钟的短视频，介绍什么是门控循环单元。

可以参考的 ChatGPT 提示词如下。
“请简要介绍什么是门控循环单元。”
“请结合生活中的例子，介绍什么是门控循环单元。”
“假设你是一位大学老师，请用轻松易懂的语言向学生讲解什么是门控循环单元。”

**实操练习 10.8**

为了让大家可以用代码的形式学习什么是门控循环单元，接下来大家可以让 ChatGPT 生成示例代码，并在 Colab 新建一个 Notebook 文件运行这些代码。

要让 ChatGPT 生成代码，可以参考的提示词如下。
“请用 Python 演示一个最简单的门控循环单元，并将其可视化。”

## 10.9 截断梯度

在循环神经网络中使用截断梯度的主要目的是应对梯度消失或梯度爆炸的问题。当 RNN 模型的时间步数较大时，反向传播算法中的梯度会通过时间步骤进行连乘，可能导致梯度指数级地衰减（梯度消失）或增长（梯度爆炸）。这种现象会导致训练过程变得困难，并且可能阻碍模型的收敛。

截断梯度可以帮助缓解这个问题。通过限制梯度的范围，将超过一定阈值的梯度进行裁剪或缩放，可以避免梯度变得过大而导致模型不稳定。这样能够使训练过程更加稳定，并且有助于提高模型的收敛性和泛化能力。

举个通俗的例子，想象一下你在做一个非常复杂的拼图，其中有很多小块需要正确地拼接在一起。每个小块都代表神经网络中的权重参数，而拼图的完成结果就是模型的性能。

现在假设你开始调整第一小块的位置，然后按照某种规则不断地调整相邻小块的位置。这个过程就类似于神经网络中的反向传播，通过调整参数来最小化误差。

然而，由于某种原因，你可能会碰到一个问题：当你调整某些小块时，它们突然变得非常大，超过了整个拼图的边界，无法适应整个拼图的范围。

这个问题就是梯度爆炸。梯度是用来指导参数调整的力量，但如果梯度变得过大，它可能会导致参数更新太快，使模型变得不稳定，难以收敛到最优解。

那么截断梯度如何解决这个问题呢？想象一下，在你拼图的过程中，当你发现某些小块变得太大时，你可以决定对它们进行裁剪。也就是说，你可以将这些过大的小块缩小到合适的大小，以便它们可以被正确地拼接到整个拼图中，就像图 10-9 所示的这样。

图 10-9　截断梯度就好像你在拼图过程中裁剪某些过大的小块

在神经网络中，截断梯度的操作类似于这个过程。当梯度超过预定的阈值时，我们会对它进行裁剪或缩放，使其保持在一个可接受的范围内。这样做有助于控制模型参数的更新速度，避免梯度变得过大而破坏模型的稳定性。

简而言之，截断梯度就好像你在拼图过程中遇到了某些过大的小块，为了让它们适应整个拼图，你选择对它们进行裁剪。在神经网络中，截断梯度也是通过限制梯度的大小来解决梯度爆炸问题的，使模型的训练更加稳定。

另外，截断梯度还可以控制模型参数更新的速度，避免参数调整得过快，从而有利于保持模型的稳定性和平衡性。

总的来说，在循环神经网络中使用截断梯度可以解决梯度爆炸的问题，提高模型的稳定性和收敛性。这是一种常用的技术手段，有助于优化 RNN 模型的训练过程。

### 原理输出 10.9

请大家在 ChatGPT 的帮助下录制一个长度约为 2 分钟的短视频，介绍循环神经网络中的截断梯度。

可以参考的 ChatGPT 提示词如下。

“请简要介绍循环神经网络中的截断梯度。”

“请结合生活中的例子，介绍循环神经网络中的截断梯度。”

“假设你是一位大学老师，请用轻松易懂的语言向学生讲解循环神经网络中的截断梯度。”

### 实操练习 10.9

为了让大家可以用代码的形式学习循环神经网络中的截断梯度，接下来大家可以让 ChatGPT 生成示例代码，并在 Colab 新建一个 Notebook 文件运行这些代码。

要让 ChatGPT 生成代码，可以参考的提示词如下。

“请用 Python 演示如何在循环神经网络中使用截断梯度，并将其可视化。”

关于循环神经网络的一些基本概念，本章就先介绍到这里。下一章中，我们将探讨如何在实际应用中使用这些工具。

# 第11章 实践方法论

深度学习的实践方法论是指在实际应用深度学习算法和模型时，常用的一系列有效步骤和指导原则。这些方法论旨在帮助从事深度学习项目的研究者和工程师更加高效地设计、训练和优化模型，以达到更好的性能和效果。本章将介绍深度学习的实践方法论的一些重要方面。

## 11.1 设计流程

首先我们要了解，要创建一个深度学习的项目，应该怎样设计整体的流程。举一个通俗易懂的例子，比如制作一台智能手写数字识别器，我们的设计流程如下。

（1）定义问题：首先，我们要明确项目的目标，比如我们希望这台设备能够准确地辨别出我们写的数字是1、2、3等。

（2）数据收集与预处理：在开始设计前，我们需要准备训练数据，比如一堆手写数字的样本。这些样本可能来自不同的人，写的字迹可能有些不同。我们需要将这些手写数字样本转化为计算机能够理解的格式，比如将图片转化为数字矩阵。

（3）构建模型：接下来，我们需要设计一种模型，比如设计一个智能算法来辨别手写数字。在深度学习项目中，我们通常会使用神经网络作为模型，比如卷积神经网络（CNN），它在图像识别方面表现得非常好。

（4）模型训练：一旦有了模型，我们需要使用训练数据对它进行训练，比如让算法根据手写数字样本来学习识别数字。我们让模型不断地观察和调整，直到它在训练数据上表现得越来越好。

（5）模型评估与调优：完成训练后，我们需要对模型进行评估，看它在测试数据上的表现如何，比如用一些新的手写数字样本来测试设备是否能准确识别。如果模型在测试数据上表现不理想，我们可能需要调整模型的结构、参数或学习率等来提高它的性能。

（6）模型测试与应用：经过调优后，我们需要测试与应用模型，比如用一些真实世界的手写数字来测试模型，确保它在实际应用中表现良好。就像我们把设备拿去识别我们自己写的数字，确保它能够准确识别。

（7）持续优化：一旦模型应用到实际中，我们可能会收集用户反馈和更多数据，继续优化模型，确保它的准确性和其他性能不断提高。

总的来说，深度学习项目的设计流程就像制作一台智能手写数字识别器一样，需要明确目标、准备数据、构建模型及训练和优化模型，最后测试和应用到实际中，并持续改进和优化，就像图 11-1 所示的这样。

图 11-1 一般而言，一个深度学习项目包括这些步骤

需要注意的是，这个流程并不是一成不变的，根据具体项目的复杂性和需求，它可能会有所不同。在每个阶段都需要进行充分的实验和测试，以确保最终模型的质量和可用性。同时，深度学习项目的设计流程是一个迭代的过程，随着不断的实验和改进，模型的性能和效果会不断改善。

### 原理输出 11.1

请大家在 ChatGPT 的帮助下录制一个长度约为 2 分钟的短视频，介绍深度学习项目的设计流程。

可以参考的 ChatGPT 提示词如下。

“请简要介绍深度学习项目的设计流程。”

“请结合生活中的例子，介绍深度学习项目的设计流程。”

“假设你是一位大学老师，请用轻松易懂的语言向学生讲解深度学习项目的设计流程。”

### 实操练习 11.1

为了让大家可以用代码的形式学习深度学习项目的设计流程，接下来大家可以让 ChatGPT 生成 Markdown 代码，并在 Colab 新建一个 Notebook 文件运行这些代码。

要让 ChatGPT 生成代码，可以参考的提示词如下。

“请使用 Markdown 格式绘制流程图，展示深度学习项目的设计流程。”

## 11.2 更多的性能度量方法

在第 5 章中，我们已经介绍了一些基本的模型性能度量方法，包括准确率、均方误差和 R 平方系数。而在实际应用当中，我们所面临的任务可能会更为复杂。这就需要根据任务的应用场景和特点，来选择更加合适的度量方法。

### 11.2.1 模型的精度

模型的精度（precision）是指在所有被模型预测为正例的样本中，实际上属于正例的样本所占的比例。精度是衡量分类模型中正例预测的准确性指标之一，它用于评估模型在识别正例时的表现。

精度可以用以下公式表示：

精度 = 真正例数 /（真正例数+假正例数）

其中，真正例数指的是模型正确预测为正例的样本数量；假正例数指的是模型错误地预测为正例的样本数量。

在日常生活中，使用模型的精度可以帮助我们评估一个决策或预测的准确性。下面通过医生看病的例子来说明在什么情况下使用模型的精度是有意义的。假设你是一名医生，你需要根据患者的症状来判断其是否患有某种疾病。你决定开发一个基于症状的模型来辅助诊断。这个模型接收患者的症状作为输入，并根据这些症状给出两种可能的预测结果："患有疾病"或"不患有疾病"。

在这个例子中，使用模型的精度非常重要。为什么呢？因为模型的精度告诉你，模型在预测"患有疾病"时有多么准确。

图 11-2　模型的精度，可以评估在正例预测方面的准确性

假设你的模型的精度是 90%。这就意味着在所有被模型预测为"患有疾病"的患者中，有 90% 的人实际上真的患有疾病。这是一个相当高的精度，说明模型在判断患者患病情况时表现很好，就像图 11-2 所示的这样。

简单来说，精度告诉我们模型在所有被预测为正例的样本中，有多少是真正的正例。高精度表示模型在正例预测方面具有较好的准确性，但并不能完整地反映模型的性能，因为精度忽略了未正确预测的正例和负例。

在评估模型时，通常会同时考虑其他指标，例如召回率（Recall）和 F1 分数，以全面了解模型的性能和优劣。

**原理输出 11.2**

请大家在 ChatGPT 的帮助下录制一个长度约为 2 分钟的短视频，介绍什么是模型的精度。

可以参考的 ChatGPT 提示词如下。
“请简要介绍什么是模型的精度。”
“请结合生活中的例子，介绍什么是模型的精度。”
“假设你是一位大学老师，请用轻松易懂的语言向学生讲解什么是模型的精度。”

**实操练习 11.2**

为了让大家可以用代码的形式学习模型的精度，接下来大家可以让 ChatGPT 生成示例代码，并在 Colab 新建一个 Notebook 文件运行这些代码。

要让 ChatGPT 生成代码，可以参考的提示词如下。
“请生成一些数据，并用 Python 演示如何查看模型的精度。”

### 11.2.2 模型的召回率

模型的性能质量仅仅关注精度并不足够，我们还需要综合考虑其他指标，比如召回率。召回率衡量的是在所有真正患有疾病的患者中，模型成功预测出多少个。

模型的召回率，也被称为敏感性或真正例率，是用于衡量分类模型在所有真实正例中正确预测为正例的比例。召回率是评估模型在找到所有真实正例方面的表现指标之一。

召回率可以用以下公式表示：

$$召回率=真正例数/（真正例数+假负例数）$$

其中，真正例数指的是模型正确预测为正例的样本数量；假负例数指的是模型错误地预测为负例（即将正例错误预测为负例）的样本数量。

通俗地讲，召回率告诉我们模型有多大能力找到所有真实的正例。较高的召回率表示模型能够捕捉更多的真实正例，而较低的召回率则意味着模型可能会遗漏一些真实正例。

让我们继续使用之前疾病预测的例子来说明。如果你的医疗模型的召回率是 80%，这意味着在所有真实患有疾病的患者中，有 80%的人被正确地预测为“患有疾病”。这表示模型在识别患病者方面表现不错，但仍然有一定的遗漏，可能会漏诊一些真实患病的患者，就像图 11-3 所示的这样。

因此，在这种情况下，我们需要综合考虑模型的精度和召回率。如果你对精度要求较高，可能会更倾向于使用精度较高的模型，因为你希望确保模型在判断“患有疾病”时准

图 11-3　如果我们关注模型遗漏正例的数量，则要关注召回率这个指标

确率较高。但如果你对尽可能少漏诊患者的召回率更为关注，那么你可能会选择召回率更高的模型，即使在这种情况下精度较低一些。

与模型的精度相似，召回率也不是唯一重要的指标。在实际应用中，通常需要综合考虑模型的精度和召回率，以及其他指标如 F1 分数，以全面评估模型的性能。在不同场景下，对精度和召回率的需求可能有所不同。高召回率对于希望尽可能找到所有真实正例的任务很重要，而高精度对于确保模型预测的准确性更为关键。

### 原理输出 11.3

请大家在 ChatGPT 的帮助下录制一个长度约为 2 分钟的短视频，介绍什么是模型的召回率。

可以参考的 ChatGPT 提示词如下。

“请简要介绍什么是模型的召回率。”

“请结合生活中的例子，介绍什么是模型的召回率。”

“假设你是一位大学老师，请用轻松易懂的语言向学生讲解什么是模型的召回率。”

### 实操练习 11.3

为了让大家可以用代码的形式学习模型的召回率，接下来大家可以让 ChatGPT 生成示例代码，并在 Colab 新建一个 Notebook 文件运行这些代码。

要让 ChatGPT 生成代码，可以参考的提示词如下。
“请生成一些数据，并用 Python 演示如何查看模型的召回率。”

### 11.2.3 模型的 F1 分数

模型的 F1 分数是综合考虑了模型的精度和召回率的指标，用于衡量分类模型的性能。F1 分数是精度和召回率的调和平均值，它在一些场景下更适合评估模型的综合表现。

F1 分数可以用以下公式表示：

F1＝2＊（精度＊召回率）／（精度+召回率）

F1 分数的取值在 0 到 1 之间，值越接近 1 表示模型的性能越好，值越接近 0 表示模型的性能越差。

为什么要使用 F1 分数呢？因为精度和召回率之间常常存在一种权衡关系。提高精度可能导致召回率降低，反之亦然。如果只关注精度，可能会导致模型漏诊很多真实正例；如果只关注召回率，可能会导致模型错误地将很多负例预测为正例。

让我们继续用疾病预测的例子来解释为什么要使用 F1 分数，假设我们正在开发一个肺癌检测模型，这个模型可以通过分析患者的 X 光片来预测其是否患有肺癌。在这个场景中，我们关心以下两个方面。

（1）精确性：我们希望模型在判断患有肺癌的时候是正确的，也就是不要把健康人错误地预测成患有肺癌，因为这可能会导致不必要的担忧和检查。

（2）查全率：我们希望模型能够尽可能地捕捉到真实的患有肺癌的病例，不要漏掉任何真正的肺癌患者，因为漏诊可能会延误治疗，危害患者的健康。

这里，精确性对应我们之前提到的模型的精度，查全率对应召回率。

现在，假设我们有以下两个模型。

（1）模型 A 的精度很高，它几乎不会错误地将健康人判断为患有肺癌，但是它可能会错过一些真实的肺癌病例，查全率相对较低。

（2）模型 B 的召回率很高，它很少漏诊肺癌病例，但是它可能会将一些健康人错误地判断为患有肺癌，导致精度较低。

在这种情况下，我们不能只看精度或只看召回率，因为这两个指标单独衡量时，都可能会忽略一些重要信息。

这就是 F1 分数发挥作用的时候了。F1 分数综合考虑了精度和召回率，它会帮助我们找到一个平衡点，以便在精确性和查全率之间取得一个较好的折中。如果某个模型的 F1 分数较高，意味着它在精度和召回率上都有较好的表现，可以更全面地评估模型的性能。

所以，在医疗领域的肺癌检测等任务中，使用 F1 分数能够帮助我们更全面地了解模型的准确性和找到病例的能力，帮助医生做出更可靠的诊断和决策，就像图 11-4 所示的这样。

F1 分数在这种情况下能够综合考虑精度和召回率这两个指标，并对这两个指标进行平衡。当精度和召回率都很高时，F1 分数也会较高，表示模型在准确性和找到真实正例方面都表现良好。

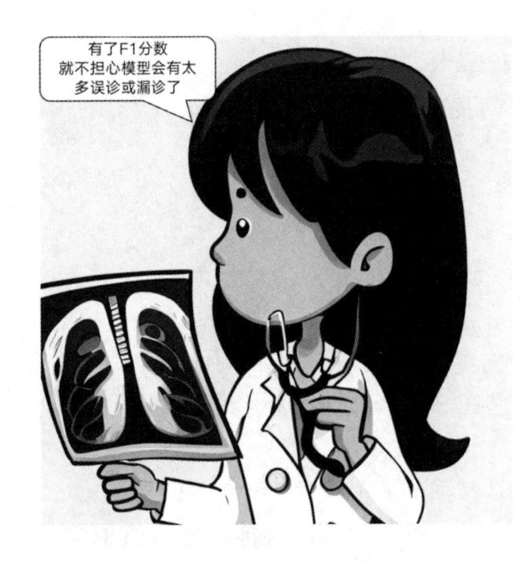


图 11-4 F1 分数综合考虑了精度和召回率，能够帮我们做出更好的决策

在使用 F1 分数时，通常会结合其他指标如准确性、召回率、精度一起进行综合评估，以全面了解模型的性能。在不同场景下，对于精度和召回率的要求会有所不同，因此 F1 分数作为一个综合指标能够帮助我们更好地评估模型的表现。

### 原理输出 11.4

请大家在 ChatGPT 的帮助下录制一个长度约为 2 分钟的短视频，介绍什么是模型的 F1 分数。

可以参考的 ChatGPT 提示词如下。
“请简要介绍什么是模型的 F1 分数。”
“请结合生活中的例子，介绍什么是模型的 F1 分数。”
“假设你是一位大学老师，请用轻松易懂的语言向学生讲解什么是模型的 F1 分数。”

### 实操练习 11.4

为了让大家可以用代码的形式学习模型的 F1 分数，接下来大家可以让 ChatGPT 生成示例代码，并在 Colab 新建一个 Notebook 文件运行这些代码。

要让 ChatGPT 生成代码，可以参考的提示词如下。
“请生成一些数据，并用 Python 演示如何查看模型的 F1 分数。”

# 11.3 默认的基准模型

默认的基准模型通常是指在解决特定问题时，如果没有使用任何特定算法或优化技术，而是简单地采用某种简单规则或直接的预测方法，所得到的初始模型。

默认的基准模型往往是非常简单和基本的，它没有经过特定的参数调整或复杂的算法训练。它通常用于以下几个目的。

（1）理解问题：默认的基准模型可以帮助我们对问题有一个直观的认识。通过观察这个简单的模型的表现，我们可以了解问题的基本难度和模型在没有优化的情况下的初始性能。

（2）提供参考：默认的基准模型可以作为其他更复杂模型的参照点。当我们构建更复杂的模型时，我们可以将其性能与默认基准模型进行比较，从而判断是否取得了实质性的改进。

（3）快速原型：在问题刚开始时，我们可能希望迅速地建立一个简单的模型来验证我们的数据和假设。默认的基准模型可以作为一个快速原型，帮助我们快速地进行初步验证和调整。

让我们用一个生活中简单的例子来解释为什么要使用默认的基准模型，假设你是一名学生，你正在准备数学考试。你想要知道自己的数学水平如何，你可以使用一个简单的默认基准模型，比如直接猜测所有问题的答案都是选项 C，这就是一个非常简单的预测模型。

这个默认基准模型可能并不准确，因为它没有根据你的真实数学知识做出任何判断，仅仅是随机地猜测。但它有一定的参考价值。如果你在实际考试中的得分比这个默认基准模型的猜测要低，那说明你的数学水平可能还需要提高；如果你的得分比这个默认基准模型高，那就说明你的数学水平已经超过随机猜测了，就像图 11-5 所示的这样。

图 11-5　当我们做数学试卷时，不经计算直接都选 C，可以看成是一个默认的基准模型

这里的默认基准模型在数学考试的准备中提供了一个初始参考点，帮助你了解你的数学能力的起点。它并不是最终的目标，你还可以通过更努力地学习、练习和掌握更多数学知识来提高自己的数学水平。

同样，在机器学习和数据科学中，我们也会使用默认的基准模型来提供一个初始参考点。它可能是一个非常简单的模型，但它能够帮助我们了解问题的难度和数据的特点。在这个基础上，我们可以构建更复杂的模型，并通过优化算法和特征工程等方法来提高模型性能，以达到更好的预测结果。

请注意，默认的基准模型通常不是我们最终想要的最优模型。在实际应用中，我们会尝试使用更复杂的模型、调整算法参数、优化特征工程等方法，来提高模型性能并达到更好的预测效果。默认基准模型仅用于作为初始参考，帮助我们建立更复杂的模型。

**原理输出 11.5**

请大家在 ChatGPT 的帮助下录制一个长度约为 2 分钟的短视频，介绍什么是默认的基准模型。

小贴士

可以参考的 ChatGPT 提示词如下。

“请简要介绍什么是默认的基准模型。”

“请结合生活中的例子，介绍什么是默认的基准模型。”

“假设你是一位大学老师，请用轻松易懂的语言向学生讲解什么是默认的基准模型。”

**实操练习 11.5**

为了让大家可以用代码的形式学习默认的基准模型，接下来大家可以让 ChatGPT 生成示例代码，并在 Colab 新建一个 Notebook 文件运行这些代码。

要让 ChatGPT 生成代码，可以参考的提示词如下。

“请生成一些数据，并用 Python 演示如何创建一个默认的基准模型。”

## 11.4 要不要收集更多数据

判断是否需要收集更多数据是一个关键的问题，在训练深度学习模型时特别重要。收集更多数据有助于提高模型的泛化能力和准确性。如果模型出现了性能不稳定或者是过拟合的问题，就是一种需要收集更多数据的信号。除此之外，以下几种情况也需要增加数据的收集量。

### 11.4.1 数据类别不平衡

当数据集中的类别分布不均衡时，模型可能会偏向数量较多的类别，导致对数量较少的类别预测性能较差。

下面举个例子——假设我们有一个信用卡交易的数据集，其中包含大量的正常交易（类别 0）和一小部分欺诈交易（类别 1）。在这个数据集中，正常交易的数量远远多于欺诈交易的数量，比如说正常交易有 99%而欺诈交易只有 1%。

在这种情况下，我们说数据的类别不平衡。因为两个类别的样本数量存在很大的差异，欺诈交易是少数类别，正常交易是多数类别。这就像在一大群人中只有极少数几个人是坏人（欺诈交易），而其他人都是好人（正常交易）一样，就像图 11-6 所示的这样。

图 11-6　坏人的数量相比好人要少很多，这就是典型的数据类别不平衡问题

数据的类别不平衡可能会对机器学习模型的训练和评估产生影响。在这个例子中，如果我们使用准确率作为评估模型的标准，模型可能简单地预测所有交易都是正常的，因为这样准确率会非常高（99%）。但实际上，这样的模型对于欺诈交易的预测效果非常差，因为它几乎不会预测出欺诈交易。

在这种情况下，收集更多数据可以帮助平衡类别分布，提高模型对少数类别的识别能力。

### 原理输出 11.6

请大家在 ChatGPT 的帮助下录制一个长度约为 2 分钟的短视频，介绍什么是数据的类别不平衡。

可以参考的 ChatGPT 提示词如下。

“请简要介绍什么是数据的类别不平衡。”

“请结合生活中的例子，介绍什么是数据的类别不平衡。”

“假设你是一位大学老师，请用轻松易懂的语言向学生讲解什么是数据的类别不平衡。”

### 实操练习 11.6

为了让大家可以用代码的形式学习什么是数据的类别不平衡，接下来大家可以让 ChatGPT 生成示例代码，并在 Colab 新建一个 Notebook 文件运行这些代码。

小贴士

要让 ChatGPT 生成代码，可以参考的提示词如下。
“请生成一些类别不平衡的数据，并展示其对模型的影响。”

### 11.4.2 数据多样性不足

数据多样性不足是指数据集中缺乏足够的多样性，样本之间相似度较高，没有涵盖各种情况和变化。在这种情况下，数据集可能不能很好地代表现实世界的各种场景和情况，导致训练出的模型在面对新的、未见过的数据时表现不佳。

举一个通俗易懂的例子来说明数据多样性不足：假设我们要训练一个模型来识别动物，但是我们的训练数据中只包含猫和狗的图片，没有其他动物的图片。在这种情况下，数据多样性不足，因为我们的数据集缺乏其他动物的样本，无法代表动物世界的全部多样性，就像图 11-7 所示的这样。

图 11-7　数据多样性不足，就会让模型无法识别从未见过的样本

数据多样性不足可能会导致模型的泛化能力较差，即在新的、未见过的数据上预测性能不佳。因为模型没有学习到足够多的变化和不同情况，它可能会过度拟合训练数据，而不能很好地适应新的数据。这对于解决实际问题是一个挑战，因为我们希望模型能够对不同情况和场景都具有良好的预测能力。

针对这种问题，一种可能的解决办法就是努力收集更多不同类型的样本，涵盖更多的场景和情况，以丰富数据集的多样性。

**原理输出 11.7**

请大家在 ChatGPT 的帮助下录制一个长度约为 2 分钟的短视频，介绍什么是数据的多样性不足。

可以参考的 ChatGPT 提示词如下。

"请简要介绍什么是数据的多样性不足。"

"请结合生活中的例子，介绍什么是数据的多样性不足。"

"假设你是一位大学老师，请用轻松易懂的语言向学生讲解什么是数据的多样性不足。"

**实操练习 11.7**

为了让大家可以用代码的形式学习什么是数据的多样性不足，接下来大家可以让 ChatGPT 生成代码展示 Markdown 格式的数据，并在 Colab 新建一个 Notebook 文件运行这些代码。

要让 ChatGPT 生成代码，可以参考的提示词如下。

"请用 Python 生成一些多样性不足的 Markdown 格式的数据，并展示其对模型的影响。"

### 11.4.3　领域迁移需求

领域迁移需求是指在机器学习或深度学习任务中，训练数据集和实际应用场景之间存在一定的差异，需要将已训练好的模型从一个领域（数据分布）迁移到另一个领域。换句话说，模型在一个数据集上训练得很好，但在另一个相关但不完全相同的数据集上却不能表现出色。

下面让我们用一个通俗的例子来讲解领域迁移需求。假设你是一名足球运动员，你在一个低海拔的地方长期训练，比如在平原。在这个地方进行训练时，由于海拔低，氧气充裕，你的身体会逐渐适应这种环境，你的肺活量和耐力可能会有所提高。在这个训练领域（低海拔环境）中，你可能表现得非常出色，跑得快、耐力强。

然而，现在你要参加一场足球比赛，比赛地点在高海拔的山区，这个地方海拔高，空气稀薄。这时，你可能会感受到呼吸急促，耐力不如之前在低海拔地区的表现，因为这个新的比赛领域和之前的训练领域有所不同。这就是领域迁移需求，就像图 11-8 所示的这样。

图 11-8　领域迁移需求，就像足球运动员训练的地区与实际比赛的区域不同一样

在这个例子中，你是足球运动员，你的体能训练是一个模型，在低海拔地区进行的训练是模型训练的领域，而实际比赛在高海拔的山区是模型在实际应用中面对的新领域。领域迁移需求就是指你需要将在低海拔地区训练得到的体能迁移到高海拔地区的比赛场景中。

在机器学习和深度学习中，类似的情况也会出现。我们可能在一个特定的数据集或环境中训练了一个模型，在这个环境中模型表现很好，但当我们将这个模型应用到其他不同环境或数据集中时，可能会发现模型的性能下降，因为新的环境和数据集与训练时的环境存在差异，即领域发生了变化。

处理领域迁移需求是一个重要的问题，特别是在现实应用中，我们希望模型能够适应各种不同的环境和数据分布，而不仅仅在训练数据集或环境上表现好。处理这个问题的一个可能的方案是，在训练数据中增加更多和目标领域相关的代表性数据，以提高模型对新领域的适应性。

**原理输出 11.8**

请大家在 ChatGPT 的帮助下录制一个长度约为 2 分钟的短视频，介绍什么是领域迁移需求。

可以参考的 ChatGPT 提示词如下。

“请简要介绍什么是领域迁移需求。”

“请结合生活中的例子，介绍什么是领域迁移需求。”

“假设你是一位大学老师，请用轻松易懂的语言向学生讲解什么是领域迁移需求。”

**实操练习 11.8**

为了让大家可以用代码的形式学习什么是领域迁移需求，接下来大家可以让 ChatGPT 生成代码以获得 Markdown 格式的数据，并在 Colab 新建一个 Notebook 文件运行这些代码。

要让 ChatGPT 生成代码，可以参考的提示词如下。

“请用 Python 生成两组不同的 Markdown 格式的数据集，在其中一组数据上训练模型，并展示模型在另一组数据上的表现。”

## 11.5 超参数的调节

前面我们了解了什么是机器学习模型的超参数，也了解了深度学习中一些常用的超参数，本节我们来学习深度学习模型超参数调节的相关知识。

### 11.5.1　网格搜索

网格搜索是一种用于寻找最佳超参数组合的超参数调节方法。在机器学习和深度学习中，模型的性能和表现往往受到超参数的影响。而超参数是在训练模型之前需要手动设定的参数，例如学习率、批量大小、隐藏层的数量和大小等。

用一个通俗的例子来解释，想象你要在一片土地上建造一个房子，你希望找到最适合的位置和面积，以便房子能够最好地适应周围环境。

在网格搜索中，你把这片土地划分成很多小块，每个小块代表一个可能的选择。比如，你可以用不同的坐标（$x$，$y$）来代表不同的位置，用不同的面积大小来代表不同的房子尺寸。然后，你在每个小块上都进行了考察和测量，以找到最合适的位置和面积，就像图 11-9 所示的这样。

图 11-9　网格搜索，就像我们在不同的地块寻找最适合盖房子的区域

同样地，在机器学习中，我们也需要设置不同的参数来训练模型，这些参数被称为超参数。这些超参数可以影响模型的性能和表现，就像位置和面积对于房子的适应性一样重要。

网格搜索就是在预先给定的超参数取值范围内，对所有可能的超参数组合进行穷举搜索，以找到最佳的超参数组合，从而优化模型的性能。通过在每个超参数取值上都进行训练和评估，类似于在土地的每个小块上进行考察和测量，找到最适合的超参数组合，以让模型在测试数据上表现最好。

总而言之，网格搜索是一种系统化的方法，用于寻找最佳的超参数组合，就像在一片土地上找到最合适的位置和面积来建造房子一样。它是一种简单而可靠的超参数调节方法，但可能在超参数范围较大时计算成本较高。

网格搜索通过事先定义每个超参数的一组取值，然后对这些超参数的组合进行穷举搜索，以找到最佳的超参数组合，从而优化模型的性能。具体来说，网格搜索会将每个超参数的取值组合成一个网格，然后对网格中的每个组合进行训练和评估，选择在交叉验证或验证集上表现最好的超参数组合。

例如，假设我们有以下三个超参数：学习率、隐藏层数量及每个隐藏层的神经元数量。我们可以为每个超参数定义一组候选取值，如学习率可以选择［0.001，0.01，0.1］，隐藏层数量可以选择［1，2，3］，每个隐藏层的神经元数量可以选择［64，128，256］。然后，网格搜索会将这些取值组合成一个网格，共有 3×3×3＝27 种组合。接着，对这 27 种组合进行训练和验证，找到在验证集上性能最好的超参数组合，即为最佳的超参数。

网格搜索的优点是简单直观，并且可以保证找到给定超参数范围内的最佳组合。然而，网格搜索的计算成本较高，特别是当超参数的取值范围较大时，会导致搜索空间非常大，耗费大量时间和计算资源。因此，对于较大的搜索空间，可以考虑使用其他更高效的超参数调节方法，如随机搜索或贝叶斯优化。

**原理输出 11.9**

请大家在 ChatGPT 的帮助下录制一个长度约为 2 分钟的短视频，介绍什么是网格搜索。

可以参考的 ChatGPT 提示词如下。

“请简要介绍什么是网格搜索。”

“请结合生活中的例子，介绍什么是网格搜索。”

“假设你是一位大学老师，请用轻松易懂的语言向学生讲解什么是网格搜索。”

**实操练习 11.9**

为了让大家可以用代码的形式学习什么是网格搜索，接下来大家可以让 ChatGPT 生成代码以获取 Markdown 格式的数据，并在 Colab 新建一个 Notebook 文件运行这些代码。

要让 ChatGPT 生成代码，可以参考的提示词如下。

“请用 Python 生成一些 Markdown 格式的数据，并演示如何使用网格搜索寻找模型最佳超参数。”

### 11.5.2 随机搜索

随机搜索是一种比网格搜索更高效的超参数调节方法。它随机采样超参数的取值，然后在采样的超参数组合中进行训练和评估，找到表现最好的超参数组合。相比于网格搜索，随机搜索可以节省计算时间。

随机搜索可以类比为在一个有限的范围内随机挑选方案来解决问题。让我们以找到一家适合的餐馆为例来解释随机搜索。

假设你正在寻找一家适合的餐馆，你有几个重要的因素需要考虑：菜品种类、价格和距离。首先，你制定了一些选项范围：菜品种类可以是中餐、西餐或日餐；价格可以是经济实惠、中等价格或高端价格；距离可以是步行距离内、开车 15 分钟内或 30 分钟内。

如果你采用随机搜索的方式，你会随机地选择每个因素的选项，例如，今天你想要吃中餐，可以选择中等价格和步行距离内的餐馆；明天你想要吃西餐，可以选择经济实惠且开车 15 分钟内的餐馆。通过随机搜索，你可以不断尝试不同的组合，直到找到最适合你当时心情和需求的餐馆。这种随机做出选择的方式就像图 11-10 所示的这样。

图 11-10　随机搜索，就像用随机的方法多次尝试，直到找到自己最爱吃的食物

在机器学习中，我们经常需要调节模型的超参数来获得更好的性能。超参数是一些在训练之前需要手动设定的参数，例如学习率、隐藏层大小等。随机搜索就是在给定的超参数取值范围内随机挑选超参数组合，然后在这些组合上训练和评估模型的性能。通过随机搜索，我们可以不断尝试不同的超参数组合，找到在验证集上表现最好的组合，从而优化模型的性能。

总而言之，随机搜索是一种简单直观的超参数调节方法，类似于随机地尝试不同的餐馆选项，直到找到最适合的一家。它可以节省计算资源，特别适用于大规模的超参数搜索。

### 原理输出 11.10

请大家在 ChatGPT 的帮助下录制一个长度约为 2 分钟的短视频，介绍什么是随机搜索。

**小贴士**

可以参考的 ChatGPT 提示词如下。

“请简要介绍什么是随机搜索。”

“请结合生活中的例子，介绍什么是随机搜索。”

“假设你是一位大学老师，请用轻松易懂的语言向学生讲解什么是随机搜索。”

**实操练习 11.10**

为了让大家可以用代码的形式学习什么是随机搜索，接下来大家可以让 ChatGPT 生成代码以获取 Markdown 格式的数据，并在 Colab 新建一个 Notebook 文件运行这些代码。

要让 ChatGPT 生成代码，可以参考的提示词如下。

“请用 Python 生成一些 Markdown 格式的数据，并演示如何使用随机搜索寻找模型最佳超参数。”

### 11.5.3　贝叶斯优化

贝叶斯优化是一种基于贝叶斯定理的超参数调节方法。它会建立一个模型来估计超参数与模型性能之间的关系，然后在这个模型的指导下，选择最有可能具备优秀性能的超参数组合。贝叶斯优化在高维超参数空间中表现优秀，可以在相对较少的迭代次数下找到较好的超参数组合。

贝叶斯优化可以类比为一种智能的试错方法，就像我们在生活中进行决策时，会不断尝试不同的选择，并根据之前的经验来调整我们的选择，从而找到最优解。

下面举一个例子，假如你是一名学生，每天都要在学校的自习室学习。你希望找到一个最佳的学习位置，这个位置可以让你在学习时更加专注和高效。

一开始，你随便选了一个自习室位置，但效果不是很好，你觉得分散注意力了。然后，你换了另一个位置，这次感觉稍微好一些，但还是不够理想。接着，你又尝试了另外一个位置，发现这个位置的环境更加安静，你学习的效率明显提高了。然后你就决定在这个位置坚持学习，因为你觉得这个位置最适合你，可以让你在学习时更加专注，就像图 11-11 所示的这样。

图 11-11　贝叶斯优化，就像你在自习室通过尝试找到最佳座位的过程

贝叶斯优化的过程类似于上述例子。在机器学习中，我们经常需要调节模型的超参数来获得更好的性能。而贝叶斯优化就是一种智能的超参数调节方法。它会根据之前的尝试

结果，不断选择下一组更有可能具备更好性能的超参数组合进行尝试。

具体来说，贝叶斯优化会通过构建一个模型来估计超参数和模型性能之间的关系，然后使用这个模型来预测下一组超参数的表现，从而在尝试的过程中更加聪明地选择超参数。就像在自习室选择学习位置，你不会再随机地尝试各种位置，而是根据之前的经验选择那些可能会让你学习效果更好的位置。

总而言之，贝叶斯优化是一种智能的试错方法，通过根据之前的尝试经验来指导下一步的选择，从而找到最优解。在超参数调节中，贝叶斯优化可以帮助我们更高效地找到最佳的超参数组合，以优化模型的性能。

**原理输出 11.11**

请大家在 ChatGPT 的帮助下录制一个长度约为 2 分钟的短视频，介绍什么是贝叶斯优化。

可以参考的 ChatGPT 提示词如下。

“请简要介绍什么是贝叶斯优化。”

“请结合生活中的例子，介绍什么是贝叶斯优化。”

“假设你是一位大学老师，请用轻松易懂的语言向学生讲解什么是贝叶斯优化。”

**实操练习 11.11**

为了让大家可以用代码的形式学习什么是贝叶斯优化，接下来大家可以让 ChatGPT 生成代码以获取 Markdown 格式的数据，并在 Colab 新建一个 Notebook 文件运行这些代码。

小贴士

要让 ChatGPT 生成代码，可以参考的提示词如下。

“请用 Python 生成一些 Markdown 格式的数据，并演示如何使用贝叶斯优化寻找模型最佳超参数。”

## 11.6 模型调试的重要性

因为深度学习模型的性能和效果受到多个因素的影响，对深度学习模型进行调试是非常重要的，调试可以帮助我们找出模型中可能存在的问题，并对其进行改进，从而提高模型的性能和泛化能力。以下是对深度学习模型进行调试的几个主要原因。

（1）寻找问题：深度学习模型可能会出现各种问题，比如欠拟合、过拟合、训练不稳定等。通过调试，我们可以发现模型中可能存在的问题，并了解问题产生的根本原因。

（2）优化性能：深度学习模型的性能通常不会在一开始就达到最佳水平。通过调试，我们可以尝试不同的调整方法和策略，优化模型的性能，使其更加准确和高效。

（3）适应新数据：当面对不同类型或分布的数据时，原先的模型可能需要进行调整。调试可以帮助我们适应新的数据集，确保模型在不同数据上都有较好的表现。

（4）节省资源：调试可以帮助我们找到更加合适的模型结构和超参数组合，从而节省计算资源和时间成本，提高训练效率。

（5）增加模型解释性：通过调试，我们可以对模型进行可视化和分析，增加对模型工作原理的理解，从而更好地解释模型的预测结果。

（6）保证模型安全性：在一些敏感领域，如医疗和金融，模型的安全性至关重要。通过调试，我们可以检测模型是否容易受到对抗性攻击，并采取相应的对抗性训练策略来提高模型的安全性。

用一个通俗的例子来讲，假设你正在寻找一款智能手机打算购买，你希望买到一部性能好、拍照效果优秀、电池续航时间长的手机。为了找到最适合自己的手机，你会进行一系列的调查和比较。

在这个过程中，你可能会看手机的参数和功能，了解各个品牌手机的用户评价和推荐。你还可能去实体店实际试用不同的手机，感受它们的手感和操作体验。如果有朋友已经使用了某个手机，你可能还会向他们询问使用体验。这个过程就像图 11-12 所示的这样。

图 11-12　调试深度学习模型就像购买手机时的调查和比较过程

调试深度学习模型就像购买手机时的调查和比较过程。深度学习模型也是有很多参数和功能的，我们希望找到一个性能好、泛化能力强的模型来解决问题。所以我们需要对模型进行调试，找出模型中可能存在的问题，改进它们，从而找到最适合我们数据和任务的模型。

总的来说，调试深度学习模型是优化模型性能和效果的关键步骤。它有助于找出模型中的问题，改进模型的结构和参数，适应新数据，提高模型的泛化能力，并确保模型在不同场景下都能表现良好。

### 原理输出 11.12

请大家在 ChatGPT 的帮助下录制一个长度约为 2 分钟的短视频，介绍模型调试的重要性。

可以参考的 ChatGPT 提示词如下。
“请简要介绍模型调试的重要性。”
“请结合生活中的例子，介绍模型调试的重要性。”
“假设你是一位大学老师，请用轻松易懂的语言向学生讲解模型调试的重要性。”

### 实操练习 11.12

为了让大家可以用代码的形式学习模型调试的重要性，接下来大家可以让 ChatGPT 生成代码以获取 Markdown 格式的数据，并在 Colab 新建一个 Notebook 文件运行这些代码。

要让 ChatGPT 生成代码，可以参考的提示词如下。
“请用 Python 生成一些 Markdown 格式的数据，并演示模型调试的重要性。”

本章主要介绍了一些深度学习在实践中需要了解的知识。在下一章中，我们将一起学习深度学习在现实世界中的一些应用。

# 第12章 应　用

在这一章中，我们会先来讨论一下大规模神经网络实现，然后再来了解一下深度学习已经用于解决的几个具体应用场景，例如计算机视觉、语音识别、自然语言处理和其他商业方向的应用领域。

## 12.1 大规模深度学习

大规模深度学习通常指的是在大规模数据集上使用深度神经网络进行训练和推断。由于深度学习模型的复杂性和计算需求，大规模深度学习通常需要使用分布式计算和高性能计算资源来加速训练过程。

### 12.1.1 数据并行

数据并行是一种在大规模深度学习中常用的并行计算方法，它将大规模数据集分成多个批次，并将每个批次分配给不同的计算设备（如多个 GPU 或多台计算机）进行独立的模型训练，然后将每个设备上的成果进行聚合，以更新全局模型的系数，这样可以加快深度学习模型的训练速度。

类比于生活中的例子，我们可以想象一个家庭聚餐的情景。假设在一个五口人的家庭中，要准备一顿丰盛的晚餐，可能需要洗菜、切菜、煮饭、做菜等多个步骤。如果只有一个人来完成所有的任务，可能会花费很长时间。

现在，考虑使用数据并行的方式来完成这些任务。每个家庭成员被分配了一个特定的任务，并在自己的领域中独立工作。例如，一个人负责洗菜，一个人负责切菜，另外三个人负责煮饭和做菜。每个人都可以专注于自己的任务，以最快的速度完成。

当每个人完成自己的任务后，他们可以将自己的成果合并在一起，例如将洗好的菜交给切菜的人，将切好的菜交给煮饭的人。这样，整个晚餐的准备工作可以在更短的时间内完成，因为每个人都在并行地处理自己的任务，而不是由同一个人依次完成所有的工作，就像图 12-1 所示的这样。

在这个例子中，家庭成员就像是不同的计算设备，每个人承担着特定的任务，相当于处理数据的一部分。通过并行工作，整个任务可以更快地完成，而不需要一个人顺序执行所有任务。

图 12-1 数据并行，就像是每位家庭成员负责不同的晚餐准备工作

一般来说，数据并行包括以下步骤。

（1）数据划分：将大规模数据集划分为多个小批次。这可以通过随机抽样或其他采样方法来实现。确保每个小批次都是相互独立的，且包含足够的样本来保证模型的训练效果。

（2）模型复制：将深度神经网络模型复制到每个计算设备上。每个设备上的模型副本具有相同的网络结构和初始参数。

（3）并行训练：将每个小批次的数据分配给不同的计算设备。每个设备上的模型副本独立地进行前向传播和反向传播，计算损失函数并更新模型参数。

（4）梯度聚合：在每个设备上完成反向传播后，将每个设备上的模型参数梯度进行聚合。常用的聚合方式有梯度求和或梯度平均。

（5）模型参数更新：使用聚合后的梯度来更新全局模型的参数，可以使用梯度下降等优化算法来更新参数。

（6）重复训练步骤：重复执行步骤（3）至步骤（5），直到完成所有的数据批次的训练。这样可以确保所有的数据都被用于模型训练，并且每个设备上的模型都得到了更新。

在实际实现中，可以使用深度学习框架（如 TensorFlow、PyTorch）提供的数据并行功能来简化代码实现。这些框架通常提供用于在多个设备上并行处理数据和梯度聚合的函数和工具。

总结起来，数据并行通过将数据划分为多个小批次，并在不同的计算设备上独立进行模型训练和梯度聚合，以加速大规模深度学习的训练过程。

## 原理输出 12.1

请大家在 ChatGPT 的帮助下录制一个长度约为 2 分钟的短视频，介绍什么是数据并行。

小贴士

可以参考的 ChatGPT 提示词如下。
“请简要介绍什么是数据并行。”
“请结合生活中的例子，介绍什么是数据并行。”
“假设你是一位大学老师，请用轻松易懂的语言向学生讲解什么是数据并行。”

**实操练习 12.1**

为了让大家可以用代码的形式学习什么是数据并行，接下来大家可以让 ChatGPT 生成示例代码，并在 Colab 新建一个 Notebook 文件运行这些代码。

小贴士

要让 ChatGPT 生成代码，可以参考的提示词如下。
“请给出使用 Keras 框架进行数据并行的示例代码。”

### 12.1.2 模型并行

模型并行是一种并行计算策略，用于处理大型深度学习模型，其中模型的参数和计算量超过了单个设备的处理能力。模型并行将复杂的深度学习模型分解为多个子模型，然后将这些子模型分配给不同的计算设备进行并行计算。

在模型并行中，每个设备负责处理整个模型的一部分。例如，可以将深度神经网络的不同层分配给不同的设备进行计算。每个设备独立地执行前向传播和反向传播，并在计算过程中将数据和梯度传递给其他设备上的子模型。

为了更好地理解模型并行的概念，让我们借助一个生活中的例子来说明。假设你是一位艺术家，正在绘制一幅非常大的画作。这幅画作非常复杂，需要完成许多不同的细节和元素。你面临的问题是，这幅画太大，无法在一张画布上完成，因此你决定采用并行的方式来完成它。

图 12-2　模型并行，可以类比为和朋友合作绘制画作的过程

所以你将整幅画分成多个部分，每个部分都有自己的细节和元素。然后，你将不同的细节和元素分配给不同的朋友来绘制。每个朋友分别绘制自己负责的细节和元素，并在完成后将它们组合在一起，形成一幅完整的大画作，就像图 12-2 所示的这样。

在这个例子中，每个朋友就像一个独立的计算设备，他们负责绘制整个模型的一部分。每个朋友处理的数据不同，但他们需要相互协作来确保每个部分正确地连接在一起。最终，通过组合每个朋友绘制的部分，你得到了一幅完整的大画作。这就是模型并行，其中任务被分成多个部分，并且每个部分在不同的设备上进行处理，需要相互协作以确保结果的一致性。

通过模型并行，可以将大型模型的计算负载分布到多个设备上，从而加速模型的训练和推断过程。它允许利用多个设备的计算能力和存储容量，处理大规模的深度学习模型，提高模型的性能和效率。

需要注意的是，模型并行需要在多个设备之间进行数据和梯度的传递，因此需要进行额外的通信开销。在设计模型并行策略时，需要考虑设备之间的通信延迟和带宽，以避免性能瓶颈。

总而言之，模型并行是一种用于处理大型深度学习模型的并行计算策略，通过将模型分解为多个子模型，并在多个设备上并行计算，从而加速模型的训练和推断过程。

**原理输出 12.2**

请大家在 ChatGPT 的帮助下录制一个长度约为 2 分钟的短视频，介绍什么是模型并行。

可以参考的 ChatGPT 提示词如下。

“请简要介绍什么是模型并行。”

“请结合生活中的例子，介绍什么是模型并行。”

“假设你是一位大学老师，请用轻松易懂的语言向学生讲解什么是模型并行。”

**实操练习 12.2**

为了让大家可以用代码的形式学习什么是模型并行，接下来大家可以让 ChatGPT 生成示例代码，并在 Colab 新建一个 Notebook 文件运行这些代码。

要让 ChatGPT 生成代码，可以参考的提示词如下。

“请给出使用 Keras 框架进行模型并行的示例代码。”

### 12.1.3 模型压缩

模型压缩是一种技术，用于减小深度学习模型的存储空间和计算资源需求，同时保持或近似原始模型的性能。由于现代深度学习模型通常具有庞大的参数量和高计算复杂性，模型压缩成为优化模型大小、加速模型推断和在资源受限环境中部署模型的重要手段。

模型压缩的目标是通过减少模型的存储空间、减少计算需求或两者兼而有之来实现。以下是几种常见的模型压缩技术。

（1）权重剪枝（Weight Pruning）：通过剪枝技术，将模型中不重要的连接或参数设置为零，并删除它们，从而减小模型的大小。这样可以减少模型的存储空间，并且在推断阶段减少计算量。

（2）低比特量化（Low-bit Quantization）：通过减少模型参数的表示精度，将浮点数参数转换为较低位数的定点数或整数。例如，将 32 位浮点数压缩为 8 位定点数或二进制数。这样可以显著减少模型的存储需求，并降低模型计算时的内存和计算开销。

（3）网络剪枝（Network Pruning）：除了剪枝权重，还可以对模型的结构进行剪枝，即删除模型中的一些层或模块，以降低模型的复杂性和减少计算需求。例如，可以删除一些冗余的卷积层或全连接层。

（4）参数共享（Parameter Sharing）：在一些模型结构中，一些参数可以被共享，以减少参数的数量和存储需求。例如，使用共享权重的卷积神经网络（例如 LeNet-5）可以减少卷积层的参数数量。

（5）蒸馏（Knowledge Distillation）：通过使用一个较大、高性能的模型（教师模型）来指导一个较小、压缩的模型（学生模型）的训练。例如，保留教师模型的知识并传递给学生模型，学生模型可以在性能和存储需求之间取得平衡。

图 12-3　模型压缩，可以类比为整理和压缩文件的过程

模型压缩可以类比为我们在生活中整理和压缩文件的过程。假设你有一个存满了文件的文件夹，里面包含很多文档、图片和视频。然而，你的计算机硬盘空间有限，无法容纳这么多文件。

这时，你决定进行文件夹的压缩，以减小文件的大小，节省硬盘空间。你可以使用压缩软件对文件夹进行压缩，将文件夹中的文件进行优化和整理，以减少文件的存储空间，就像图 12-3 所示的这样。

在模型压缩中，我们也面临类似的问题。深度学习模型通常非常庞大，需要大量的存储空间和计算资源来运行。然而，有时我们希望在资源有限的设备上部署这些模型，或者加速模型的推断速度。

模型压缩就类似于文件夹压缩的过程。我们使用各种技术和方法，对深度学习模型进行优化和整理，以减小模型的大小和减少计算需求，同时尽量保持模型的性能。

例如，模型压缩中的权重剪枝就类似于删除文件夹中不必要或冗余的文件，从而减小文件夹的大小。低比特量化类似于将文件夹中的文件从高精度的格式转换为低精度的格式，减小了文件的体积。而网络剪枝可以看作删除文件夹中的一些不必要的文件夹或子文件夹，以降低文件夹的复杂性和减少存储需求。

通过模型压缩，我们可以在资源有限的环境中部署大型深度学习模型，或者在移动设备上高效地运行模型。类似于我们通过压缩文件夹来节省硬盘空间，模型压缩为我们提供了在资源受限环境中使用深度学习模型的有效手段。

这些模型压缩技术可以单独或组合使用，可根据具体需求来减小深度学习模型的大小和减少计算需求。模型压缩为研究人员和工程师在资源受限环境中提供了高效部署深度学习模型的有效手段。

**原理输出 12.3**

请大家在 ChatGPT 的帮助下录制一个长度约为 2 分钟的短视频，介绍什么是模型压缩。

可以参考的 ChatGPT 提示词如下。
“请简要介绍什么是模型压缩。”
“请结合生活中的例子，介绍什么是模型压缩。”
“假设你是一位大学老师，请用轻松易懂的语言向学生讲解什么是模型压缩。”

**实操练习 12.3**

为了让大家可以用代码的形式学习什么是模型压缩，接下来大家可以让 ChatGPT 生成示例代码，并在 Colab 新建一个 Notebook 文件运行这些代码。

要让 ChatGPT 生成代码，可以参考的提示词如下。
“请给出使用 Keras 框架进行模型压缩的示例代码。”

## 12.2 计算机视觉中的预处理

在计算机视觉任务中，预处理是指在输入图像进入模型之前对其进行一系列的操作和转换。预处理的目的是提取有用的特征、减少噪声、增强图像质量，并使输入数据能够更好地适应模型的需求。下面我们来了解计算机视觉中常见的一些预处理操作。

### 12.2.1 对比度归一化

对比度归一化是一种图像预处理操作，用于调整图像的对比度，使图像中的细节更加明显和清晰。在计算机视觉任务中，对比度归一化可以帮助模型更好地感知图像的细微差异，并提高模型在图像分类、目标检测等任务中的性能。

对比度是指图像中亮度变化的范围，即图像中最亮和最暗像素之间的差异。较高的对比度意味着图像中的亮度变化更大，细节更加清晰可见；而较低的对比度则意味着图像中的亮度变化较小，细节可能较难辨别。

举一个通俗易懂的例子，想象一下你在一个阳光明媚的日子里散步，周围的景色非常美丽。你带着相机拍摄了一张照片，但你回家后发现照片中的细节不太清晰，亮度变化不够明显。照片看起来有点暗淡，缺乏对比度。

这时，你决定对照片进行对比度归一化处理。对比度归一化就像是给照片增加了一些锐度和色彩鲜艳度的后期处理。你通过对照片的亮度进行调整，使照片中的亮部更亮、暗部更暗，使图像的细节更加清晰和鲜明，就像图 12-4 所示的这样。

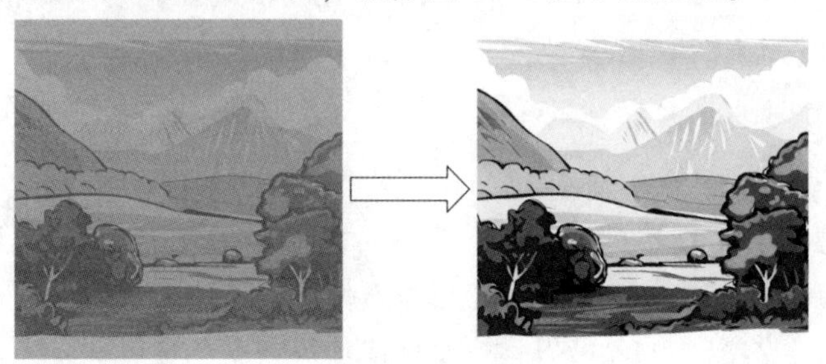


图 12-4　对比度归一化处理，可以让计算机视觉模型更好地感知图像的细节

具体而言，你可以通过将照片的亮度范围重新映射到一个更广的范围来实现对比度归一化。这样，照片中的亮度变化更加平均，使图像中的细节更加明显可见。你可以通过在计算机上使用图像处理软件或在手机上使用照片编辑应用来进行对比度归一化处理。

通过对比度归一化处理，你可以让照片中的颜色更加饱满、物体的边缘更加清晰，使整张照片更加生动和吸引人。

在计算机视觉中，对比度归一化也是类似的概念。它是对图像在亮度范围内进行调整，使图像中的细节更加清晰和鲜明。通过对图像进行对比度归一化，计算机视觉模型可以更好地感知图像中的细微差异，并在图像分类、目标检测等任务中获得更好的性能。常见的对比度归一化方法包括以下几种。

（1）线性拉伸（Linear Stretching）：通过将图像中的最亮像素设为最大值，最暗像素设为最小值，线性地将其他像素进行重新映射，以增加对比度。这种方法在整个像素范围内均匀地拉伸像素值。

（2）直方图均衡化（Histogram Equalization）：通过重新分布图像像素的直方图，使像素的分布更均匀。这种方法可以提高图像中的对比度，但也可能导致一些细节的失真。

（3）自适应直方图均衡化（Adaptive Histogram Equalization）：与直方图均衡化类似，但自适应直方图均衡化对图像的不同区域采用不同的直方图均衡化方法，以避免过度增加噪声和细节损失。

通过对比度归一化，我们可以改善图像中的细节可见度，增强图像的特征，并提高深度学习模型在图像处理任务中的性能。这种预处理操作有助于模型更好地理解和提取图像中的信息。

## 原理输出 12.4

请大家在 ChatGPT 的帮助下录制一个长度约为 2 分钟的短视频，介绍什么是对比度归一化。

可以参考的ChatGPT提示词如下。
“请简要介绍什么是对比度归一化。”
“请结合生活中的例子，介绍什么是对比度归一化。”
“假设你是一位大学老师，请用轻松易懂的语言向学生讲解什么是对比度归一化。”

**实操练习12.4**

为了让大家可以用代码的形式学习什么是对比度归一化，接下来大家可以让ChatGPT生成示例代码，并在Colab新建一个Notebook文件运行这些代码。

要让ChatGPT生成代码，可以参考的提示词如下。
“请给出使用Python进行对比度归一化的示例代码。”

### 12.2.2 数据增强

在计算机视觉中，数据增强是一种通过对现有训练数据进行变换和扩充来增加数据量的技术。它可以帮助改善模型的性能和泛化能力，减轻过拟合问题。

数据增强的基本思想是通过对原始图像进行一系列随机变换和扭曲，生成新的训练样本，这些样本与原始样本相似但又具有一定的差异性。这种方法可以模拟真实世界中的各种变化和噪声，使模型更具鲁棒性。

下面举一个通俗的例子，假设你正在学习识别猫和狗的图像。你只有几张猫和狗的照片作为训练数据。但是，这些照片都是在光线均匀、背景整洁的环境中拍摄的。现实生活中，我们会遇到更多不同的场景和条件。

数据增强就像是给这些照片做变换和扩充，以增加样本的数量和多样性。它就像是将这些照片放入一个魔法盒子里，进行各种随机操作，制作出更多不同版本的照片。

例如，数据增强可以把照片进行随机翻转，就像是把猫或狗的图像左右颠倒，这样就得到了新的训练样本。或者，它可以随机裁剪照片的一部分，模拟不同尺寸和位置下的目标对象出现情况。还可以随机旋转照片，模拟动物在不同方向上的姿态。同时，还可以调整照片的亮度、对比度和色彩，使模型学会适应不同光线和环境条件。具体就像图12-5所示的这样。

通过这些操作，数据增强为模型提供了更多多样化的训练样本，就像是给你更多的机会去观察和学习猫和狗在不同场景下的外观特征。这样，模型就能更好地理解和区分猫和狗的图像，无论它们出现在什么样的环境中。

总的来说，数据增强就是通过对原始图像进行各种变换和扩充，生成更多样化的训练样本，帮助模型更好地适应现实世界中的各种情况和变化。这就像是让模型进行更多的实践，以提高其性能和泛化能力。

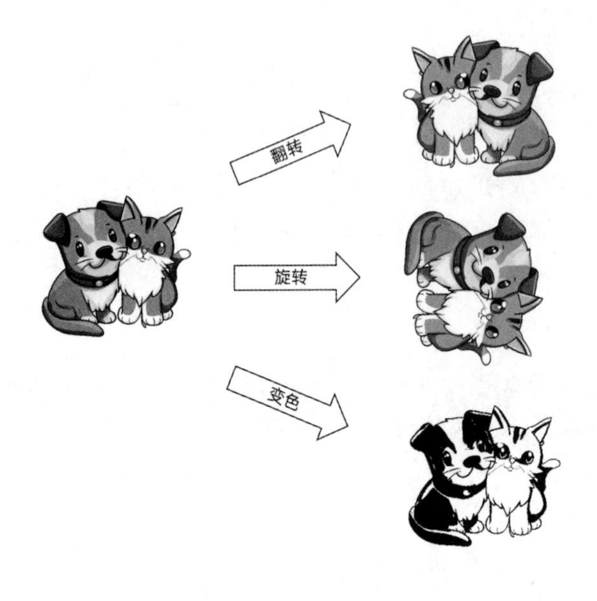


图 12-5 通过数据增强，训练数据的数量增加了，也提高了模型的泛化能力

常用的计算机视觉数据增强技术包括以下几种。

（1）随机翻转：随机水平或垂直翻转图像，以增加样本的多样性。

（2）随机裁剪：从原始图像中随机裁剪出不同位置和大小的子图像，模拟不同尺寸下的目标对象出现的情况。

（3）随机旋转：对图像随机旋转一定角度，模拟姿态变化或者场景中物体的不同方向。

（4）随机缩放：随机缩放图像的大小，模拟距离远近的变化。

（5）随机亮度、对比度和色彩变换：对图像的亮度、对比度和色彩进行随机调整，增加数据样本的多样性。

（6）噪声添加：向图像中添加随机噪声，模拟真实世界中的图像噪声情况。

应用这些数据增强技术，可以生成更多多样化的训练样本，提供更充分的信息给模型学习，从而改善模型在不同场景下的性能和泛化能力。

### 原理输出 12.5

请大家在 ChatGPT 的帮助下录制一个长度约为 2 分钟的短视频，介绍什么是计算机视觉中的数据增强。

可以参考的 ChatGPT 提示词如下。

“请简要介绍什么是计算机视觉中的数据增强。”

“请结合生活中的例子，介绍什么是计算机视觉中的数据增强。”

“假设你是一位大学老师，请用轻松易懂的语言向学生讲解什么是计算机视觉中的数据增强。”

**实操练习 12.5**

为了让大家可以用代码的形式学习什么是计算机视觉中的数据增强，接下来大家可以让 ChatGPT 生成示例代码，并在 Colab 新建一个 Notebook 文件运行这些代码。

要让 ChatGPT 生成代码，可以参考的提示词如下。
“请展示如何在 Keras 中进行图像数据增强。”

# 12.3 语音识别

语音识别是一种通过计算机技术将人类的语音信息转换为可识别的文字或命令的过程。它是自然语言处理和人机交互领域的重要技术之一。语音识别应用广泛，包括语音助手（如智能音箱）、语音输入（如语音识别输入法）、语音指令控制、电话客服、语音转写等领域。随着人工智能和机器学习技术的发展，语音识别系统的准确性不断提高，应用范围不断扩大，为人们提供了更便捷、高效的交互方式。下面我们来了解已经有哪些技术应用于语音识别当中。

## 12.3.1 隐马尔可夫模型

隐马尔可夫模型（Hidden Markov Model，HMM）是一种统计模型，常用于对时序数据进行建模和分析，尤其在语音识别、自然语言处理等领域中得到广泛应用。HMM 有两个基本组成部分：状态集合和观测集合。在语音识别中，状态集合通常表示不同的语音单位或语音状态，如音素或音节；观测集合表示输入的语音特征向量。

HMM 假设存在一个隐藏的马尔可夫链，该链描述了状态之间的转移关系，而每个状态生成一个相应的观测值。具体来说，HMM 包含以下要素。

（1）状态转移概率：描述从一个状态转移到另一个状态的概率。

（2）初始状态概率：描述初始时系统处于各个状态的概率。

（3）观测概率分布：对于每个状态，定义了生成观测值的概率分布。

HMM 的基本思想是通过给定观测序列，利用已知的模型参数，推断最可能的隐藏状态序列。这个过程被称为解码。通常使用 Viterbi 算法来进行解码，它可以找到给定观测序列下最可能的隐藏状态序列。

当我们尝试理解隐马尔可夫模型时，可以想象自己在观察一个朋友的生活习惯。假设这位朋友每天有两种隐藏状态：健康和感冒。你不能直接观察到他的状态，但你可以通过他的行为来推测他可能处于哪种状态。

在这个例子中，你朋友的状态是隐藏的，而他的行为则是可见的观测。假设你注意到以下几个行为：他每天锻炼、吃药或打喷嚏。这些行为就是观测。

现在，你想利用已知的观测序列来推断朋友每天的状态。这就像是在使用 HMM 进行

图 12-6 隐马尔可夫模型可以类比为通过观察朋友的行为来推测他的状态

解码，找到最可能的隐藏状态序列。HMM 中的状态转移概率描述了从一个状态转移到另一个状态的概率。在这个例子中，你可以观察到朋友的状态转移模式：通常健康的时候会保持运动，而如果他突然打喷嚏或吃药，你就会推断出他的状态从健康转移到了感冒，就像图 12-6 所示的这样。

此外，HMM 还包括初始状态概率，即朋友在第一天处于不同状态的概率。例如，如果朋友很少感冒，那么初始状态可能是健康的概率较高。

另外，HMM 还考虑到观测概率分布。在这个例子中，你可以观察到朋友在健康状态下锻炼的频率很高，而在感冒或发烧时吃药或打喷嚏的概率更高。这些概率描述了每个状态生成不同观测的可能性。

通过训练 HMM 模型，你可以获得不同状态之间的转移概率和观测概率分布。一旦有了这些模型参数，当你观察到一系列行为时，你可以使用 Viterbi 算法来推断最可能的隐藏状态序列，也就是你朋友每天的健康状况。

总结来说，隐马尔可夫模型是一种统计模型，用于对时序数据进行建模和分析。在生活中的例子中，我们可以将朋友的健康状况看作隐藏的状态，将他的行为作为可见的观测。通过观察他的行为并建立模型，我们可以推断出他每天的健康状态，这就是 HMM 的基本思想。

在语音识别中，HMM 被广泛用于建模语音单位（如音素）和语音特征之间的关系。通过训练 HMM 模型，可以得到不同语音单位的状态转移概率和观测概率分布，从而实现对语音信号的识别和转录。

需要注意的是，隐马尔可夫模型在近年来的研究中已经被一些更高级的模型取代，如深度神经网络和循环神经网络。但由于其简单性和有效性，在某些场景下仍然得到广泛应用。

## 原理输出 12.6

请大家在 ChatGPT 的帮助下录制一个长度约为 2 分钟的短视频，介绍什么是隐马尔可夫模型。

**小贴士**

可以参考的 ChatGPT 提示词如下。

“请简要介绍什么是隐马尔可夫模型。”

“请结合生活中的例子，介绍什么是隐马尔可夫模型。”

“假设你是一位大学老师，请用轻松易懂的语言向学生讲解什么是隐马尔可夫模型。”

## 实操练习 12.6

为了让大家可以用代码的形式学习什么是隐马尔可夫模型，接下来大家可以让

ChatGPT 生成示例代码，并在 Colab 新建一个 Notebook 文件运行这些代码。

要让 ChatGPT 生成代码，可以参考的提示词如下。

“请展示如何用 Python 实现隐马尔可夫模型。”

### 12.3.2 隐马尔可夫模型如何应用在语音识别中

当我们进行语音识别时，隐马尔可夫模型（HMM）可以帮助我们将听到的语音转换成文字或命令。让我们以一个简单的例子来说明。

假设你正在使用语音助手进行语音识别，你让它“打开音乐播放器”，在这里，HMM 可以帮助语音助手理解你的指令。

首先，HMM 需要建立一组状态集合。在这个例子中，状态集合可以包括“打开”、“音乐”和“播放器”等状态，每个状态代表一个语音单元。

其次，HMM 需要确定观测符号集合。观测符号是从语音信号中提取的特征向量，例如声音的频率、强度等。这些特征向量构成了观测符号集合。

然后，HMM 定义状态之间的转移概率。在我们的例子中，从状态“打开”到状态“音乐”的转移概率可能比较高，因为我们的指令中包含“音乐”这个词。

同时，HMM 还定义了观测概率，表示在给定状态下观测到某个符号的概率。例如，在状态“音乐”下观测到声音频率较高的特征向量的概率可能较高。

在开始时，HMM 还需要确定初始状态概率。这表示在开始时处于某个状态的概率分布。在我们的例子中，可以将初始状态概率设置为在“打开”状态的概率较高。

一旦 HMM 的参数确定，就可以使用 Viterbi 算法来解码语音信号并找到最可能的状态序列。在我们的例子中，Viterbi 算法可以帮助语音助手确定你的指令最可能对应的状态序列，从而理解你要求打开音乐播放器，就像图 12-7 所示的这样。

图 12-7 隐马尔可夫模型可以理解我们的语音指令

综上所述，隐马尔可夫模型在语音识别中的应用是通过建立状态集合、定义状态转移概率和观测概率，并使用 Viterbi 算法进行解码，帮助我们将语音信号转换成文字或命令。这样，语音助手就能够理解我们的指令并执行相应的操作。

**原理输出 12.7**

请大家在 ChatGPT 的帮助下录制一个长度约为 2 分钟的短视频，介绍隐马尔可夫模型如何应用在语音识别中。

小贴士

可以参考的 ChatGPT 提示词如下。

“请简要介绍隐马尔可夫模型如何应用在语音识别中。”

“请结合生活中的例子，介绍隐马尔可夫模型如何应用在语音识别中。”

“假设你是一位大学老师，请用轻松易懂的语言向学生讲解隐马尔可夫模型如何应用在语音识别中。”

**实操练习 12.7**

为了让大家可以用代码的形式学习隐马尔可夫模型如何应用在语音识别中，接下来大家可以让 ChatGPT 生成示例代码，并在 Colab 新建一个 Notebook 文件运行这些代码。

要让 ChatGPT 生成代码，可以参考的提示词如下。

“请给出隐马尔可夫模型应用在语音识别中的 Python 示例代码。”

### 12.3.3 深度学习与语音识别

近年来，语音识别技术已经取得了显著的进展。深度神经网络和循环神经网络等深度学习模型已经在语音识别领域取得了重大突破。这些模型能够通过大量的训练数据来学习语音信号的特征，实现高准确率的语音识别，并逐渐替代了传统的隐马尔可夫模型。

举个常见的例子，当我们使用语音助手（如 Siri、Alexa 或 Google Assistant）与智能手机进行语音交互时，深度学习在语音识别中与隐马尔可夫模型相比有以下优势。

（1）更好的理解能力。想象一下，你对语音助手说：“明天帮我设置一个提醒，早上七点叫我起床。”深度学习模型可以更好地理解你的意图，并准确地将你的话转化为文本。它能够从大量的训练数据中学习到不同语音信号和对应文本之间的关系，因此能够更准确地识别你的语音指令。

（2）自动学习特征。深度学习模型可以自动学习语音信号中的特征表示。这意味着它可以从原始语音数据中提取出最相关和有用的特征，而无需人工设计和选择特征。相比之下，隐马尔可夫模型需要依赖手工设计的特征，这可能需要专业知识和经验。

（3）端到端训练。深度学习模型可以进行端到端的训练，直接从原始语音信号开始，一直到最终的文本输出。这样的训练方式简化了整个系统的架构，并且可以通过大规模数据的训练来提高模型的性能。而隐马尔可夫模型需要多个处理步骤，如声学特征提取和解码，增加了系统的复杂性。

（4）上下文理解。深度学习模型能够更好地理解语音中的上下文信息。例如，当你说“明天帮我设置一个提醒”时，深度学习模型可以利用上下文信息推断出你可能需要设置的是一个闹钟提醒，而不是其他类型的提醒。这种上下文建模能力使语音识别更加准确和智能化。

总之，深度学习在语音识别中相比于隐马尔可夫模型具有更好的理解能力、自动学习特征、端到端训练和上下文理解等优势，就像图 12-8 所示的这样。

图 12-8　在语音识别领域，深度学习有很多隐马尔可夫模型不具备的优势

这些优势使深度学习模型在实际应用中能够更准确地将语音转化为文本，并提供更智能化的语音交互体验。但隐马尔可夫模型仍然在一些特定的任务和场景中有其优势，例如序列标注和语音合成等领域。

### 原理输出 12.8

请大家在 ChatGPT 的帮助下录制一个长度约为 2 分钟的短视频，介绍深度学习如何应用在语音识别中。

**小贴士**

可以参考的 ChatGPT 提示词如下。

“请简要介绍深度学习如何应用在语音识别中。”

“请结合生活中的例子，介绍深度学习如何应用在语音识别中。”

“假设你是一位大学老师，请用轻松易懂的语言向学生讲解深度学习如何应用在语音识别中。”

**实操练习 12.8**

为了让大家可以用代码的形式学习深度学习如何应用在语音识别中，接下来大家可以让 ChatGPT 生成示例代码，并在 Colab 新建一个 Notebook 文件运行这些代码。

要让 ChatGPT 生成代码，可以参考的提示词如下。

“请给出深度学习应用在语音识别中的 Python 示例代码。”

## 12.4 自然语言处理

自然语言处理（Natural Language Processing，NLP）是计算机科学与人工智能领域的一个重要分支，专注于让计算机能够理解、解析、生成和处理人类自然语言。NLP 的目标是使计算机能够像人类一样有效地处理文本和语音信息，从而实现更自然、更智能的人机交互。接下来我们一起了解与自然语言处理相关的知识。

### 12.4.1 n-gram

n-gram 是自然语言处理中一种常见的文本表示方法，它用于捕捉文本中的局部信息和语言模式。n-gram 是由连续的 n 个元素（可以是字符、词语或其他语言单位）组成的序列。在 NLP 中，最常见的是基于词语的 n-gram，其中 n 为一个整数，表示要考虑多少个连续的词语。

要想通俗易懂地理解 n-gram，可以把它类比成我们在日常生活中看到的“词语组合”。想象一下，你正在学习中文，并且要做一个练习，即找出一个句子中所有的连续两个单词的组合。这就是一个简单的 2-gram 任务。假设这个句子是：“我喜欢吃冰淇淋。”那么连续两个单词的组合就是：“我喜欢”“喜欢吃”“吃冰淇淋”。

如果是 3-gram 任务，你需要找出句子中所有的连续的三个单词的组合。同样以这个句子为例，3-gram 组合就是：“我喜欢吃”“喜欢吃冰淇淋”，就像图 12-9 所示的这样。

总的来说，n-gram 就是一种简单而有用的文本处理方法，它可以帮助计算机更好地理解和处理我们的语言。

n-gram 模型在语言建模、文本分类、机器翻译等任务中都有广泛的应用。例如，在语言建模中，可以使用 n-gram 模型来估计一个词语出现在给定上下文中的概率。在文本分类任务中，可以将文本表示为 n-gram 的词袋（bag-of-words），然后使用这些特征进行分类。在机器翻译中，n-gram 模型可以用来估计源语言和目标语言之间的短语对应关系。

尽管 n-gram 模型在某些情况下表现良好，但它也有一些限制。例如，它不能捕捉长距离的语言依赖关系，因为它只考虑了连续的 $n$ 个词语。对于解决这些问题，更复杂的语言模型，如循环神经网络、长短期记忆网络和变换器模型，已经成为了 NLP 领域的主流选择。

图 12-9 对于同一句话，用 2-gram 和 3-gram 处理的结果是不同的

**原理输出 12.9**

请大家在 ChatGPT 的帮助下录制一个长度约为 2 分钟的短视频，介绍什么是 n-gram。

小贴士

可以参考的 ChatGPT 提示词如下。
“请简要介绍什么是 n-gram。”
“请结合生活中的例子，介绍什么是 n-gram。”
“假设你是一位大学老师，请用轻松易懂的语言向学生讲解什么是 n-gram。”

**实操练习 12.9**

为了让大家可以用代码的形式学习什么是 n-gram，接下来大家可以让 ChatGPT 生成示例代码，并在 Colab 新建一个 Notebook 文件运行这些代码。

要让 ChatGPT 生成代码，可以参考的提示词如下。
“请给出 n-gram 的 Python 示例代码，需要可视化。”

### 12.4.2 神经语言模型

神经语言模型（Neural Language Model，NLM）是一种基于神经网络的自然语言处理模型，用于对语言序列进行建模。它的目标是学习和预测文本中的单词或字符序列的概率分布，使模型能够理解和生成自然语言文本。

前文提到，传统的 n-gram 语言模型在处理自然语言时存在一些问题，尤其是在捕捉长距离依赖关系和处理大量的语言数据时表现不佳。神经语言模型通过利用神经网络的优势来解决这些问题，能够更好地捕捉文本中的语言规律和语义特征。

当我们比较神经语言模型和 n-gram 模型时，可以把它们类比成学习语言的不同方法。想象一下，你正在学习一门新的外语。对于 n-gram 模型来说，它只会记住连续的 $n$ 个单词，比如 2 个或 3 个单词。在学习新的句子时，它只能根据之前出现过的固定短语来翻译新的句子，但它对于较长的句子或更复杂的语法结构就不太擅长。

而神经语言模型就像是一个聪明的语言学习者，它能够在学习过程中理解整个句子的上下文和语法规则。比如，当你学习时，你会通过阅读和听力练习来学习更多的句子结构和单词用法。随着学习的深入，你能够理解越来越复杂的句子，并能够更好地运用语法规则来表达自己的意思，就像图 12-10 所示的这样。

图 12-10　相比于 n-gram，神经语言模型就像一个更聪明的语言学习者

在实际应用中，神经语言模型比 n-gram 模型更有优势的地方在于以下几个方面。

（1）处理长距离依赖：神经语言模型能够捕捉长句子中的语言依赖关系，理解更复杂的上下文信息，从而在处理长句子时更加准确。

（2）上下文感知：神经语言模型不仅能看到固定长度的词组合，它还能够根据整个句子的上下文来做出预测，就像我们在学习语言时通过读整篇文章来理解意思。

（3）语义表达：神经语言模型能够学习到单词和短语的语义信息，从而在生成文本时更加自然和流畅，而 n-gram 模型则只是简单地统计频率。

（4）并行计算：神经语言模型中的变换器模型可以进行并行计算，加快了训练和预测速度，尤其在处理大量数据时更有效率。

综上所述，神经语言模型通过对整个文本序列进行学习，能够更好地理解语言的复杂性，提高了文本生成、翻译和其他 NLP 任务的性能，使我们能够处理更加复杂和真实的语言情境。

最常见的神经语言模型是基于循环神经网络或变换器模型的。这些模型在处理语言序列时，能够考虑到序列中各个位置之间的依赖关系，并在学习过程中自动提取特征和隐藏表示。

循环神经网络（RNN）：RNN 是一种具有循环结构的神经网络，它可以处理可变长度的输入序列，并在处理过程中保留先前输入的信息。这使 RNN 在处理序列数据时非常有效，因为它可以根据前面的输入来预测后续的输出，适用于语言建模等任务。

变换器模型（Transformer）：Transformer是一种基于注意力机制的神经网络模型，它在自然语言处理领域取得了重大突破。Transformer可以并行计算，并且能够同时考虑所有位置之间的依赖关系，使它能够处理更长的语言序列，并且在机器翻译等任务上具有出色的表现。

这些神经语言模型可以被用于许多自然语言处理任务，如语言生成、文本分类、机器翻译、对话系统等。通过对大量文本数据进行训练，神经语言模型可以学习到语言的复杂规律，并产生更加准确和自然的文本生成结果。

**原理输出 12.10**

请大家在ChatGPT的帮助下录制一个长度约为2分钟的短视频，介绍什么是神经语言模型。

可以参考的ChatGPT提示词如下。
“请简要介绍什么是神经语言模型。”
“请结合生活中的例子，介绍什么是神经语言模型。”
“假设你是一位大学老师，请用轻松易懂的语言向学生讲解什么是神经语言模型。”

**实操练习 12.10**

为了让大家可以用代码的形式学习什么是神经语言模型，接下来大家可以让ChatGPT生成示例代码，并在Colab新建一个Notebook文件运行这些代码。

要让ChatGPT生成代码，可以参考的提示词如下。
“请Python演示一个最简单的神经语言模型示例，需要可视化。”

## 12.5 推荐系统

推荐系统是一种根据用户的偏好和行为为其推荐个性化内容的技术。它在互联网应用中广泛使用，帮助用户发现和获取感兴趣的产品、服务、信息或内容。近年来，深度学习在推荐系统中应用得越来越广泛，它为推荐系统带来了更高的准确性和更强大的个性化能力。

### 12.5.1　基于深度学习的协同过滤

协同过滤（Collaborative Filtering）是一种常见的推荐方法。这种方法基于用户行为数据（比如评分、购买记录、点击行为等）来发现用户之间的相似性，然后根据类似用户的行为为用户推荐项目。协同过滤可以分为基于用户的协同过滤和基于项目的协同过滤。

想象一下，你是一个电影爱好者，经常在在线视频平台上观看电影。这个平台有很多其他用户，他们也喜欢看电影，并且可能与你有相似的观影喜好。

协同过滤就像是在这个平台上与很多电影爱好者之间建立一种“朋友关系”。当你在平台上观看电影时，系统会记录你的观影历史和评分等信息。然后，系统会比较你的观影历史和其他用户的观影历史，找到和你有相似电影品味的其他用户。

一旦找到了相似的用户，协同过滤就会向你推荐那些与这些相似用户喜欢的电影相同或相似的电影。这是因为如果和你有相似品味的人喜欢某部电影，那么很可能你也会喜欢这部电影，就像图 12-11 所示的这样。

图 12-11　协同过滤的一个例子，就是根据和你品味相近的人的观影历史给你推荐电影

而传统的协同过滤方法在处理大规模数据时，可能面临效率和可扩展性的问题。深度学习通过将用户行为和项目信息映射到低维度向量空间中，学习用户和项目的表示，从而实现更高效和准确的协同过滤推荐。

**原理输出 12.11**

请大家在 ChatGPT 的帮助下录制一个长度约为 2 分钟的短视频，介绍什么是协同过滤。

可以参考的 ChatGPT 提示词如下。

“请简要介绍什么是协同过滤。”

“请结合生活中的例子，介绍什么是协同过滤。”

“假设你是一位大学老师，请用轻松易懂的语言向学生讲解什么是协同过滤。”

**实操练习 12.11**

为了让大家可以用代码的形式学习深度学习如何应用于协同过滤，接下来大家可以让ChatGPT生成示例代码，并在Colab新建一个Notebook文件运行这些代码。

要让ChatGPT生成代码，可以参考的提示词如下。

“请生成一些示例数据，并用Python演示一个最简单的基于深度学习的协同过滤示例，需要可视化。”

### 12.5.2 深度学习与基于内容的推荐

基于内容的推荐是另一种常用的推荐方法。这种方法基于项目的属性和特征，将用户的兴趣和项目的特征进行匹配，从而为用户推荐相似的项目。这些特征可以是关键词、主题、标签等。

与协同过滤不同的是，基于内容的推荐通过分析项目自身的特征和属性，为用户推荐与他们过去喜欢的内容相似的项目。这种推荐系统不依赖用户之间的交互行为，而是关注项目的内容，根据项目的特点和用户的喜好，给用户提供个性化的推荐。

让我们用一个生活中的例子来解释基于内容的推荐。假设你是一个喜欢看电影的人，喜欢动作片和科幻片。现在你登录一个视频流媒体平台，该平台采用基于内容的推荐系统。

在基于内容的推荐系统中，该平台会收集电影的一些特征信息，比如电影的类型（动作片、科幻片、喜剧片等）、导演、演员等。当你开始使用平台时，它会记录你的观影历史和喜好，比如你之前观看了《复仇者联盟》和《终结者》等动作片和科幻片。

基于内容的推荐系统会根据你的观影历史和喜好，找到与你过去喜欢的电影相似的其他电影。比如，平台发现有一部电影《星际迷航》也是科幻片，而且有着类似的类型和演员。因此，基于内容的推荐系统会向你推荐《星际迷航》，因为它与你过去喜欢的电影有相似的内容特征，就像图12-12所示的这样。

图12-12 基于内容的推荐系统，通过分析内容特征帮你找到与你兴趣相符的电影

基于内容的推荐系统就像是一个“匹配专家”，它通过分析电影的内容特征，帮助你找到与你的兴趣相符的电影。这种推荐方式非常个性化，因为它专注于项目的内容，而不依赖其他用

户的行为。这样，你可以更轻松地发现喜欢的新电影，这极大地提高了视频平台的用户体验。

深度学习在基于内容的推荐系统中的应用主要体现在对项目（如电影、音乐、商品等）的特征表示和相似度计算上。例如，使用余弦相似度或欧氏距离来衡量两部电影特征之间的相似性，从而找到与某部电影相似的其他电影。

通过使用深度学习技术，基于内容的推荐系统可以更好地理解项目的特征和内容，从而为用户提供更加个性化和精准的推荐。它可以帮助用户发现与其喜好和兴趣相关的项目，提高用户满意度和平台的用户体验。

**原理输出 12.12**

请大家在 ChatGPT 的帮助下录制一个长度约为 2 分钟的短视频，介绍什么是基于内容的推荐。

可以参考的 ChatGPT 提示词如下。

"请简要介绍什么是基于内容的推荐。"

"请结合生活中的例子，介绍什么是基于内容的推荐。"

"假设你是一位大学老师，请用轻松易懂的语言向学生讲解什么是基于内容的推荐。"

**实操练习 12.12**

为了让大家可以用代码的形式学习深度学习如何应用于基于内容的推荐，接下来大家可以让 ChatGPT 生成示例代码，并在 Colab 新建一个 Notebook 文件运行这些代码。

要让 ChatGPT 生成代码，可以参考的提示词如下。

"请生成一些数据，并用 Python 演示深度学习如何应用于相似度计算，需要可视化。"

## 12.6 知识问答系统

知识问答系统是一种人工智能技术，旨在帮助用户从结构化或非结构化的知识库中获取答案。这种系统通过理解用户提出的自然语言问题，并从预先构建的知识库中找到最合适的答案来回答问题。

知识问答系统的工作方式类似于人与人之间的对话。用户向系统提出一个问题，系统会分析问题的语义和意图，并在知识库中进行检索，找到与问题相关的信息，然后将答案返回给用户，就像图 12-13 所示的这样。

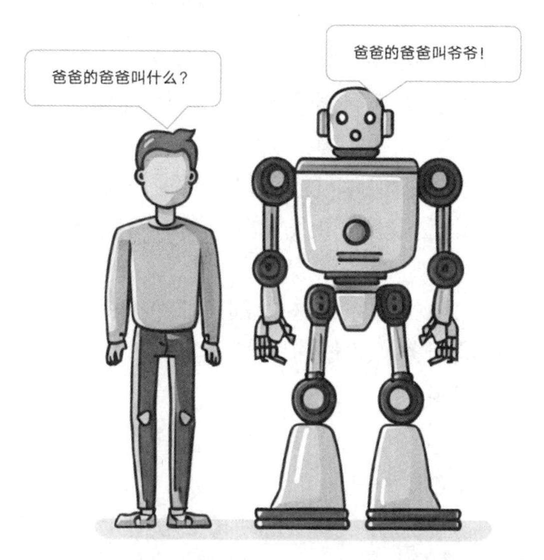


图 12-13　知识问答系统，就像一个可以回答你各种问题的机器人

这种系统的知识库可以包含结构化数据，如数据库或表格；也可以包含非结构化数据，比如文本文档、网页、百科全书等。为了更好地理解和回答问题，知识问答系统通常结合自然语言处理、信息检索、语义理解和机器学习等技术。

知识问答系统可以用于多种应用场景，具体如下。

（1）在智能助理中，用户可以通过向助理提问来获取信息和解决问题。

（2）在搜索引擎中，用户可以直接提问，而不需要输入关键词，从而更快地找到所需信息。

（3）在教育领域，知识问答系统可以用于教学和学习，帮助学生获取知识和答案。

（4）在客户服务中，知识问答系统可以回答用户的常见问题，减轻客服人员的工作负担。

总的来说，知识问答系统可以大大提高用户获取信息和解决问题的效率，它是人工智能领域中一个重要且实用的应用。

而深度学习在知识问答系统中发挥了重要的作用，它可以帮助系统更准确地理解用户的问题，从知识库中检索相关信息，并生成准确的答案。以下是深度学习在知识问答系统中的主要应用方式。

（1）自然语言理解：深度学习模型，如循环神经网络、变换器模型等，可以用于自然语言理解，将用户的问题转换成机器可以理解的语义表示。这些模型可以学习语义信息，帮助系统理解问题的意图和要求。

（2）信息检索：在知识问答系统中，需要从大量的知识库中检索相关信息。深度学习模型可以用于信息检索，帮助系统快速找到与用户问题相关的信息。例如，可以使用卷积神经网络或循环神经网络来学习问题和知识库中文本之间的相似性，从而找到最匹配的答案。

（3）机器阅读理解：深度学习中的机器阅读理解模型可以用于从文本中抽取答案。这些模型可以学习从给定的文本段落中找到准确答案的技巧，从而在知识问答系统中实现精准的答案提取。

（4）生成式回答：有时候，知识库中并没有明确的答案，需要系统根据问题生成答案。深度学习中的生成式模型，如循环神经网络和变换器模型，可以用于生成自然语言答案。

（5）多模态知识问答：有些知识库可能不仅包含文本信息，还包含图像、视频等多种模态的数据。深度学习可以用于多模态知识问答，将不同模态的信息进行融合，实现更全面的答案提取和生成。

综上所述，深度学习在知识问答系统中扮演了关键角色，它可以帮助系统实现更高效、准确和个性化的答案提供服务。通过深度学习技术，知识问答系统可以更好地满足用户的需求，提供更好的用户体验。

### 原理输出 12.13

请大家在 ChatGPT 的帮助下录制一个长度约为 2 分钟的短视频，介绍什么是知识问答系统。

可以参考的 ChatGPT 提示词如下。
“请简要介绍什么是知识问答系统。”
“请结合生活中的例子，介绍什么是知识问答系统。”
“假设你是一位大学老师，请用轻松易懂的语言向学生讲解什么是知识问答系统。”

### 实操练习 12.13

为了让大家可以用代码的形式学习深度学习如何应用于知识问答系统，接下来大家可以让 ChatGPT 生成示例代码，并在 Colab 新建一个 Notebook 文件运行这些代码。

要让 ChatGPT 生成代码，可以参考的提示词如下。
“请用 Python 演示一个最简单的基于深度学习的英文知识问答系统。”

在本章的内容中，我们一起了解了深度学习比较常见的一些应用。那么，目前非常火爆的 ChatGPT 是不是就是一个知识问答系统呢？确实，ChatGPT 包含知识问答的功能，但它本质上是一个超级复杂的“大语言模型”。在本书后面的章节中，我们会继续了解与大语言模型相关的知识。

# 第13章 初识大语言模型

大语言模型是自然语言处理领域的一种重要技术，它指的是基于深度学习的巨大规模神经网络模型，能够自动学习和处理人类语言的复杂性和多样性。这些模型被训练得能够预测和生成自然语言文本，从而在各种自然语言处理任务中表现出色。在本章中，我们就来初步认识一下大语言模型。

## 13.1 大语言模型的背景

当我们与计算机交流时，我们通常使用自然语言，例如中文或英文。然而，让计算机理解我们说的话并不容易，因为语言有很多复杂的规则和含义。过去，让计算机理解语言通常需要人工编写大量规则，这非常费时费力，并且很难覆盖所有情况。

大语言模型的诞生背景是为了解决这个问题。它是一种基于深度学习的技术，就像是一个学习语言的巨大大脑。这个大脑通过观察大量的文本材料，例如网上的文章、新闻、书籍等，来学习语言的规律和含义。就好比我们小时候学习说话，通过听家长、老师和朋友说话，慢慢学会了语言的规则和意思，就像图 13-1 所示的这样。

图 13-1　大语言模型的训练，就和我们小时候学说话差不多

大语言模型背后的技术是一种叫作深度神经网络的模型，它可以学习到语言中的模式和结构。具体地说，这些模型会将语言中的单词和短语转换成数学上的向量，就像是将单

词转化成数字的密码一样。通过这种方式，计算机可以更好地理解语言，也能够用语言来回答问题、生成文章、翻译文本等。

举个生活中的例子，我们可能会遇到智能语音助手，比如 Siri、小爱同学、Alexa 等。这些助手背后就使用了大语言模型的技术。当你跟它们说话时，它们能够理解你的指令，并做出相应的回应。这得益于大语言模型在处理语音识别和自然语言理解方面的能力。

在大语言模型出现之前，传统的 NLP 方法主要依赖手工设计的规则和特征工程。这些方法在处理语言的复杂性和灵活性时面临许多挑战，因为语言有许多变体、歧义和上下文依赖关系，难以完全捕捉和表征。因此，构建一个高效且具有普适性的 NLP 系统一直是 NLP 研究的一个难题。

随着深度学习技术的兴起，大语言模型的概念逐渐引起了研究者的关注。在 2013 年的时候，谷歌的研究团队提出了 Word2Vec 模型，通过对大规模文本数据进行预训练，将单词表示为密集的向量，并展示了这些向量在语义上的良好表现。

然而，真正引爆大语言模型的热潮是在 2018 年，OpenAI 推出了首个大型通用语言模型 GPT（Generative Pre-trained Transformer）。GPT 采用了 Transformer 架构，并利用海量的互联网文本数据进行预训练。在预训练过程中，模型通过自监督学习方法，学习预测文本中的下一个单词或掩码单词等任务，从而学到了丰富的语言知识和结构。

GPT 模型的成功引发了大量关于预训练模型的研究和改进，也催生了许多其他的大语言模型，如 BERT、XLNet 等。这些模型利用预训练的语言表示在各种具体任务上进行微调，使 NLP 任务的性能显著提升。

大语言模型的出现极大地推动了 NLP 领域的发展。通过大量的数据和强大的计算能力，这些模型学习到了丰富的语义表示和规律，使它们在文本生成、文本理解、对话系统、翻译等多个 NLP 任务上取得了令人瞩目的成果。同时，大语言模型也面临一些挑战，如模型的规模和计算资源要求较高，对隐私和安全的考虑等问题，这也成了当前 NLP 研究的一个热点。

总的来说，大语言模型是一种让计算机更好地理解和处理人类语言的技术。它的出现让我们能够更自然、更方便地与计算机交流，也带来了许多在语言处理方面的创新和进步。

### 原理输出 13.1

请大家在 ChatGPT 的帮助下录制一个长度约为 2 分钟的短视频，介绍大语言模型的背景。

**小贴士**

可以参考的 ChatGPT 提示词如下。

“请简要介绍大语言模型的背景。”

“请结合生活中的例子，介绍大语言模型的背景。”

“假设你是一位大学老师，请用轻松易懂的语言向学生讲解大语言模型的背景。”

**实操练习 13.1**

为了让大家可以用代码的形式学习大语言模型的调用，接下来大家可以让 ChatGPT 生成代码，并在 Colab 新建一个 Notebook 文件运行这些代码。

要让 ChatGPT 生成代码，可以参考的提示词如下。
“请演示如何在 Python 中调用常用的大语言模型。”

# 13.2 大语言模型的重要性

大语言模型的重要性体现在它的技术革新促进了自然人机交互的发展，以及对人工智能领域的推动作用。它已经成为人工智能领域的重要支撑技术，为我们带来了更先进、更智能的应用和体验。

## 13.2.1 革命性的技术进步

大语言模型的革命性技术进步就像是给计算机安装了一个超级智能的语言大脑，让它能够像人类一样理解和使用语言。

想象一下，你有一个聪明的语言助手，它可以回答你的问题、帮你写作业、翻译外文文章，甚至帮你写诗。以前，这样的助手很难实现，因为计算机无法真正理解人类的语言。但是现在有了大语言模型，这些都变得有可能了。

大语言模型通过在海量的文章、新闻和书籍上进行学习，像是一个学习语言的超级学生，它学到了很多关于语言的规则和含义，比如通常什么词是名词、动词、形容词等。它还能学到很多词语之间的联系，比如“苹果”和“水果”之间有关联，而“苹果”和“电脑”之间则没有直接关系，就像图 13-2 所示的这样。

图 13-2　大语言模型能够从海量的文本中学习到各种语言的规则和含义

这样的大语言模型在日常生活中有很多实际的应用。比如，当你和智能手机上的语音助手（比如 Siri 或小爱同学）对话时，它可以更好地理解你的指令，因为它使用了大语言模型的技术。当你在搜索引擎上输入一个问题，它能够更准确地找到你想要的答案，因为搜索引擎也利用了大语言模型的知识。

此外，大语言模型还可以用于机器翻译。比如，你在网上看到一篇外文文章，但是你不懂那种语言。大语言模型可以帮助你将文章翻译成你懂的语言，让你轻松了解其中的内容。

在过去，这些任务都需要复杂的规则和算法，很难做到准确和高效。但是有了大语言模型，这些任务变得更加简单和可靠。它让计算机变得更智能，让我们与计算机的交流更加自然和便捷。因此，大语言模型的革命性技术进步为我们的生活带来了很多便利和惊喜。

从技术的角度来说，大语言模型的革命性技术进步主要体现在两个方面：预训练和微调。这种技术组合给自然语言处理领域带来了重大突破，大大提升了自然语言处理任务的性能。

（1）预训练（Pre-training）：预训练是大语言模型的核心技术之一。预训练指的是在大规模的未标记文本数据上对模型进行训练，以学习语言的潜在结构和语义信息。在预训练过程中，模型通过自监督学习的方式，来训练预测文本中的下一个单词或缺失的单词等任务。这种训练方式使模型能够学习到丰富的语言表示，从而捕捉到词汇和句子之间的语义关系。预训练的数据量越大，模型的语言理解能力就越强大。

（2）微调（Fine-tuning）：预训练得到的大语言模型是通用的、适用于多种自然语言处理任务的。为了将模型应用到特定的任务上，需要进行微调。微调是指在预训练模型的基础上，使用带有标记数据的特定任务数据来进一步训练模型。在微调阶段，模型会根据任务数据的标记信息调整自己的参数，使模型能够更好地适应具体的任务。微调的数据量通常要比预训练的数据量小得多，因为特定任务的标记数据通常是有限的。通过微调，模型能够在特定任务上取得优秀的性能，同时仍然保持其在预训练中学到的通用语言表示。

这两种技术的结合是大语言模型的关键之处。预训练使模型能够通过大规模无标记数据学习到丰富的语言表示，从而具备强大的语义理解能力；微调则使模型能够在特定任务上进行个性化的优化，以适应不同的自然语言处理任务。

**原理输出 13.2**

请大家在 ChatGPT 的帮助下录制一个长度约为 2 分钟的短视频，介绍大语言模型的革命性技术进步。

**小贴士**

可以参考的 ChatGPT 提示词如下。

“请简要介绍大语言模型的革命性技术进步。”

“请结合生活中的例子，介绍大语言模型的革命性技术进步。”

“假设你是一位大学老师，请用轻松易懂的语言向学生讲解大语言模型的革命性技术进步。”

**实操练习 13.2**

为了让大家可以用代码的形式学习大语言模型的功能，接下来大家可以让 ChatGPT 生成代码，并在 Colab 新建一个 Notebook 文件运行这些代码。

要让 ChatGPT 生成代码，可以参考的提示词如下。
“请演示如何在 Python 中调用大语言模型进行翻译。”

### 13.2.2　更自然的人机交互

大语言模型能够提供更自然的人机交互，主要是因为它就像是一个“语言专家”，通过学习大量的文本，掌握了许多关于语言的规则和含义。

想象一下，如果你有一个很懂语言的朋友，他一直在不断地听你说话、看你写东西，他会逐渐理解你的说话方式，学习到你的习惯和用词。之后，当你跟他交流时，他就能更好地明白你的意思，并且回答得更自然。因为他已经了解了你的风格和喜好，所以他的回答会更符合你的口味，就像是跟一个亲密的朋友聊天一样，就像图 13-3 所示的这样。

图 13-3　大语言模型通过了解你的喜好，可以更好地和你交流

大语言模型就是这样的“语言专家”，它通过分析海量的文本，比如新闻、书籍、文章等，学习了很多关于语言的规律。它知道哪些词常常一起出现，了解词语的含义和上下文关系。所以当我们用自然语言和它交流时，它能够更好地理解我们的意思，就像是我们在跟一个好朋友说话一样。

举个例子，我们所使用的智能手机上的语音助手，它背后就使用了大语言模型的技术。当我们问它天气如何时，它会知道我们是想了解天气预报，然后回答相应的信息。它能够更准确地识别我们的指令，回答得更自然流畅，就像是跟一个懂我们口音和说话方式的朋友聊天一样。

因此，大语言模型的强大语言理解和生成能力，使它能够提供更自然、更智能的人机交互体验。它让我们与计算机的交流更加轻松、顺畅，让我们在使用智能设备和应用时感觉更像是在跟一个友好的伙伴交流一样。

从技术的角度来说，大语言模型在以下几个方面对人机交互产生了积极影响。

（1）更准确的语音识别：大语言模型的理解能力和上下文处理能力能使语音助手更准确地识别和理解人类的语音指令。这使我们可以更自如地与语音助手对话，而不需要严格遵循特定的指令格式。这为人机交互带来了更大的便利。

（2）智能对话系统：大语言模型的生成能力使对话系统更加智能。它可以根据用户的输入，生成合理、连贯的回答，而不仅仅是简单地匹配关键词。这让对话更有趣、更有意义，更像是在和一个真实的智能伙伴交流。

（3）个性化回应：大语言模型可以通过微调，根据用户的个性化需求进行定制。例如，你可以教会语音助手你的喜好、习惯，让它在回答问题或提供服务时更符合你的口味。

（4）更自然的文本生成：大语言模型在文本生成方面表现出色，可以用于自动回复、自动撰写等场景。这使人机交互更加灵活和自由，让机器在处理复杂任务时更具创造力。

（5）智能推荐和个性化服务：大语言模型可以分析用户的语言输入和历史，为用户提供更智能的推荐和个性化服务。例如，搜索引擎可以根据你的问题提供更精准的搜索结果，智能推荐系统可以根据你的喜好和兴趣推荐更符合你需求的内容。

总体来说，大语言模型为人机交互提供了更自然、更智能的体验。它的理解和生成能力能使机器更好地理解和回应人类的语言，让交流更加自由流畅。这种技术进步为智能语音助手、智能客服、虚拟伙伴等领域的发展带来了很多机遇，也为我们的日常生活带来了更智能、更高效的体验。

### 原理输出 13.3

请大家在 ChatGPT 的帮助下录制一个长度约为 2 分钟的短视频，介绍大语言模型为什么能够提供更自然的人机交互。

**小贴士**

可以参考的 ChatGPT 提示词如下。

“请简要介绍大语言模型为什么能够提供更自然的人机交互。”

“请结合生活中的例子，介绍大语言模型为什么能够提供更自然的人机交互。”

“假设你是一位大学老师，请用轻松易懂的语言向学生讲解大语言模型为什么能够提供更自然的人机交互。”

### 实操练习 13.3

为了让大家可以用代码的形式感受大语言模型的人机交互能力，接下来大家可以让 ChatGPT 生成代码，并在 Colab 新建一个 Notebook 文件运行这些代码。

要让 ChatGPT 生成代码，可以参考的提示词如下。
“请在 Python 中调用大语言模型，展示其人机交互能力。”

### 13.2.3　推动人工智能的发展

大语言模型的成功启示了其他领域对于深度学习的研究。例如，在计算机视觉领域，类似的预训练和微调策略被用于生成强大的图像特征表示。这种跨领域的借鉴和交叉融合，推动了整个人工智能领域的交流与合作。

想象一下你是一位画家，要画一幅美丽的风景画。以前，你可能需要从头开始画每一片树叶、每一朵花，这样的绘画过程非常耗费时间和精力。这就像计算机视觉领域以前的做法，需要对图像进行大量的手动特征提取和处理，非常烦琐。

但是现在有了大语言模型的启示，你学会了一种更高效的绘画技巧。你可以先用简单的笔触勾勒出整体的风景轮廓，再让 AI 根据风景的整体结构来添加细节。这样，你不需要一笔一笔地绘制每个细节，而是根据整体上下文快速捕捉到关键要素，然后填充细节，就像图 13-4 所示的这样。

图 13-4　借助大语言模型的启示，AI 就可以根据我们画的轮廓补充细节

在计算机视觉领域，大语言模型也有类似的作用。以前，计算机处理图像可能需要手动设计很多特征提取方法，但是这些方法无法捕捉到图像的所有语义信息。然而，有了大语言模型的启示，研究者开始使用类似预训练和迁移学习的方法。他们可以先在大量图像数据上进行预训练，让计算机学会理解图像中的基本元素和语义信息。然后，当面对具体的视觉任务时，比如目标检测或图像分类，计算机就可以根据先前学到的知识，快速识别出图像中的重要元素和特征，从而提高任务的准确性和效率。

这种预训练和迁移学习的策略就像是在绘画中先画出整体轮廓，然后再添加细节。它让计算机视觉领域的研究者不再需要从头设计每个任务的特征提取方法，而是可以借助预训练的大语言模型，快速应用于具体的视觉任务中，节省了大量的时间和精力。

因此，大语言模型的启示促进了计算机视觉领域的发展，使计算机在图像识别、目标检测等任务上表现得更加智能和高效。这种交叉领域的学习和借鉴，为不同领域的研究带来了新的方法和思路，推动了整个人工智能领域的进步。

具体来说，大语言模型从以下几个方面推动了人工智能其他领域的发展。

（1）迁移学习和预训练策略：大语言模型的迁移学习和预训练策略为计算机视觉领域提供了新的思路。类似于大语言模型在大规模无标签文本数据上进行预训练，然后在特定自然语言处理任务上进行微调，计算机视觉研究者开始尝试在大规模图像数据上进行预训练练，并在特定视觉任务上进行微调。这种策略在图像分类、目标检测等任务中表现出了潜力，尤其在数据稀缺的情况下效果更加显著。

（2）图像和文本的交叉融合：大语言模型的成功启示了图像和文本之间的交叉融合。在计算机视觉领域，研究者开始将图像和文本信息进行结合，例如，使用图像标题或描述信息来辅助图像分类和目标检测。这种图像和文本信息的联合使用，可以提供更多的语义信息和上下文，从而提高了视觉任务的性能。

（3）语义表示的学习：大语言模型的预训练过程是学习语义表示的一种有效方法。在计算机视觉领域，研究者也开始关注如何学习更好的图像特征表示。借鉴大语言模型的思想，研究者通过在大规模图像数据上进行自监督学习或无监督学习，学习到更具有语义意义的图像特征表示。

（4）少样本学习的应用：大语言模型的预训练和微调策略在少样本学习方面表现出色，这也在计算机视觉领域得到了应用。通过在大规模数据上预训练模型，然后在少量标记数据上进行微调，可以在少样本学习任务上取得更好的效果。

综上所述，虽然大语言模型的主要贡献是在自然语言处理领域，但它的一些核心技术和思想为计算机视觉领域带来了新的思路和方法。这种跨领域的交流和借鉴，促进了整个人工智能领域的发展，为不同领域的研究和应用带来了新的启示和突破。

与此同时，大语言模型的出现催生了许多新的应用场景和商业机会。例如，在自然语言生成方面，大语言模型可以用于自动写作、对话生成等。在智能客服和虚拟助手领域，大语言模型使人机交互更加自然和智能。这些新的应用为人工智能技术的商业化和落地提供了新的机遇。

### 原理输出 13.4

请大家在 ChatGPT 的帮助下录制一个长度约为 2 分钟的短视频，介绍大语言模型如何推动人工智能领域的发展。

**小贴士**

可以参考的 ChatGPT 提示词如下。

“请简要介绍大语言模型如何推动人工智能领域的发展。”

“请结合生活中的例子，介绍大语言模型如何推动人工智能领域的发展。”

“假设你是一位大学老师，请用轻松易懂的语言向学生讲解大语言模型如何推动人工智能领域的发展。”

### 实操练习 13.4

为了让大家可以用代码的形式理解大语言模型对于人工智能领域发展的推动，接下来大家可以让 ChatGPT 生成代码，并在 Colab 新建一个 Notebook 文件运行这些代码。

要让 ChatGPT 生成代码，可以参考的提示词如下。
“请在 Python 中调用大语言模型，演示其如何推动计算机视觉的发展。”

# 13.3 大语言模型的应用场景

大语言模型的应用场景非常广泛，它在各个领域都有巨大的潜力。下面我们来了解大语言模型的一些应用场景。

## 13.3.1 教育领域

大语言模型应用在教育领域时，就好像是在为学生和老师提供一个智慧伙伴，帮助他们更好地学习和教学。

想象一下，你是一个学生，正在学习数学。有时候，你遇到了难题，想要快速得到解答和解释。这时，你可以使用大语言模型，就像是向一个“学霸”请教一样。你输入问题，它会回答你的问题，并用简单易懂的语言解释，帮助你理解数学知识，就像图 13-5 所示的这样。

图 13-5　大语言模型就像一个“学霸”，可以帮你学习知识

不仅如此，大语言模型还可以像一个“写作导师”一样帮助你提高写作水平。当你写作文时，它可以帮你找出拼写错误、语法错误，甚至给你提供更优美的表达方式，让你的文章更加流畅和得分更高。

而对于老师来说，大语言模型也是一个宝贵的助手。它可以用于制订教学计划和整理教学材料，帮助老师更好地组织课程内容，让学生更易于理解。

除此之外，大语言模型还可以用于智能化的考试和评估。老师可以让学生参加在线考试，大语言模型会自动出题，自动批改试卷，并及时给学生反馈，还能帮助老师更全面地了解学生的学习情况，为他们提供个性化的辅导和指导。

在学习多语言的时候，大语言模型也能派上用场。它可以帮助学生进行语言翻译，辅助学习外语，让学生能够更轻松地掌握不同的语言。

具体来讲，大语言模型在教育领域的应用方式有以下几种。

（1）智能辅导和教学助手：大语言模型可以用于开发智能辅导系统和教学助手。它可以分析学生的问题和回答，帮助学生理解学习材料，答疑解惑。教育机构可以开发智能辅导系统，让学生通过与大语言模型进行交流，获得更个性化、即时的辅导和解答。

（2）作文批改和语法纠错：大语言模型可以用于学生作文的批改和语法纠错。它可以识别并纠正作文中的语法错误、拼写错误等，帮助学生提高写作水平。

（3）智能问答系统：大语言模型可以用于构建智能问答系统，回答学生的问题。学生可以通过输入问题，获得与课程内容相关的答案和解释。

（4）知识点总结和摘要：大语言模型可以用于自动生成知识点总结和摘要，帮助学生更好地掌握学习重点，提高学习效率。

（5）教学内容生成：大语言模型可以用于生成教学内容，比如制作教学视频、制订教学计划等。它可以辅助教师快速生成教学材料，提高教学效率。

（6）智能化考试和评估：大语言模型可以用于智能化考试和评估系统。它可以自动出题、自动批改试卷，为学生提供即时反馈和个性化评估。

（7）多语言学习支持：大语言模型可以用于多语言学习支持。它可以用于语言翻译、语言学习辅助，帮助学生学习多种语言。

所以说，大语言模型在教育领域的应用就像是给学生和老师提供了一个智慧的学习伙伴。它能够帮助学生更好地学习和理解知识，提高写作水平，同时也为老师提供更多的教学支持和反馈。这样的应用，将让教育更加智能化、个性化，为学生和教师创造更好的学习和教学体验。

## 原理输出 13.5

请大家在 ChatGPT 的帮助下录制一个长度约为 2 分钟的短视频，介绍大语言模型在教育领域的应用。

可以参考的 ChatGPT 提示词如下。

“请简要介绍大语言模型在教育领域的应用。”

“请结合生活中的例子，介绍大语言模型在教育领域的应用。”

“假设你是一位大学老师，请用轻松易懂的语言向学生讲解大语言模型在教育领域的应用。”

## 实操练习 13.5

为了让大家可以用代码的形式理解大语言模型在教育领域的应用，接下来大家可以让 ChatGPT 生成代码，并在 Colab 新建一个 Notebook 文件运行这些代码。

要让 ChatGPT 生成代码，可以参考的提示词如下。
“请在 Python 中调用大语言模型，演示如何应用于教育领域。”

### 13.3.2　创意生成

大语言模型在创意生成方面就像是一位有着丰富知识和想象力的创意大师。它通过学习大量的文本，掌握了很多语言的规则和用法，就像我们在读书、看电影或者浏览网页时积累的知识一样。然后，当我们需要创作新的文本内容时，它可以根据已学到的知识，帮助我们生成全新、有趣，甚至是前所未有的创意作品。

想象一下，你是一名诗人，想要创作一首新的诗歌。但是有时候，灵感可能会有点枯竭，难以找到新的创意。这时，你可以求助于大语言模型。你可以向它提供一些关键词或者前几句诗句，然后它会根据这些信息，自动生成一整首诗歌。这个过程有点像是和一位有着丰富诗歌知识的导师交流，它帮助你找到新的创意，使你的诗歌更加丰富多彩，就像图 13-6 所示的这样。

图 13-6　大语言模型能够帮你找到写诗的创意

类似地，如果你是一名作家，想要写一篇新的小说，但是有时候你可能会卡壳，不知道接下来该如何发展情节。大语言模型就像是一个文学指导，它可以帮你提供新的故事情节，甚至是结局，为你的小说增添新的元素。

另外，大语言模型还可以应用在广告创意领域。假设你是一家公司的广告创意人员，需要设计一个新的广告宣传语。你可以输入一些关键词，比如产品的特点、目标受众，然后大语言模型会为你生成吸引人的广告文案。

总的来说，大语言模型就像是一个创意的合作伙伴，它帮助我们在写作、创作和设计方面发现新的创意，让我们的作品更加丰富有趣。这种创意生成的应用，可以在文学、艺术、广告等领域中发挥重要的作用，为创作者提供更多的灵感和创作支持。

不过，虽然大语言模型在创意生成方面有着令人惊喜的表现，但仍然面临一些挑战。因为创意是一种复杂而主观的概念，有时候生成的创意内容可能还不够人性化或是缺乏创造性。因此，目前的研究还在继续，希望通过不断优化模型和数据，使大语言模型在创意生成方面有更出色的表现。

**原理输出 13.6**

请大家在 ChatGPT 的帮助下录制一个长度约为 2 分钟的短视频，介绍大语言模型如何用于创意生成。

可以参考的ChatGPT提示词如下。

“请简要介绍大语言模型如何用于创意生成。”

“请结合生活中的例子，介绍大语言模型如何用于创意生成。”

“假设你是一位大学老师，请用轻松易懂的语言向学生讲解大语言模型如何用于创意生成。”

**实操练习 13.6**

为了让大家可以用代码的形式理解大语言模型如何用于创意生成，接下来大家可以让ChatGPT生成代码，并在Colab新建一个Notebook文件运行这些代码。

要让ChatGPT生成代码，可以参考的提示词如下。

“请在Python中调用大语言模型，演示如何应用于创意生成。”

### 13.3.3 智能交互设备

我们使用的智能交互设备，很多就运用了大语言模型的技术，比如智能手机上的语音助手。

大语言模型可以让智能手机更好地和我们交流，比如，你正忙着做家务，突然想知道今天的天气如何。你不用停下手中的工作，只需要对着智能手机说：“今天天气怎么样?”智能手机里面的大语言模型就会理解你的指令，并通过文本转语音的技术，用自然的语言回答你：“今天天气晴朗，最高温度28摄氏度。”这就是大语言模型的应用，它通过学习大量的语言数据，可以理解我们的语音指令，并用自然语言回答我们的问题，就像图13-7所示的这样。

图13-7 大语言模型可以让智能手机更好地和我们交流

再比如，你正在开车，不方便用手打字。你可以通过智能手机上的语音助手发送短信。你只需要说出短信内容和收件人的姓名，智能手机里的大语言模型就会帮你把短信写好，并发送给指定的收件人。这样，你就能在开车的同时，完成短信发送的任务，让交互更便捷和安全。

智能交互设备中的大语言模型还可以做更多事情。它可以回答你的问题、播放你喜欢的音乐、提供新闻资讯、帮你查找资料等。它就像一个聪明的助手，通过学习和理解人类语言，可以和我们进行智能对话，帮助我们完成各种任务，让我们的生活更加方便和愉快。

具体来说，以下是大语言模型在智能交互设备中的应用方式。

（1）语音助手：大语言模型用于开发语音助手，如 Siri、Alexa、Google Assistant 等。它能够识别人的语音指令，理解问题，并用自然语言回答问题，实现与人的对话。

（2）对话系统：大语言模型可以用于构建智能对话系统。这些对话系统不仅可以回答简单的问题，还可以进行更复杂的对话，从而提供更深入的交流和服务。

（3）自然语言处理：大语言模型被广泛用于自然语言处理任务，如文本分类、情感分析、语义理解等。在智能交互设备中，它可以用来理解用户的意图和情感，从而更好地回应用户需求。

（4）智能音箱和智能音响：大语言模型被应用于智能音箱和智能音响，使这些设备能够听懂人的语音指令，并做出相应的回应。它还可以通过音乐推荐、新闻播报等功能，为用户提供更智能化的体验。

（5）自动翻译：大语言模型可以用于自动翻译系统，使智能交互设备能够实现多语言之间的即时翻译和交流。

（6）智能家居控制：大语言模型可以帮助智能交互设备控制智能家居设备，如智能灯光、智能家电等。用户可以通过语音指令，告诉模型打开或关闭特定设备，实现智能化的家居控制。

（7）个性化服务：大语言模型可以学习用户的偏好和习惯，从而为用户提供个性化的服务和推荐，如个性化音乐播放列表、定制化的新闻内容等。

总的来说，大语言模型在智能交互设备中的应用，使我们可以通过自然语言和设备进行交流，实现更智能、更便捷的互动体验。这样的应用，让智能交互设备成为我们日常生活中的得力助手，为我们提供了更多的便利和快捷。

**原理输出 13.7**

请大家在 ChatGPT 的帮助下录制一个长度约为 2 分钟的短视频，介绍大语言模型如何用于智能交互设备。

**小贴士**

可以参考的 ChatGPT 提示词如下。

“请简要介绍大语言模型如何用于智能交互设备。”

“请结合生活中的例子，介绍大语言模型如何用于智能交互设备。”

“假设你是一位大学老师，请用轻松易懂的语言向学生讲解大语言模型如何用于智能交互设备。”

**实操练习 13.7**

为了让大家可以用代码的形式理解大语言模型如何用于智能交互设备，接下来大家可以让 ChatGPT 生成代码，并在 Colab 新建一个 Notebook 文件运行这些代码。

要让 ChatGPT 生成代码，可以参考的提示词如下。

“请用 Python 演示如何让智能交互设备接入大语言模型。”

## 13.4 大语言模型和传统方法的区别

大语言模型和传统方法在自然语言处理任务中有很大的区别。下面就让我们来详细了解一下。

### 13.4.1 数据驱动 VS 规则驱动

大语言模型是数据驱动的学习方法，它通过大量的文本数据进行训练，学习语言的规律和潜在的语义结构。它不需要人工定义复杂的规则，而是通过数据中的模式和信息来处理任务。

传统方法：传统方法通常是规则驱动的，需要人工设计和定义一系列规则和特征来处理自然语言任务。这些规则可能非常复杂，难以覆盖所有情况，且需要大量的人力和专业知识。

下面举个通俗易懂的例子，想象一下，你在学习一门新的语言，比如中文。你可以选择以下两种不同的学习方法。

（1）数据驱动学习（大语言模型）。你可以通过大量地阅读、听力和交流来学习英文。你会接触到许多不同类型的英文文本和对话，从简单的句子到复杂的文章。经过这个过程，你会逐渐掌握英文的语法规则、词汇和表达方式。随着时间的推移，你可以用英文流利地进行交流，因为你已经从大量的真实例子中学到了这门语言。

（2）规则驱动学习（传统方法）。另一种学习英文的方法是使用课本和语法规则来学习。你可能会被告知英文的基本语法规则、词汇表和句子结构。你需要记住这些规则并应用于练习中。在学习过程中，你需要反复练习，熟记这些规则，才能正确地使用英文。

这两种方法就像图 13-8 所示的这样。

在这两种学习方法中，第一种方法是数据驱动的，因为它是通过大量的实际语言数据来学习的。你通过阅读和交流了解中文的使用方式，逐渐掌握了这门语言。大语言模型也是类似的，它通过海量的语言数据进行训练，从中学习语言的规律和用法，以便进行各种自然语言处理任务。

图 13-8　数据驱动和规则驱动的区别，就像学习语言时不同的方法

而第二种方法是规则驱动的，因为它是通过事先定义的规则和课本知识来学习的。你需要按照这些规则去组织语言，而不是从实际语言数据中学习。传统方法在一些自然语言处理任务中也有应用，比如在文本分析中，我们可以使用预先定义的规则来识别关键词或特定的句法结构。

大语言模型的优势在于它可以通过大量真实的语言数据进行学习，从而具备强大的泛化能力和适应性。而传统方法则需要依赖人工定义的规则，可能在应对复杂情况时效果不如大语言模型。随着数据驱动方法的发展，大语言模型在自然语言处理领域逐渐成为主流，并取得了很多令人瞩目的成就。

## 原理输出 13.8

请大家在 ChatGPT 的帮助下录制一个长度约为 2 分钟的短视频，介绍数据驱动与规则驱动的区别。

**小贴士**

可以参考的 ChatGPT 提示词如下。

“请简要介绍数据驱动与规则驱动的区别。”

“请结合生活中的例子，介绍数据驱动与规则驱动的区别。”

“假设你是一位大学老师，请用轻松易懂的语言向学生讲解数据驱动与规则驱动的区别。”

## 实操练习 13.8

为了让大家可以用代码的形式了解自然语言处理任务中规则驱动的传统方法，接下来大家可以让 ChatGPT 生成 Python 代码，并在 Colab 新建一个 Notebook 文件运行这些代码。

**小贴士**

要让 ChatGPT 生成代码，可以参考的提示词如下。
“请用 Python 演示一下自然语言处理任务中规则驱动的传统方法。”

### 13.4.2 泛化能力

由于大语言模型通过大量数据进行训练，它具有很强的泛化能力。即使在面对之前没有见过的数据或任务时，也能表现得相当出色。

传统方法的泛化能力通常较弱。由于它是基于事先设计的规则，可能在新情况下表现不佳。

让我们用生活中的一个例子来解释大语言模型和传统方法在泛化能力上的区别，假设你正在学习如何骑自行车，你可以采用以下两种不同的学习方法。

（1）数据驱动（大语言模型）。你选择通过大量的实践来学习骑自行车。你每天都骑自行车练习，经过多次实际操作，你逐渐掌握了平衡、踩踏、转弯等技能。随着时间的推移，你变得越来越熟练，甚至可以骑行在复杂的路况和不同的地形上。因为你在实际操作中学到了很多技巧，你的骑车能力在不同情况下都能很好地应用，这就是大语言模型的泛化能力。

（2）规则驱动（传统方法）。传统方法是通过学习一本关于骑自行车的书，其中描述了许多规则和技巧。你按照书中的规则练习骑车，例如如何保持平衡、如何踩踏等。尽管你按照规则练习，但在实际操作时，你可能会遇到一些未曾在书中见过的情况，比如面对一条崎岖的山路或者突然加速的车流。在这些情况下，你可能不太容易应用书中的规则，因为你没有亲自在实践中学到这些技巧，这就是说传统方法的泛化能力较弱，就像图13-9所示的这样。

图 13-9　如果遇到规则中没有的情况，传统方法就要“翻车”了

在这个例子中，大语言模型通过实际的骑车练习来学习，并在不同情况下都能很好地应用，因此具有较强的泛化能力。而传统方法通过规则来学习，可能在面对复杂和未知的情况时表现不佳，因此泛化能力相对较弱。

类似地，大语言模型在自然语言处理中也是通过学习大量实际语言数据来获得泛化能力，从而能够在不同任务和不同情况下表现出色。而传统方法则可能需要依赖人工定义的规则和特征，在面对复杂的语言情况时，其表现可能相对有限。这就是大语言模型和传统方法在泛化能力上的区别。

**原理输出 13.9**

请大家在 ChatGPT 的帮助下录制一个长度约为 2 分钟的短视频，介绍大语言模型和传统方法在泛化能力方面的区别。

可以参考的 ChatGPT 提示词如下。

“请简要介绍大语言模型和传统方法在泛化能力方面的区别。”

“请结合生活中的例子，介绍大语言模型和传统方法在泛化能力方面的区别。”

“假设你是一位大学老师，请用轻松易懂的语言向学生讲解大语言模型和传统方法在泛化能力方面的区别。”

**实操练习 13.9**

为了让大家可以用代码的形式了解大语言模型和传统方法在泛化能力方面的区别，接下来大家可以让 ChatGPT 生成 Python 代码，并在 Colab 新建一个 Notebook 文件运行这些代码。

要让 ChatGPT 生成代码，可以参考的提示词如下。

“请用 Python 演示一下传统方法在自然语言处理任务泛化能力方面的不足。”

### 13.4.3　任务通用性

大语言模型可以用于多种自然语言处理任务，如文本生成、文本分类、机器翻译等。通过微调和多任务学习，可以将大语言模型迁移到不同的任务上。传统方法通常是为特定任务设计的，不太容易迁移到其他任务中。

让我们用生活中的一个例子来解释大语言模型和传统方法在任务通用型方面的区别，假设你是一个学生，面临着不同学科的考试。你可以选择以下两种不同的学习方法。

（1）大语言模型。你决定用一个通用的学习方法来备考，就像使用大语言模型。你在各个学科的教科书、课堂笔记和试卷上花费了大量的时间。通过广泛的学习，你学到了各个学科的基本知识和理论，并且通过做大量的练习题来熟练运用这些知识。当你面对不同学科的考试时，你可以运用通用的学习方法，把掌握的知识和技巧应用到各个学科的题目上。

（2）传统方法。另一种学习方法是针对每个学科单独准备，也就是传统的学习方法。你为每门学科找到了对应的复习资料，分别学习不同的教科书和知识点。你专注于学习特定学科的规则和解题技巧，比如数学题的解题方法、历史题的记忆要点等。当你面对特定学科的考试时，你只能运用相应学科的特定方法来解答题目，而对其他学科可能没有太多帮助，就像图 13-10 所示的这样。

图 13-10　传统方法就像我们无法将英语试题的解题思路应用到数学中一样

在这个例子中，传统方法针对特定的学科或任务进行学习，不能很好地迁移到其他学科或任务上。这类似于传统方法在自然语言处理中，需要为每个特定任务设计特定规则和特征，可能难以适用于其他任务。

而大语言模型通过通用的学习方法，涵盖了多个学科的知识和技能，使你在不同学科的考试中都能有所应对。这类似于大语言模型在自然语言处理中，通过训练大量数据，学习到通用的语言规律和处理技巧，使它可以在多种任务上都有良好的表现。

总的来说，大语言模型具有更强的任务通用性，通过通用的学习和处理能力，在多个任务中都表现良好。传统方法则更侧重于特定任务的处理，可能需要进行定制化设计，不能很好地适用于其他任务。随着大语言模型的发展，它在任务通用型方面的优势越来越明显。

### 原理输出 13.10

请大家在 ChatGPT 的帮助下录制一个长度约为 2 分钟的短视频，介绍大语言模型和传统方法在任务通用性方面的区别。

可以参考的 ChatGPT 提示词如下。

“请简要介绍大语言模型和传统方法在任务通用性方面的区别。”

“请结合生活中的例子，介绍大语言模型和传统方法在任务通用性方面的区别。”

“假设你是一位大学老师，请用轻松易懂的语言向学生讲解大语言模型和传统方法在任务通用性方面的区别。”

**实操练习 13.10**

为了让大家可以用代码的形式了解传统方法在任务通用性方面的不足，接下来大家可以让 ChatGPT 生成 Python 代码，并在 Colab 新建一个 Notebook 文件运行这些代码。

要让 ChatGPT 生成代码，可以参考的提示词如下。

“请用 Python 演示一下传统的自然语言处理方法在任务通用性方面的不足。”

### 13.4.4　适应性

大语言模型可以根据任务的输入数据进行自动调整和适应，无须手动调整参数或规则。而传统方法可能需要手动调整参数或规则，以适应不同的数据和任务。

让我们用生活中的一个例子来解释大语言模型和传统方法在适应性方面的区别，假设你是餐厅的一名厨师，你的任务是根据顾客的要求来烹饪各种菜肴。你可以选择以下两种不同的烹饪方法。

（1）大语言模型。第一种采用大语言模型的烹饪方法。就像在职业生涯中经历了大量的实践和尝试，采用大语言模型可以与各种顾客互动，通过与顾客互动，你逐渐掌握了各种菜肴的做法和口味偏好。当顾客提出特殊要求时，你可以根据自己的经验和学习到的各种烹饪技巧，灵活地调整菜肴的做法和味道，以满足不同的口味需求。

（2）传统方法。另一种烹饪方法是采用传统的菜谱和烹饪规则。你按照传统的步骤和配方来烹饪各种菜肴，以确保菜肴的味道符合传统标准。然而，当顾客提出一些特殊的要求或喜好时，你可能会很难应对，因为传统方法可能没有考虑到这些特殊需求，你可能需要做出一些妥协或无法完全满足顾客的要求，就像图 13-11 所示的这样。

在这个例子中，第 2 种方法在面对特殊情况时较难适应。因为它依赖固定的规则和预先定义的步骤，可能无法灵活地适应不同的需求或情况。这类似于传统方法在自然语言处理中，需要依赖人工设计的规则和特征，可能在处理复杂情况时效果较差。

而大语言模型在适应性方面表现更好。因为你通过大量实践和学习，掌握了各种菜肴的烹饪技巧和口味偏好，你可以灵活地适应不同顾客的要求。这类似于大语言模型在自然语言处理中，通过训练大量数据，学习到各种语言表达和上下文信息，使它可以适应不同任务和不同场景。

图 13-11　传统方法的适应性不足，就像厨师无法满足客人的特殊需求

总的来说，大语言模型具有更好的适应性，通过学习大量实际数据，它可以在不同任务和场景中灵活地应用。而传统方法可能在特定情况下效果不错，但在面对复杂和多样化的情况时可能表现不足。随着大语言模型的发展，它在适应性方面的优势越来越明显。

### 原理输出 13.11

请大家在 ChatGPT 的帮助下录制一个长度约为 2 分钟的短视频，介绍大语言模型和传统方法在适应性方面的区别。

**小贴士**

可以参考的 ChatGPT 提示词如下。

“请简要介绍大语言模型和传统方法在适应性方面的区别。”

“请结合生活中的例子，介绍大语言模型和传统方法在适应性方面的区别。”

“假设你是一位大学老师，请用轻松易懂的语言向学生讲解大语言模型和传统方法在适应性方面的区别。”

### 实操练习 13.11

为了让大家可以用代码的形式了解大语言模型和传统方法在适应性方面的区别，接下来大家可以让 ChatGPT 生成 Python 代码，并在 Colab 新建一个 Notebook 文件运行这些代码。

要让 ChatGPT 生成代码，可以参考的提示词如下。
“请用 Python 演示一下传统自然语言处理方法在适应性方面的不足。”

### 13.4.5　创造性

由于大语言模型具有生成文本的能力，它可以用于创意生成、对话生成等有创造性的任务。传统方法通常更偏向于解决特定的问题，较难应用于创造性任务。

让我们用生活中的一个例子来解释大语言模型和传统方法在创造性方面的区别，假设你是一位作家，你的任务是写一篇有趣的故事。你可以选择以下两种不同的写作方法。

（1）大语言模型。你决定使用大语言模型的写作方法，你通过阅读大量的故事和文学作品，接触各种不同的情节和创意。在写作时，你可以借助大语言模型生成的内容和灵感，结合自己的创意，创造出独特而有趣的故事。大语言模型的生成能力和语言表达可以为你提供丰富的素材和灵感，让你的故事更具创造性。

（2）传统方法。采用传统的写作技巧和规则时，你需要遵循传统的故事结构和情节发展，按照特定的写作步骤来构建故事。虽然你可以运用一些传统的创作方法和技巧，但在面对创意的时候，你可能受限于已有的规则和固定的框架，难以产生出超越传统的新颖创意，就像图 13-12 所示的这样。

图 13-12　与大语言模型相比，传统方法的创造性不足

在这个例子中，传统方法可能局限于预先定义的规则和固定的结构，在创造性方面表现较弱。这类似于传统方法在自然语言处理中，需要依赖人工设计的规则和特征，可能无法产生超出这些规则范围的新颖创意。

而大语言模型在创造性方面表现较好。因为它通过学习大量的文本数据，可以生成丰富的语言内容和创意。这类似于大语言模型在自然语言处理中，通过学习大量语言数据，可以产生新的语言表达和文本内容，具有一定的创造性。

总的来说，大语言模型在创造性方面具有更强的潜力，通过学习大量数据，产生更多新颖的创意和文本内容。而传统方法更适用于特定的任务和规则，在创造性方面可能受限于预先定义的规则和限制。随着大语言模型的发展，它在创造性方面的优势越来越明显。

**原理输出 13.12**

请大家在 ChatGPT 的帮助下录制一个长度约为 2 分钟的短视频，介绍大语言模型和传统方法在创造性方面的区别。

可以参考的 ChatGPT 提示词如下。

"请简要介绍大语言模型和传统方法在创造性方面的区别。"

"请结合生活中的例子，介绍大语言模型和传统方法在创造性方面的区别。"

"假设你是一位大学老师，请用轻松易懂的语言向学生讲解大语言模型和传统方法在创造性方面的区别。"

**实操练习 13.12**

为了让大家可以用代码的形式了解大语言模型和传统方法在创造性方面的区别，接下来大家可以让 ChatGPT 生成 Python 代码，并在 Colab 新建一个 Notebook 文件运行这些代码。

要让 ChatGPT 生成代码，可以参考的提示词如下。

"请用 Python 演示一下传统自然语言处理方法在创造性方面的不足。"

在本章中，我们一起了解了大语言模型的背景、重要性和应用场景，并且也和传统方法进行了对比，了解了它们之间的区别。在下一章中，我们将继续探讨大语言模型的核心原理。

# 第14章 大语言模型原理

大语言模型的核心原理涵盖了Transformer架构、预训练与微调、上下文建模、词嵌入、生成与预测、特征提取与表达、迁移学习、文本表示与编码等方面，这些方面共同促使模型具备了理解、生成和处理自然语言的能力。

在本章中，我们就一起来了解下与大语言模型原理相关的知识。

## 14.1 Transformer 架构

Transformer 架构是一种用于处理序列数据的深度学习架构，最初由 Vaswani 等人在 2017 年提出，已经在自然语言处理等领域取得了显著的成功。它在处理序列数据时效率高、并行化能力强，并且在一些任务上表现出优越的性能。

Transformer 架构的主要特点是引入了自注意力机制（Self-Attention），它能够同时考虑输入序列中的所有位置，从而捕捉序列内部的长距离依赖关系。这使 Transformer 架构在理解和生成序列数据方面具有优势，特别适用于自然语言处理任务。

举个通俗的例子——想象一下你在写一篇文章时的情景。你需要关注文章中的不同部分，比如开头、中间和结尾，同时也要注意单词和句子之间的关系，以确保语句通顺流畅。但是，当你写作时，你可能会在不同部分之间来回切换，思考如何串联思路，以及如何在整篇文章中保持一致的主题，就像是图 14-1 所示的这样。

图 14-1　Transformer 架构就像我们写文章时考虑不同部分之间的关系

在这个例子中，你就像一个 Transformer 架构，在写作时需要考虑文章中的不同部分之间的关系。

**原理输出 14.1**

请大家在 ChatGPT 的帮助下录制一个长度约为 2 分钟的短视频，介绍什么是 Transformer 架构。

可以参考的 ChatGPT 提示词如下。

"请简要介绍什么是 Transformer 架构。"

"请结合生活中的例子，介绍什么是 Transformer 架构。"

"假设你是一位大学老师，请用轻松易懂的语言向学生讲解什么是 Transformer 架构。"

**实操练习 14.1**

为了让大家可以用代码的形式了解什么是 Transformer 架构，接下来大家可以让 ChatGPT 生成 Markdown 代码，并在 Colab 新建一个 Notebook 文件运行这些代码。

要让 ChatGPT 生成代码，可以参考的提示词如下。

"请使用 Markdown 语言绘制示意图，展示 Transformer 架构的结构。"

### 14.1.1 自注意力机制

Transformer 架构中的自注意力机制是其核心组件之一，它允许模型在处理序列数据时，能够根据序列中其他位置的信息来计算每个位置的表示。这种机制使 Transformer 架构能够在捕捉长距离依赖关系、理解句子中的词语关系等方面表现出色。

下面是对 Transformer 架构中自注意力机制的简要描述。

自注意力机制的关键是计算查询（Query）、键（Key）和值（Value）。在处理序列数据时，每个位置都将作为查询，同时也是序列中其他位置的键和值。然后，模型使用这些查询、键和值来计算加权和，生成每个位置的新表示。

（1）查询：对于输入序列中的每个位置，生成一个查询向量。这个查询向量将被用来衡量该位置与其他位置的关系。

（2）键和值：对于每个位置，生成键向量和值向量。键向量和值向量将与其他位置的查询向量一起用于计算加权和。

（3）计算注意力权重：计算查询向量与所有位置的键向量之间的相似度得分，相似度通常通过点积或其他方法计算，然后进行归一化，得到注意力权重。这些权重表示不同位置相对于当前位置的重要性。

（4）计算加权和：使用注意力权重对所有位置的值向量进行加权平均，得到当前位置的新表示。这个新表示将捕捉与其他位置的关系，从而提供更丰富的上下文信息。

想象一下你正在观看一部电影，而你的好友也在旁边观看。在某个情节中，你可能会突然问一句：“这个男的是谁?”此时，你的好友可能会简单地告诉你这是主人公的兄弟。这个过程就类似于 Transformer 架构中的自注意力机制，就像图 14-2 所示的这样。

图 14-2　用你和朋友看电影的例子，可以帮助你理解什么是自注意力机制

在这个例子中，详细分析如下。

（1）你是“查询”：当你提出问题“这个男的是谁”时，你其实在寻找某个信息，就像 Transformer 架构中的“查询”一样。

（2）电影情节是“键”和“值”：你的好友在旁边观看电影，他对电影情节了如指掌，所以他就像是电影情节的“键”和“值”。

（3）回答的重要性类似于注意力权重：当你问问题时，你的好友会根据问题的重要性，选择性提供信息。如果问题很重要，他可能会花更多时间思考并提供详细答案，就像注意力权重可以根据查询与键之间的关联度来分配。

（4）回答的信息组合：在回答你的问题时，你的好友会综合考虑电影情节中的各个部分，然后给出一个完整的回答。这就像 Transformer 架构中的自注意力机制通过结合不同位置的信息，生成每个位置的新表示一样。

总之，Transformer 架构中的自注意力机制类似于你在观看电影时向身边的人提问题，他会根据电影情节来回答你，从而帮助你更好地理解电影的情节和细节。这种机制使模型能够在处理文本时，根据文本中其他位置的信息，更好地理解每个位置的意义。这种机制允许模型根据输入序列中的其他位置来计算每个位置的表示。这种机制使模型能够更好地理解序列数据的上下文信息，从而在自然语言处理等任务中表现出色。

## 原理输出 14.2

请大家在 ChatGPT 的帮助下录制一个长度约为 2 分钟的短视频，介绍什么是自注意力机制。

可以参考的 ChatGPT 提示词如下。

“请简要介绍什么是自注意力机制。”

“请结合生活中的例子，介绍什么是自注意力机制。”

“假设你是一位大学老师，请用轻松易懂的语言向学生讲解什么是自注意力机制。”

**实操练习 14.2**

为了让大家可以用代码的形式了解什么是自注意力机制，接下来大家可以让 ChatGPT 生成 Markdown 代码，并在 Colab 新建一个 Notebook 文件运行这些代码。

要让 ChatGPT 生成代码，可以参考的提示词如下。

“请使用 Markdown 语言绘制自注意力机制的示意图。”

### 14.1.2 多头注意力

在 Transformer 架构中，多头注意力（Multi-Head Attention）是一个重要的组件，它允许模型同时从不同的角度关注输入序列中的信息，从而更好地捕捉序列之间的关系。多头注意力通过学习多组不同的查询、键和值来实现，每组都可以专注于不同的语义特征。

以下是对 Transformer 架构中多头注意力的简要解释。

（1）多组查询、键和值：在多头注意力中，模型会学习多组查询、键和值。每组都可以看作一种“头”，用于独立地计算注意力权重和输出。

（2）并行计算：对于每组查询、键和值，注意力权重和输出都会独立地计算。这意味着模型可以并行地计算多组注意力，从而加快训练速度。

（3）信息捕捉：不同的注意力头可以专注于不同的语义信息，例如一组头可以关注词义关系，另一组头可以关注语法结构。这样，多头注意力可以捕捉多个层次、多个方面的信息。

（4）特征组合：多个注意力头的输出会被连接在一起，形成最终的多头注意力表示。这种特征组合允许模型综合考虑多个不同的语义视角。

图 14-3　多头注意力，就像你和朋友组队参加智力大赛

（5）线性变换：在将多个注意力头的输出组合在一起之前，通常会对每个头的输出进行线性变换（如矩阵乘法）。这有助于确保不同头的表示能够适当地融合在一起。

想象一下你和你的朋友一起组队参加一个大型智力竞赛。在比赛中，你们要回答一系列问题，这些问题涵盖了不同的主题，如数学、历史和科学。每个问题都需要你们从不同的角度思考，以便能够找到正确的答案。Transformer 架构中的多头注意力类似于此，就像图 14-3 所示的这样。

在这个例子中，详细分析如下。

（1）你们的队伍是“多头”：你们的队伍中有多个人，每个人都可以专注于不同的题目。就像 Transformer 中的多头，每个头都能够关注输入序列中的不同信息。

（2）不同的题目是“查询”、“键”和“值”：在比赛中，每个问题都是一个“查询”，你们的知识库就是“键”和“值”。你们根据问题，从知识库中找到相关信息，就像 Transformer 中的多头注意力通过查询、键和值来计算注意力权重。

（3）每个人的答案是“输出表示”：当你们回答问题时，每个人都会提供一个答案。这些答案综合在一起，就形成了你们团队的最终答案。类似地，Transformer 中的多头注意力将每个头的输出表示综合在一起，生成最终的多头注意力表示。

（4）不同题目的角度是“特征组合”：每个问题需要你们从不同的角度思考，类似地，Transformer 的多头注意力可以从不同的语义角度关注输入序列，然后将这些不同角度的信息综合在一起。

简言之，Transformer 架构中的多头注意力就像你和你的朋友一起参加智力竞赛，每个人专注于不同的题目，然后将各自的答案综合在一起，形成一个更全面的解决方案。这种机制使模型能够从多个角度捕捉输入序列中的信息，以便更好地理解和处理文本数据。通过多头注意力，Transformer 模型能够更好地捕捉不同位置之间的关联，同时也能够处理多个不同层次的语义信息。这使模型在自然语言处理任务中表现出色，如文本生成、翻译、情感分析等。

### 原理输出 14.3

请大家在 ChatGPT 的帮助下录制一个长度约为 2 分钟的短视频，介绍什么是多头注意力。

可以参考的 ChatGPT 提示词如下。

“请简要介绍什么是多头注意力。”

“请结合生活中的例子，介绍什么是多头注意力。”

“假设你是一位大学老师，请用轻松易懂的语言向学生讲解什么是多头注意力。”

### 实操练习 14.3

为了让大家可以用代码的形式了解什么是多头注意力，接下来大家可以让 ChatGPT 生成 Markdown 代码，并在 Colab 新建一个 Notebook 文件运行这些代码。

要让 ChatGPT 生成代码，可以参考的提示词如下。

“请使用 Markdown 语言绘制多头注意力的示意图。”

### 14.1.3 位置编码

在 Transformer 架构中，位置编码是为了解决序列中不同位置信息的缺失而引入的一个重要组件。由于 Transformer 模型没有像循环神经网络那样的内在顺序处理能力，它需要一种方式来告诉模型每个位置在序列中的相对顺序，从而避免位置信息的丢失。

以下是对 Transformer 架构中位置编码的简要解释。

(1) 问题：在序列数据（如文本句子）中，单词的顺序很重要。然而，由于 Transformer 中的注意力机制是无序的，模型无法自动学习序列中不同位置的信息。

(2) 解决方案：为了解决这个问题，我们引入了位置编码。位置编码是一种在嵌入 (Embeddings) 中添加的向量，它包含关于位置的信息，让模型能够知道每个位置在序列中的相对位置。

(3) 加法方式：位置编码被简单地添加到嵌入向量中，以便将位置信息与词语的语义信息相结合。这样，模型就可以在处理序列数据时，同时考虑位置和语义信息。

图 14-4　当我们写信时，构思的开头、中间、结尾可以看成是位置编码

(4) 周期性模式：常用的位置编码方式是使用正弦和余弦函数生成周期性的编码。通过设置不同的频率和偏移，每个位置都会得到一个唯一的位置编码，使模型能够区分不同位置。

(5) 位置信息不可学习：位置编码并不是通过模型学习得到的，而是预定义的。这是因为位置信息是固定的，不会因为不同任务而改变。

用一个通俗的例子来解释，想象你正在写一封信，你需要在信中表达一些不同的情感，比如开头是问候，中间是表达感谢，结尾是道别。在写这封信时，你需要知道每个部分的位置，以便让信的结构合理流畅。这就像 Transformer 架构中的位置编码，就像图 14-4 所示的这样。

在这个例子中，详细分析如下。

(1) 信的不同部分是序列：你的信可以被看作一个由不同部分组成的序列，比如问候、感谢和道别。

(2) 不同部分的位置信息：为了确保信的结构正确，你需要知道每个部分在信中的位置，就像 Transformer 模型需要了解输入序列中每个位置的相对位置。

(3) 位置编码是引导：位置编码在 Transformer 中就像是一种引导，告诉模型每个位置的作用，就像你可以在信的开头写上“亲爱的”，在感谢部分写上“非常感谢”，在结尾写上“祝福”。

(4) 固定的位置信息：就像你在写信时事先知道每个部分的位置一样，位置编码是预先定义好的，不会随着不同的信而改变。它是固定的，而不是模型通过学习得到的。

总之，Transformer 架构中的位置编码类似于给模型提供了序列中每个位置的“标记”，就像你在写信时给每个部分安排了固定的位置。通过引入位置编码，Transformer 模型能够更好地理解序列中不同位置的相对关系，从而更好地捕捉上下文信息，处理长距离依赖关系，以及更准确地进行文本生成和理解。

**原理输出 14.4**

请大家在 ChatGPT 的帮助下录制一个长度约为 2 分钟的短视频，介绍什么是位置编码。

可以参考的 ChatGPT 提示词如下。
“请简要介绍什么是位置编码。”
“请结合生活中的例子，介绍什么是位置编码。”
“假设你是一位大学老师，请用轻松易懂的语言向学生讲解什么是位置编码。”

**实操练习 14.4**

为了让大家可以用代码的形式了解什么是位置编码，接下来大家可以让 ChatGPT 生成 Markdown 代码，并在 Colab 新建一个 Notebook 文件运行这些代码。

要让 ChatGPT 生成代码，可以参考的提示词如下。
“请使用 Markdown 语言绘制位置编码的示意图。”

### 14.1.4　编码器与解码器

在 Transformer 架构中，编码器（Encoder）和解码器（Decoder）是两个关键的部分，它们合作协同完成各种自然语言处理任务，如机器翻译、文本生成等。下面用通俗易懂的语言结合生活中的例子来介绍编码器和解码器的作用。

1. 编码器

想象你正在准备写一篇关于夏天的文章。在写作前，你会先收集夏天的各种信息，如阳光、沙滩、冰淇淋等，然后整理成有条理的背景知识。编码器就像你整理信息的过程。

在 Transformer 的编码器中，具体架构如下。

（1）输入序列：输入的是源语言的文本，例如汉语句子。

（2）嵌入层：将每个词语嵌入成向量表示，就像你整理夏天的信息。

（3）多头自注意力：类似于你在整理信息时，考虑不同知识之间的联系，编码器通过多头自注意力考虑输入序列中不同位置的关系。

（4）前馈神经网络：就像你可能需要从各种角度来思考夏天，编码器使用前馈神经网络来提取更深层次的特征。

编码器将源语言文本中的信息整理成一个特征表示，这个特征表示可以传递给解码器进行后续的生成或翻译。

2. 解码器

现在，假设你要将准备好的关于夏天的文章翻译成另一种语言，比如英语。你需要根据已有的夏天知识，逐句翻译并生成新的文本，同时确保翻译通顺。解码器就像你进行翻译的过程。

在 Transformer 的解码器中，具体架构如下。

（1）特定输入：输入解码器的内容是编码器生成的特征表示和一个特定的起始标记，就像你提供已整理好的夏天信息和翻译任务的起始标记。

（2）嵌入层：将起始标记嵌入成向量表示，就像你准备翻译任务的开始。

（3）多头自注意力和编码器-解码器注意力：解码器通过多头自注意力和编码器-解码器注意力，同时关注已翻译的部分和输入序列的信息，类似于你在翻译时结合已知的夏天知识和正在翻译的句子。

（4）前馈神经网络：前馈神经网络类似于你在翻译时需要根据已知知识逐句生成，解码器使用前馈神经网络生成新的文本。

最终，解码器将生成的文本逐步扩展，就像你逐句翻译，直到生成完整的目标语言文本。整个过程就像图 14-5 所示的这样。

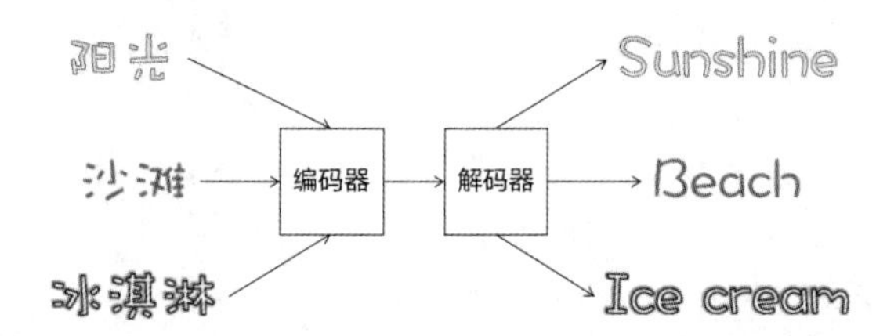


图 14-5　Transformer 架构中的编码器和解码器

总之，编码器和解码器是 Transformer 架构中的两个重要部分，它们分别负责整理信息和生成文本，在各种自然语言处理任务中发挥着关键作用。

## 原理输出 14.5

请大家在 ChatGPT 的帮助下录制一个长度约为 2 分钟的短视频，介绍什么是编码器和解码器。

可以参考的 ChatGPT 提示词如下。

“请简要介绍什么是编码器和解码器。”

“请结合生活中的例子，介绍什么是编码器和解码器。”

“假设你是一位大学老师，请用轻松易懂的语言向学生讲解什么是编码器和解码器。”

## 实操练习 14.5

为了让大家可以用代码的形式了解什么是编码器和解码器，接下来大家可以让 ChatGPT 生成 Markdown 代码，并在 Colab 新建一个 Notebook 文件运行这些代码。

要让 ChatGPT 生成代码，可以参考的提示词如下。
“请使用 Markdown 语言绘制编码器和解码器工作流程的示意图。”

### 14.1.5　残差连接

在 Transformer 架构中，残差连接是一种技术，旨在帮助解决深层神经网络训练过程中的梯度消失和信息传递问题。它通过在网络层之间引入“跳跃连接”，使网络可以直接传递信息，避免信息在深层网络中丢失或受损。

想象一下你需要下楼，从三楼步行到一楼。但是，今天你感到很累，腿也酸痛，这时你可能就不太想步行下楼了。如果能在楼层之间搭起一个滑梯，你就可以通过滑梯快速到达最下面的楼层，这样你就避免了步行，轻松实现了到达一楼的目标。而残差连接，就相当于楼层间的滑梯。

在神经网络中，残差连接可以通过跳过一些层，将输入直接连接到更深层的输出上。这样，梯度在反向传播时就可以更容易地通过整个网络，避免了梯度消失或梯度爆炸的问题。这就像是你下楼时，虽然有些时候你感觉很累不想步行，但是因为有滑梯（残差连接），你仍然可以轻松地到达底层。就像图 14-6 所示的这样。

图 14-6　残差连接，就像这个滑梯，可以从三楼直接滑到一楼

在 Transformer 中，这种类比的概念可以解释如下。

（1）每个神经网络层是一层楼。

（2）在每一层之间添加了一个“滑梯”，即残差连接，使输入可以直接跳过下一层，传递到更下一层。

这样，即使某一层的变换出现了问题（比如梯度消失），网络仍然能够通过残差连接传递信息，保证信息的传递和梯度的流动，从而加速训练并提高网络的性能。

总之，Transformer 架构中的残差连接允许信息在深层网络中直接传递，从而增强了网络的稳定性和训练效果。它是 Transformer 模型成功的关键因素之一。

**原理输出 14.6**

请大家在 ChatGPT 的帮助下录制一个长度约为 2 分钟的短视频，介绍什么是残差连接。

可以参考的 ChatGPT 提示词如下。
“请简要介绍什么是残差连接。”
“请结合生活中的例子，介绍什么是残差连接。”
“假设你是一位大学老师，请用轻松易懂的语言向学生讲解什么是残差连接。”

**实操练习 14.6**

为了让大家可以用代码的形式了解什么是残差连接，接下来大家可以让 ChatGPT 生成 Markdown 代码，并在 Colab 新建一个 Notebook 文件运行这些代码。

要让 ChatGPT 生成代码，可以参考的提示词如下。
“请使用 Markdown 语言绘制残差连接的示意图。”

### 14.1.6 层归一化

在 Transformer 架构中，层归一化（Layer Normalization）是一种用于神经网络的正则化技术，旨在提高训练的稳定性和收敛速度。它是对每个样本的每个特征维度进行归一化，使它们的均值为 0，方差为 1，从而有助于减少内部协变量偏移，改善网络的训练效果。

下面用通俗易懂的语言解释层归一化，想象你正在一家自助餐厅用餐。你可能会从不同的食物区域选择食物，每个区域都有不同种类的食物。但是，有时候某些区域的食物可能很少，导致你选择的食物种类不够多样。为了确保你获得均衡的饮食，你可能会在自助餐桌上调整每种食物的比例，使每种食物的分布更均匀，就像图 14-7 所示的这样。

图 14-7　层归一化，就像我们吃自助餐时均匀搭配不同种类的食物

在神经网络中，每个样本的特征维度可以类比为不同的食物种类。而层归一化就像是在神经网络的每个层上，调整每个特征维度的比例，使它们的分布更加均匀，有助于提高训练的稳定性。

在 Transformer 架构中，使用层归一化有几个重要的原因和优势，它可以提高模型的训练稳定性和性能，特别是在处理深层网络时。以下是使用层归一化的主要原因。

（1）缓解梯度消失问题。在深层神经网络中，梯度消失是一个常见的问题，影响了训练的稳定性和效果。而层归一化通过在神经网络的每一层对输入数据进行标准化处理，使得每一层的输入都具有适当的尺度。这有助于稳定神经网络的训练过程，防止因数据尺度过大或过小而导致的梯度消失问题。

（2）减少内部协变量偏移。层归一化对每个样本的每个特征维度进行归一化，使得它们的均值为 0，方差为 1。这有助于减少内部协变量偏移，提高网络的训练效果。内部协变量偏移是指在训练过程中，每一层输入的分布可能发生变化，导致训练不稳定。

（3）提高训练速度和性能：层归一化可以加快训练的收敛速度，使模型更快地达到收敛。同时，它还可以提高模型的泛化能力，降低过拟合的风险，从而在测试数据上表现更好。

（4）适应不同样本：层归一化对每个样本的特征维度进行归一化，因此可以适应不同样本的分布。这对于处理多样本、多样性数据非常有帮助，使模型更具鲁棒性。

总之，层归一化在 Transformer 架构中的使用可以有效地缓解深层神经网络训练中的问题，提高模型的稳定性、性能和泛化能力。它是让 Transformer 模型更好地适应复杂任务和大规模数据的重要组成部分。

### 原理输出 14.7

请大家在 ChatGPT 的帮助下录制一个长度约为 2 分钟的短视频，介绍什么是层归一化。

**小贴士**

可以参考的 ChatGPT 提示词如下。
“请简要介绍什么是层归一化。”
“请结合生活中的例子，介绍什么是层归一化。”
“假设你是一位大学老师，请用轻松易懂的语言向学生讲解什么是层归一化。”

### 实操练习 14.7

为了让大家可以用代码的形式了解什么是层归一化，接下来大家可以让 ChatGPT 生成 Markdown 代码，并在 Colab 新建一个 Notebook 文件运行这些代码。

**小贴士**

要让 ChatGPT 生成代码，可以参考的提示词如下。
“请使用 Markdown 语言绘制层归一化的示意图。”

# 14.2 预训练

大语言模型的预训练（Pre-training）是指在大规模文本数据上训练模型的过程，以使模型能够学习到语言的一般性知识和结构。预训练模型在此阶段会尝试理解语法、语义、上下文等信息，从而捕捉到自然语言的一些普遍规律。

下面举一个通俗易懂的例子，当我们学习一门新的语言，最开始我们会先学习一些基础词汇、语法规则和常见的表达方式。这就好比大语言模型的预训练阶段，模型会在大量的文本数据上进行学习，像我们刚开始学语言一样，逐渐掌握这门“语言”的一般性规律。

想象你是一个小孩子，你第一次来到一个新的国家，不了解当地的规矩和文化。你会开始观察周围的人们是如何说话、交流的，也会尝试去模仿他们的举止和表达方式。在这个过程中，你逐渐掌握了一些基本的语言技能，能够和当地的人们交流，虽然你的表达可能还不太流利。这个过程就像图 14-8 所示的这样。

图 14-8 大语言模型预训练的过程，就像小孩子模仿外国人说话一样

在大语言模型的预训练中，模型就像这个小孩子一样，在大量的文本中观察和学习。它会尝试理解不同单词之间的关系，学会预测下一个可能的词语是什么，以及如何将词语组合成有意义的句子。这个阶段的目标不是针对特定任务，而是培养模型的“语言感觉”。

一旦预训练完成，就好像你学会了一门语言的基础知识，你可以运用这些语言知识来进行各种活动。例如，你可以和人们交谈、写文章、做演讲等。类似地，预训练完成的大语言模型可以在各种自然语言处理任务中发挥作用，例如翻译、问答、文本生成等。模型通过在预训练阶段学到的知识，能够在后续的任务中更好地理解和处理文本。

总之，大语言模型的预训练就像是模型在海量文本中学习语言的基础，为它后续在各种任务中表现出色提供了坚实的基础。就像小孩子刚开始学习一门新的语言一样，模型也会通过不断的观察和学习，逐渐掌握自然语言的奥秘。

预训练的优势在于，通过在大规模数据上学习通用的语言知识，预训练模型可以捕获到丰富的文本特征。这些特征在下游任务中可以被利用，从而提高模型在各种自然语言处理任务上的性能。这种预训练策略已经在自然语言处理领域取得了许多重要的突破。

**原理输出 14.8**

请大家在 ChatGPT 的帮助下录制一个长度约为 2 分钟的短视频，介绍什么是大语言模型的预训练。

可以参考的 ChatGPT 提示词如下。

“请简要介绍什么是大语言模型的预训练。”

“请结合生活中的例子，介绍什么是大语言模型的预训练。”

“假设你是一位大学老师，请用轻松易懂的语言向学生讲解什么是大语言模型的预训练。”

**实操练习 14.8**

为了让大家可以用代码的形式了解什么是大语言模型的预训练，接下来大家可以让 ChatGPT 生成 Markdown 代码，并在 Colab 新建一个 Notebook 文件运行这些代码。

要让 ChatGPT 生成代码，可以参考的提示词如下。

“请使用 Markdown 语言绘制大语言模型的预训练的基本流程。”

## 14.3 微调

大语言模型的微调（Fine-tuning）是指在预训练完成后，将预训练模型应用于具体的下游自然语言处理任务，并在该任务的数据上进行进一步的训练和调整。微调的目标是让模型适应特定任务的要求，提高其在该任务上的性能。

通俗地说，就好比你已经学会了一门语言的基础知识，现在你想在这门语言上精通一些特定的技能，比如写诗、讲故事等。你需要在具体的领域中练习和应用，以便更好地运用这门语言，就像图 14-9 所示的这样。

在大语言模型的微调过程中，有以下几点需要注意。

（1）选择下游任务：首先，需要选择一个具体的自然语言处理任务，如文本分类、命名实体识别、机器翻译等。每个任务都有不同的特点和要求，微调将使模型适应这些任务。

（2）准备数据：针对选定的任务，需要收集并准备相应的训练数据。这些数据将用于微调，让模型学习如何在特定任务上进行预测。

图 14-9　微调就像我们在掌握一门语言的基础知识后，开始针对某项具体任务进行特训

（3）调整模型：在微调阶段，模型会根据任务的数据进行调整。通常，模型的一部分参数会被冻结，只有部分参数会被调整，以保留预训练阶段学到的通用知识。

（4）训练和优化：使用任务数据对模型进行训练，并根据任务的损失函数进行优化。模型会逐步调整，以最大程度地适应任务需求。

（5）评估性能：在微调完成后，需要使用验证集或测试集对模型进行评估，看看它在任务上的表现如何。如果需要，可以进行调整和再次微调，以进一步提高性能。

（6）应用模型：微调完成后的模型可以用于实际的任务处理。例如，在文本分类任务中，模型可以根据输入文本预测其类别。

总之，大语言模型的微调是将通用的预训练模型应用于特定任务的过程，以提高模型在该任务上的性能。这种方法充分利用了预训练模型在大规模数据上学到的语言知识，同时也使模型能够适应不同领域和任务的需求。

**原理输出 14.9**

请大家在 ChatGPT 的帮助下录制一个长度约为 2 分钟的短视频，介绍什么是大语言模型的微调。

可以参考的 ChatGPT 提示词如下。

“请简要介绍什么是大语言模型的微调。”

“请结合生活中的例子，介绍什么是大语言模型的微调。”

“假设你是一位大学老师，请用轻松易懂的语言向学生讲解什么是大语言模型的微调。”

**实操练习 14.9**

为了让大家可以用代码的形式了解什么是大语言模型的微调，接下来大家可以让 ChatGPT 生成 Markdown 代码，并在 Colab 新建一个 Notebook 文件运行这些代码。

要让 ChatGPT 生成代码，可以参考的提示词如下。

“请使用 Markdown 语言绘制大语言模型微调的基本流程。”

# 14.4 自回归训练

大语言模型的自回归训练是一种训练策略，用于生成文本或序列数据的模型，例如用于文本生成、语言建模等任务的模型。在自回归训练中，模型会逐步生成输出序列，每个步骤都依赖前面已经生成的部分，模仿人类生成文本时逐词逐句思考的过程。

这个概念可以通过一个简单的例子来解释。假设我们有一个自回归模型，用于生成英文句子，训练过程如下。

（1）输入和输出对应：对于输入文本“I love”，我们希望模型生成输出“machine learning”。

（2）逐步生成：在训练过程中，模型从左到右逐步生成文本。它首先根据输入“I love”预测下一个词是什么，比如“machine”。

（3）上下文信息：在生成每个词时，模型使用之前已生成的词作为上下文信息。在生成“machine”时，它会考虑前面已经生成的“I love”。

（4）重复直到完成：模型逐步生成词语，直到生成完整的句子“I love machine learning”，就像图 14-10 所示的这样。

图 14-10　就像造句一样，自回归训练模型在每次生成输出时都考虑之前的部分

自回归训练的关键思想在于，模型在每个时间步生成输出时，都考虑了之前已经生成的部分。这使模型能够捕捉到句子的语法、结构和上下文信息。然而，自回归训练也会导致生成过程较慢，因为模型需要等待前面的词生成后才能进行下一个词的生成。

在大语言模型中，如 GPT 系列，自回归训练是一种常用的训练策略。模型通过对先前已生成的词进行条件生成，逐步构建完整的文本序列。这种方法在文本生成、对话生成等任务中取得了很好的效果，但也存在一些潜在的问题，如生成偏离上下文的内容等。因此，研究人员还在不断探索其他生成策略，如无自回归训练等。

**原理输出 14.10**

请大家在 ChatGPT 的帮助下录制一个长度约为 2 分钟的短视频，介绍什么是自回归训练。

可以参考的 ChatGPT 提示词如下。

"请简要介绍什么是自回归训练。"

"请结合生活中的例子，介绍什么是自回归训练。"

"假设你是一位大学老师，请用轻松易懂的语言向学生讲解什么是自回归训练。"

**实操练习 14.10**

为了让大家可以用代码的形式了解什么是自回归训练，接下来大家可以让 ChatGPT 生成 Python 代码，并在 Colab 新建一个 Notebook 文件运行这些代码。

要让 ChatGPT 生成代码，可以参考的提示词如下。

"请使用 Python 语言演示一个最简单的自回归训练过程。"

## 14.5 掩码语言模型

掩码语言模型（Masked Language Model，MLM）是自然语言处理中一种常见的预训练模型，用于学习词语之间的关系和语言表示。它在预训练阶段通过预测文本中一些词语被遮蔽（掩盖）的位置，从而使模型能够理解上下文信息并学习到更丰富的语言知识。

具体来说，掩码语言模型的预训练过程如下。

（1）遮蔽输入：在输入文本中，随机选择一些词语，并将它们替换为特定的掩码标记，比如"［MASK］"。这样模型就需要根据上下文来预测被遮蔽的词语是什么。

（2）预测任务：掩码语言模型的任务是根据上下文来预测被遮蔽的词语，即模型根据上下文中的其他词语，来推断出被遮蔽的词语的可能性分布。

（3）最小化损失函数：在训练过程中，使用交叉熵损失函数来衡量模型预测与实际遮蔽词语的匹配程度。模型的目标是最小化损失函数，提高预测准确性。

通过这种方式，掩码语言模型可以学习到词语之间的语义关系、上下文信息和常见的表达方式。它可以捕捉到单词的语义含义及在不同上下文中的语义变化。

下面用通俗易懂的语言和一个生活中的例子来解释，想象一下你正在和朋友玩一个猜词游戏。游戏规则是，你的朋友会给你一个句子，但是其中有一些词被挖空了，你需要根据上下文猜出被挖空的词是什么。

例如，你的朋友可能告诉你：“我喜欢吃________，特别是夏天的时候。”这时候，你需要根据“夏天”的提示，猜出挖空的词是“冰淇淋”。你的大脑根据前后的词汇，推测出了正确的词语，就像图 14-11 所示的这样。

图 14-11　掩码语言模型就像我们平时和朋友玩猜词游戏

掩码语言模型就有点像这个猜词游戏。在模型训练的时候，它会看到一些句子，但是一些词被特殊的符号（比如“［MASK］”）代替，就像完形填空一样。然后，模型的任务就是根据前后的词汇和上下文，猜出被挖空的词是什么。

通过这个训练过程，掩码语言模型学会了理解词语之间的关系，就像你在猜词游戏中一样，它可以从上下文中预测出合适的词语，从而学会很多有关语言的知识。这种训练让模型变得“聪明”，能够更好地理解和生成文本。

最终，训练好的掩码语言模型可以用于各种各样的任务，比如翻译、问答、生成文章等，就像你在猜词游戏中学会了如何根据上下文来猜出正确的词语一样。

一种经典的掩码语言模型是 BERT，它在大规模的文本数据上进行预训练，并在下游任务中取得了出色的性能。BERT 在掩码语言模型的基础上，还引入了双向的上下文信息，使模型能够更全面地理解文本。

总之，掩码语言模型是一种重要的预训练方法，它通过预测被遮蔽的词语来学习语言表示，为各种自然语言处理任务提供了强大的基础。

### 原理输出 14.11

请大家在 ChatGPT 的帮助下录制一个长度约为 2 分钟的短视频，介绍什么是掩码语言模型。

**小贴士**

可以参考的 ChatGPT 提示词如下。

“请简要介绍什么是掩码语言模型。”

“请结合生活中的例子，介绍什么是掩码语言模型。”

“假设你是一位大学老师，请用轻松易懂的语言向学生讲解什么是掩码语言模型。”

### 实操练习 14.11

为了让大家可以用代码的形式了解什么是掩码语言模型，接下来大家可以让 ChatGPT 生成 Markdown 代码，并在 Colab 新建一个 Notebook 文件运行这些代码。

**小贴士**

要让 ChatGPT 生成代码，可以参考的提示词如下。
“请使用 Markdown 语言绘制一个最简单的掩码语言模型示意图。”

现在我们已经了解了与大语言模型相关的一些基础概念，在下一章中，我们将一起探讨常见的几个大语言模型。

# 第15章 常见的大语言模型

在第14章中，我们介绍了大语言模型的一些相关概念。本章将和大家一起了解常见的大语言模型。它们在自然语言处理领域取得了重大的突破，在许多任务上的性能表现超越了以往的方法，在许多领域取得了成绩。这使它们成为研究和实际应用中的热门选择，并因其强大的表示能力、通用性和性能表现而在自然语言处理领域得到广泛应用和认可。

## 15.1 GPT 系列模型

GPT（Generative Pre-trained Transformer）是一系列基于 Transformer 架构的语言模型，由 OpenAI 开发。GPT 模型的主要特点是在大规模文本数据上进行预训练，然后可以通过微调在各种自然语言处理任务上取得出色的性能。

### 15.1.1 GPT 模型的训练策略

GPT 模型的训练策略可以分为两个主要阶段：预训练（Pre-training）和微调（Fine-tuning）。这种两阶段的训练策略使 GPT 模型能够从大规模的无监督文本数据中学习通用的语言表示，然后在特定任务上进行微调以适应特定的应用需求。以下是 GPT 模型训练策略的详细介绍。

1. 预训练

预训练阶段是 GPT 模型训练的第一阶段，它的目标是在大规模的无监督文本数据上学习通用的语言表示。

（1）输入数据：预训练阶段使用大量的文本数据来训练模型。这些文本数据可以来自互联网、书籍、文章等，涵盖了广泛的语言和主题。

（2）自回归任务：GPT 模型使用自回归的方式进行预训练。具体地，模型被训练为在给定前面词语的条件下，预测下一个词语。模型的目标是最大化正确词语的概率。

（3）预训练目标：预训练任务的目标是让模型捕捉到语言的结构、语法、语义等多种特征，以便在后续的微调中能够适应不同的 NLP 任务。

（4）无监督训练：预训练阶段是无监督的，因为模型仅使用了输入文本数据，而没有使用任何任务特定的标注数据。

2. 微调（Fine-tuning）

微调阶段是 GPT 模型训练的第二阶段，它的目标是在特定任务上对预训练模型进行调整，以适应任务的需求。

（1）输入数据：微调阶段使用具有标注的任务相关数据。这可以是分类数据、对话数据、问答数据等，取决于模型要应用的具体任务。

（2）有监督训练：微调阶段是有监督的，因为模型需要根据任务标注数据进行优化。模型的输出可能是分类、生成、回答等，根据任务的不同而变化。

（3）微调过程：在微调阶段，预训练模型的参数会被微调以适应特定任务。通常，只有输出层和部分顶层的参数会被微调，而底层的参数保持不变，以保留模型在通用语言表示上的能力。

（4）迁移学习：预训练的通用语言表示在微调阶段通过迁移学习的方式，被应用到新任务上，使模型能够在用于微调的有标注数据上表现出色。

用通俗易懂的话来讲，当我们想要让计算机变得聪明，能够理解和产生人类语言时，就需要像培养小孩子一样，让计算机从大量的文字中学习。

假设，我们有一个特殊的机器叫作 GPT，它就像一个学习机器人。它要经历两个重要的学习阶段，就像小孩子上学一样。

第一阶段，叫作“预训练”。这就好像是小孩子在家里自己玩，慢慢学习语言和事物。我们给 GPT 看很多很多的书、文章和网页，就像是小孩子读很多故事。GPT 学会了很多语言的规则、词汇和意思，就像小孩子学会了说话。

第二阶段，叫作“微调”。这就像小孩子去学校，老师会教他们更具体的知识和技能。我们给 GPT 一些具体的任务，比如让它写诗、回答问题、翻译文本等，就像小孩子在学校学习数学、科学和音乐等。GPT 根据任务的要求，慢慢学会了怎么样更好地完成这些任务。这个过程就像图 15-1 所示的这样。

图 15-1　GPT 的训练策略就像一个小孩子的成长过程

所以，GPT 的训练策略就像是一个小孩子的成长过程。它先通过自己阅读大量的文字，学会了语言和一般的知识；再在具体的任务中，通过老师（即我们）的指导，逐渐掌握了更深入的技能。最终，GPT 能够像一个聪明的小朋友一样，理解我们的问题，回答得很好，甚至创造出有趣的文本。

通过这种预训练与微调的训练策略，GPT 模型能够在大规模文本数据中学习通用的语言表示，然后在特定任务上进行微调，取得出色的性能。这种策略的优势在于模型不仅能够适应特定任务，还能够保持对语言的通用理解。

**原理输出 15.1**

请大家在 ChatGPT 的帮助下录制一个长度约为 2 分钟的短视频，介绍 GPT 的训练策略。

可以参考的 ChatGPT 提示词如下。
“请简要介绍 GPT 的训练策略。”
“请结合生活中的例子，介绍 GPT 的训练策略。”
“假设你是一位大学老师，请用轻松易懂的语言向学生讲解 GPT 的训练策略。”

**实操练习 15.1**

为了让大家可以用代码的形式了解 GPT 的训练策略，接下来大家可以让 ChatGPT 生成 Markdown 代码，并在 Colab 新建一个 Notebook 文件运行这些代码。

要让 ChatGPT 生成代码，可以参考的提示词如下。
“请使用 Markdown 语言绘制 GPT 训练策略示意图。”

### 15.1.2　GPT 模型的适用场景

GPT 模型在许多自然语言处理任务中都有广泛的适用场景，这是由于其强大的语言建模和生成能力。当你想让计算机理解和使用人类语言，如同与朋友聊天一样，GPT 模型可以帮助你实现这个目标，就像图 15-2 所示的这样。

图 15-2　GPT 像是一位智能的朋友，能帮我们做很多事

具体来说，我们可以想象一下以下几个日常生活的应用场景。

（1）聊天助手。就像你有一个智能朋友一样，你可以问 GPT 模型问题，比如“天气怎么样”或者“明天要下雨吗”，它会像回答朋友的问题那样，告诉你天气情况，帮助你做出决策。

（2）写作助手。如果你正在写文章或做作业，但有时不知道用什么词或怎么组织句子，你可以向 GPT 模型寻求帮助。你可以问“有没有一些描述夏天的形容词”或者“能帮我写一个引人入胜的开头吗”，它会给你一些灵感和建议，就像一个写作顾问一样。

（3）故事创作。如果你喜欢编故事，但有时想不出情节，GPT 模型可以成为你的创意助推器。你可以告诉它一个主题，比如“在太空中的冒险”，然后它会为你编写一个有趣的故事，就像你的故事编写助手。

（4）语言翻译。假设你去了一个国家，不懂当地语言。你可以向 GPT 模型输入你想说的话，然后让它帮你翻译成当地语言，它就像一个实时翻译器。

（5）问答助手。当你对某个话题有疑问时，你可以向 GPT 模型提问，就像问老师一样。比如，你可以问“为什么天空是蓝色的”，它便会解释给你听。

（6）编程辅助。如果你在学习编程，遇到了难题，你可以向 GPT 模型求助。你可以描述问题，比如“如何在 Python 中创建一个循环”，它会给你编写代码的建议，就像你的编程导师一样。

总之，GPT 模型就像是一个可以与你聊天、提供信息、帮助创作、解答问题的智能小伙伴。它能够理解你的需求，回应你的话语，帮助你在不同的情境中更加方便地获得帮助和得心应手。

**原理输出 15.2**

请大家在 ChatGPT 的帮助下录制一个长度约为 2 分钟的短视频，介绍 GPT 的适用场景。

**小贴士**

可以参考的 ChatGPT 提示词如下。

“请简要介绍 GPT 的适用场景。”

“请结合生活中的例子，介绍 GPT 的适用场景。”

“假设你是一位大学老师，请用轻松易懂的语言向学生讲解 GPT 的适用场景。”

**实操练习 15.2**

为了让大家可以用代码的形式了解 GPT 的适用场景，接下来大家可以让 ChatGPT 生成代码，并在 Colab 新建一个 Notebook 文件运行这些代码。

**小贴士**

要让 ChatGPT 生成代码，可以参考的提示词如下。

“请使用 Python 语言演示 GPT 的适用场景之一。”

### 15.1.3 GPT 模型的缺点

当谈论 GPT 模型的缺点时，就像谈论一个聪明但有时也会出错的朋友，就像图 15-3 所示的这样。

下面通过一些通俗易懂的例子来说明 GPT 模型的缺点。

（1）偏见和错误理解：GPT 模型有时会像一个以偏概全的人一样，产生偏见或错误的理解。就像有些人可能会因为某种经历而有偏见，GPT 模型有时也可能会因为训练数据中的偏见或误导性信息而产生不准确的内容。

（2）不理解上下文：GPT 模型有时可能没有完全理解背景信息，无法正确地处理上下文。就像有人可能会在没有上下文的情况下误解一些话，GPT 模型也可能因为缺少足够的背景信息而生成错误的答案。

图 15-3　GPT 虽然很智能，但也有一些缺点

（3）自信度不足：GPT 模型有时会像一个缺乏自信心的人，无法确定生成内容的正确性。就像有些人不确定自己的答案，GPT 模型的答案可能也不够可靠。

（4）有限的创意：GPT 模型的创意有时可能受到限制，难以产生真正独特和创新的内容。就像某些人可能在创造性思维方面有限，GPT 模型也可能在生成创意性内容方面存在局限性。

（5）过于啰唆：GPT 模型有时会像一个说废话的人，生成冗长的文本。有些人可能倾向于说很多废话，GPT 模型在生成文本时也可能过于啰唆而不够精练。

（6）有限的常识：GPT 模型的常识有时可能不足，导致生成的内容缺乏真实世界的实际情况。就像某些人可能因为缺乏常识而做出错误判断，GPT 模型也可能因为缺乏常识而生成不准确的信息。

总之，GPT 模型虽然有很多优点，但也存在一些不足之处。了解了 GPT 模型的这些缺点，可以帮助我们在使用它时更加谨慎，并在需要时进行适当的修正和改进。

**原理输出 15.3**

请大家在 ChatGPT 的帮助下录制一个长度约为 2 分钟的短视频，介绍 GPT 的缺点。

可以参考的 ChatGPT 提示词如下。

“请简要介绍 GPT 的缺点。”

“请结合生活中的例子，介绍 GPT 的缺点。”

“假设你是一位大学老师，请用轻松易懂的语言向学生讲解 GPT 的缺点。”

**实操练习 15.3**

为了让大家可以用代码的形式了解 GPT 的缺点，接下来大家可以让 ChatGPT 生成代码，并在 Colab 新建一个 Notebook 文件运行这些代码。

要让 ChatGPT 生成代码，可以参考的提示词如下。

“请使用 Python 语言演示 GPT 的缺点之一。”

### 15.1.4　如何避免 GPT 模型的缺点

当我们在使用 GPT 模型时，要避免 GPT 模型的一些问题，就像在和一位聪明的朋友交流时需要注意逻辑清晰一样。下面通过一些通俗易懂的例子来说明如何避免 GPT 模型的缺点。

(1) 多样化阅读和学习：就像你在不同书籍和文章中学习各种观点一样，我们也可以在训练 GPT 模型时使用多样的数据。这可以帮助模型避免受到单一观点的影响，从而减少偏见。

(2) 双重检查和改进：就像你在写完文章之后再检查一遍以确保没有错误一样，我们也可以在 GPT 模型生成内容后再进行检查和修正。这可以帮助我们发现和纠正可能出现的错误或不准确的部分。

(3) 明确指导和要求：就像你向朋友解释清楚你想要的东西一样，我们可以在与 GPT 模型互动时提供明确的指导和要求。这有助于引导模型生成更准确和合理的内容，避免偏离预期。

(4) 与朋友讨论和确认：就像你在做决定时会请教朋友一样，我们可以通过与人类专家讨论或确认 GPT 模型生成的内容来确保准确性。这可以帮助我们找到不准确或有偏见的部分，并进行改进。

图 15-4　可以通过一些措施来尽量避免 GPT 模型出现问题

(5) 持续学习和修正：就像学习新知识并能够改进自己一样，我们可以根据用户的反馈和实际使用情况来不断学习和改进 GPT 模型。这有助于逐步减少模型可能出现的问题。

(6) 混合不同方法：就像你在做事情时可能会使用不同方法一样，我们可以综合使用多种技术，如规则和过滤器，来确保生成的内容更加准确和可靠。

总之，避免 GPT 模型出现问题需要采用一些类似于与朋友交流时的技巧。通过多样化学习、明确指导、与人合作及不断改进，我们可以更好地应对 GPT 模型的缺点，使其生成的内容更加准确和有用，就像图 15-4 所示的这样。

### 原理输出 15.4

请大家在 ChatGPT 的帮助下录制一个长度约为 2 分钟的短视频，介绍如何避免 GPT 模型的缺点。

**小贴士**

可以参考的 ChatGPT 提示词如下。

“请简要介绍如何避免 GPT 模型的缺点。”

“请结合生活中的例子，介绍如何避免 GPT 模型的缺点。”

“假设你是一位大学老师，请用轻松易懂的语言向学生讲解如何避免 GPT 模型的缺点。”

**实操练习 15.4**

为了让大家可以用代码的形式了解如何避免 GPT 模型的缺点，接下来大家可以让 ChatGPT 生成代码，并在 Colab 新建一个 Notebook 文件运行这些代码。

要让 ChatGPT 生成代码，可以参考的提示词如下。

“请使用 Markdown 绘制表格，列出避免 GPT 缺点的措施。”

## 15.2 BERT

BERT（Bidirectional Encoder Representations from Transformers）是一种流行的预训练语言模型，由 Google 于 2018 年提出。它同样采用了 Transformer 架构，旨在通过从大量文本数据中学习通用语言表示来提升各种自然语言处理任务的性能。下面我们来了解与 BERT 相关的知识。

### 15.2.1 双向上下文建模

传统的语言模型通常是从左到右或从右到左单向预测文本的下一个词，但 BERT 采用双向模型，在预训练时同时考虑了上下文的前向和后向信息。这意味着 BERT 能够更好地理解词语在文本中的含义和关系。

下面我们结合生活中的例子来解释 BERT 的双向上下文建模。想象一下，你正在阅读一本小说，而你想要理解故事中的一个关键词，比如“孤独”。为了更好地理解这个词，你会考虑前面和后面的内容，以及它们之间的关系。例如，如果前面提到了主人公失去了亲人，后面提到了他没有朋友，那么你会明白“孤独”在这个情境中的意义，就像图 15-5 所示的这样。

图 15-5　双向上下文建模，就像是我们看小说时结合前文和后文来理解情境

BERT 的双向上下文建模就是在训练时，让计算机考虑上下文，同时从前面和后面的词语中学习。它就像你在阅读小说时，你不仅看前面的内容，还会读后面的内容，以获得更好的理解。

再举个例子，如果我们有一个句子：“夏天在海边，我喜欢游泳。”在双向上下文建模中，BERT 会同时考虑“我”之前的内容“夏天在海边”和“我”之后的内容“游泳”，以获取更全面的信息。这样，模型可以更好地理解“我”喜欢什么活动，以及在什么季节和地方。

通过这种双向上下文建模，BERT 能够更好地理解词语之间的关系，提取出丰富的语义信息，使它在各种自然语言处理任务中表现得更准确和强大，就像你在阅读小说时从前后文中获得更深入的理解一样。

**原理输出 15.5**

请大家在 ChatGPT 的帮助下录制一个长度约为 2 分钟的短视频，介绍什么是双向上下文建模。

**小贴士**

可以参考的 ChatGPT 提示词如下。

“请简要介绍什么是双向上下文建模。”

“请结合生活中的例子，介绍什么是双向上下文建模。”

“假设你是一位大学老师，请用轻松易懂的语言向学生讲解什么是双向上下文建模。”

**实操练习 15.5**

为了让大家可以用代码的形式了解什么是双向上下文建模，接下来大家可以让 ChatGPT 生成代码，并在 Colab 新建一个 Notebook 文件运行这些代码。

**小贴士**

要让 ChatGPT 生成代码，可以参考的提示词如下。

“请使用 Markdown 语言绘制示意图，展示双向上下文建模的原理。”

### 15.2.2 掩码语言模型

前面章节中我们学习了掩码语言模型的概念，BERT 就使用了掩码语言模型。BERT 使用掩码语言模型的主要目的是让模型在训练过程中能够更好地理解上下文，捕捉词语之间的关系，并生成更丰富的语言表示。这个任务带来了一些重要的优势和收益。

首先，使用掩码语言模型，BERT 可以在训练时同时考虑词语前后的上下文，从而实现双向的语言建模。这使模型能够更好地捕捉词语之间的关系，获得更准确的语义表示。

其次，BERT 在训练时随机遮蔽部分词语，模拟了在实际应用中会遇到的未知词问题。通过预测被遮蔽的词语，BERT 学会了如何从上下文中推断未知词的含义，提高了处理未知词的能力。

然后，掩码语言模型任务迫使 BERT 学习到更具有表现力的语言表示。通过在训练中预测被遮蔽的词语，模型需要理解不完整的上下文，从而生成更具有推理能力的表示。

最后，BERT 使用预训练和微调两个阶段，掩码语言模型作为预训练阶段的一部分，使模型在通用的语言建模任务上进行了训练。微调阶段通过对特定任务进行微调，将通用的表示适用到具体任务中，取得了更好的性能。

举个例子，假设有句话："今天天气很［ ］，我决定出去［ ］。" BERT 可能会把句子变成："今天天气很［MASK］，我决定出去［MASK］。" 然后模型需要预测被挡住的词是什么，比如可能是"晴朗"和"散步"。通过这个任务，BERT 学会了从上下文中理解词语的含义，同猜词游戏一样，能从其他词语中推测被挡住的词，就像图 15-6 所示的这样。

图 15-6　掩码语言模型可以帮助 BERT 更好地理解词语间的关系

这个掩码语言模型任务帮助 BERT 更好地理解词语之间的关系，学习到更丰富的语言表示，使它在处理各种自然语言处理任务时表现得更准确和强大，就像你在猜词游戏中通过上下文推测词语的意思一样。

### 原理输出 15.6

请大家在 ChatGPT 的帮助下录制一个长度约为 2 分钟的短视频，介绍 BERT 为什么使用掩码语言模型。

**小贴士**

可以参考的 ChatGPT 提示词如下。

"请简要介绍 BERT 为什么使用掩码语言模型。"

"请结合生活中的例子，介绍 BERT 为什么使用掩码语言模型。"

"假设你是一位大学老师，请用轻松易懂的语言向学生讲解 BERT 为什么使用掩码语言模型。"

### 实操练习 15.6

为了让大家可以用代码的形式了解 BERT 为什么使用掩码语言模型，接下来大家可以让 ChatGPT 生成代码，并在 Colab 新建一个 Notebook 文件运行这些代码。

小贴士

要让 ChatGPT 生成代码，可以参考的提示词如下。
“请用 Python 代码演示 BERT 如何使用掩码语言模型。”

### 15.2.3 下一句预测

BERT 还可以通过预测一对句子是否连续来学习句子之间的关系。在训练数据中，有一些句子是连续的，有些是随机选择的，模型需要判断这两个句子是不是连续的，从而学会捕捉句子级别的语义。

当谈到 BERT 的“下一句预测”任务时，你可以想象自己在看电视剧。在一部电视剧中，每个镜头之间都有一些对话，而“下一句预测”就好像是你在猜测接下来会是什么对话。

假设你正在看一部悬疑电视剧，主人公正在调查一个谜团。在某个镜头中，你听到以下对话。

图 15-7 BERT 的“下一句预测”就像看电视剧时猜测角色的下一句台词

警察 A：我们刚刚在嫌疑人的房间里找到了一本秘密笔记。

警察 B：真的吗？让我看看。

在这个情节中，警察 A 说了一句话，接下来警察 B 会说什么呢？这就是“下一句预测”的任务。你可以根据上下文和剧情来猜测，就像图 15-7 所示的这样。

BERT 的“下一句预测”任务类似于这个情况。在预训练时，模型会学习如何根据给定的句子，猜测下一句会是什么内容。这有助于模型理解句子之间的逻辑关系和语义，从而提高对上下文的理解能力。

所以，你可以把 BERT 的“下一句预测”任务想象成在看电视剧时猜测下一句对话会是什么，通过上下文和情节来做出预测。

**原理输出 15.7**

请大家在 ChatGPT 的帮助下录制一个长度约为 2 分钟的短视频，介绍 BERT 的下一句预测。

小贴士

可以参考的 ChatGPT 提示词如下。
“请简要介绍 BERT 的下一句预测。”
“请结合生活中的例子，介绍 BERT 的下一句预测。”
“假设你是一位大学老师，请用轻松易懂的语言向学生讲解 BERT 的下一句预测。”

**实操练习 15.7**

为了让大家可以用代码的形式了解 BERT 的下一句预测，接下来大家可以让 ChatGPT 生成代码，并在 Colab 新建一个 Notebook 文件运行这些代码。

要让 ChatGPT 生成代码，可以参考的提示词如下。

"请用 Python 代码演示 BERT 如何进行下一句预测。"

### 15.2.4　BERT 的适用场景

BERT 在许多自然语言处理任务中都有广泛的适用场景，它的通用性使其成为一个强大的工具。以下是一些 BERT 适用的场景示例。

（1）文本分类：BERT 可以用于对文本进行分类，如情感分析、新闻分类、垃圾邮件检测等。它能够从文本中学习到丰富的语义表示，帮助模型更准确地进行分类。

（2）命名实体识别：BERT 能够识别文本中的命名实体，如人名、地名、组织机构等。这在信息提取和文本标注任务中非常有用。

（3）语义关系判断：BERT 可以判断两个实体之间的语义关系，如判断两个句子是否有因果关系、关联关系等。

（4）句子相似度计算：BERT 可以衡量两个句子之间的相似度，这对于问答系统、信息检索和推荐系统等场景非常重要。

（5）机器翻译：BERT 可以用于改进机器翻译系统，生成更准确的翻译结果。

（6）对话系统：BERT 可以帮助对话系统更好地理解用户输入，从而生成更自然、准确的回复。

（7）问答系统：BERT 在问答任务中表现出色，能够理解问题并生成准确的答案。

（8）信息抽取：BERT 可以从文本中抽取出重要信息，如从新闻文章中提取事件、日期、地点等信息。

（9）文本生成：BERT 也可以用于生成文本，如生成摘要、文章等。

总之，BERT 适用于许多自然语言处理任务，尤其在需要理解上下文和语义关系的任务中表现出色。它能够提供强大的语言表示，帮助模型更好地理解和处理各种文本数据。

需要说明的是，BERT 和 GPT 在适用场景方面有很大区别。BERT 适用于各种需要理解上下文和推断语义关系的任务，而 GPT 则更适用于生成型任务，如文本生成和对话系统。

当谈到 BERT 和 GPT 在任务类型方面的区别时，可以把它们比作两个不同的朋友，一个擅长理解不同人之间的关系，另一个则更善于编写引人入胜的故事。

对于 BERT，想象一下，你有一个非常聪明的朋友，他总是能够理解不同人之间的关系，能够快速判断出谁和谁是朋友，谁和谁是家人，谁和谁可能有矛盾。无论是分辨谁喜欢谁，还是分辨谁对谁生气，他总能在不同的情境中理解人际关系。BERT 模型就像这个朋友一样，它通过学习上下文来理解词语之间的关系，能够在不同任务中识别出文本中的命名实体，判断两个句子之间的关联，甚至预测句子的情感。

对于GPT，可以想象你还有一个非常有趣的朋友，他总是能够编写出令人陶醉的故事，能够将你带入奇幻的世界、引发深思或者讲述令人捧腹的笑话。无论你需要一个新的故事情节，还是一段有趣的对话，他总能在头脑中创作出与众不同的文本。GPT模型就像这个朋友一样，它擅长生成连贯、流畅且有创意的文本，比如写作、生成对话及生成问题的答案。

所以，BERT是你的“人际关系专家”，擅长处理理解关系的任务；而GPT则是你的“故事创作者”，擅长生成引人入胜的文本，就像图15-8所示的这样。

图15-8　BERT和GPT擅长的任务类型有很大区别

根据任务需要，你可以选择与合适的朋友进行合作，就像在自然语言处理任务中选择使用BERT或GPT一样。

### 原理输出15.8

请大家在ChatGPT的帮助下录制一个长度约为2分钟的短视频，介绍BERT的适用场景。

可以参考的ChatGPT提示词如下。

“请简要介绍BERT的适用场景。”

“请结合生活中的例子，介绍BERT的适用场景。”

“假设你是一位大学老师，请用轻松易懂的语言向学生讲解BERT的适用场景。”

**实操练习 15.8**

为了让大家可以用代码的形式了解 BERT 的适用场景，接下来大家可以让 ChatGPT 生成代码，并在 Colab 新建一个 Notebook 文件运行这些代码。

要让 ChatGPT 生成代码，可以参考的提示词如下。
"请用 Python 代码演示 BERT 的适用场景之一。"

### 15.2.5 BERT 的缺点

尽管 BERT 是一种强大的语言模型，但它也有一些缺点。想象一下，你在学习一门新课程，但这门课程只能专注于一小部分内容，而不能深入涵盖所有知识。就像这个情况一样，BERT 模型也有一些限制，让我们一起来看看它的缺点。

（1）知识有限。假设你在学习一门关于动物的课程，但只有有限的课程材料可供学习，而且你不知道课程外的其他内容。BERT 类似这种情况，它在预训练阶段只看到了大量的文本数据，但并没有深刻地了解现实世界中的知识。所以，当处理需要更多常识和广泛知识的任务时，BERT 可能会感到有些力不足心。

（2）上下文长度限制。假设你正在读一本故事书，但每次只能读一页，这意味着你可能无法获得整个故事的完整上下文，这会影响你理解故事情节。对于 BERT 来说，它也有类似的限制，它在处理很长的文本时，可能会遇到只能看到部分上下文的问题，从而可能忽略一些重要信息。

（3）无法创作新内容。想象你是一名演员，参演了一部电影，但你只能按照剧本的台词表演，不能即兴创作。BERT 类似这种情况，它可以根据已有的文本生成一些内容，但并不擅长创作新的、独特的文本，这对于某些任务可能不够。

（4）训练数据的影响。假设你的学习资料中有一些错误或偏见，你可能会受到这些错误影响。BERT 也有这个问题，它在大规模文本中学到了一些信息，但如果这些信息中有错误、偏见或不准确的内容，它可能会在处理任务时表现不佳。

（5）需要大量计算资源。就像解决复杂问题需要很多时间和资源一样，BERT 模型需要强大的计算机和大量时间来训练和执行。这可能导致在普通计算机上运行 BERT 变得困难。

所以，虽然 BERT 是一个很有用的模型，但它也有一些限制，特别是在处理长文本、常识推理和创作型任务时，就像图 15-9 所示的这样。

图 15-9 虽然 BERT 很强大，但它也有很多局限性

在使用 BERT 时，了解它的局限性并根据任务的需求来做出明智的选择是很重要的。

**原理输出 15.9**

请大家在 ChatGPT 的帮助下录制一个长度约为 2 分钟的短视频，介绍 BERT 的缺点。

可以参考的 ChatGPT 提示词如下。

“请简要介绍 BERT 的缺点。”

“请结合生活中的例子，介绍 BERT 的缺点。”

“假设你是一位大学老师，请用轻松易懂的语言向学生讲解 BERT 的缺点。”

**实操练习 15.9**

为了让大家可以用代码的形式了解 BERT 的缺点，接下来大家可以让 ChatGPT 生成代码，并在 Colab 新建一个 Notebook 文件运行这些代码。

小贴士

要让 ChatGPT 生成代码，可以参考的提示词如下。

“请用 Python 代码演示 BERT 的缺点之一。”

## 15.3 XLNet

XLNet 也是一种基于 Transformer 架构的自然语言处理模型，它是在 BERT 模型的基础上进行改进和拓展的。与 BERT 类似，XLNet 也是由 Google 研究团队开发的，并在预训练过程中使用了大量的无标签文本数据。下面我们来了解 XLNet 的相关知识。

### 15.3.1 排列式语言模型

与 BERT 不同的是，XLNet 引入了“排列式语言模型”（Permutation Language Model，PLM）的概念，即它能预测一段文本中的各个词语的排列顺序，而不是只预测随机遮蔽的词语。这使 XLNet 能够更好地捕捉双向上下文信息，有助于更好地理解语境。

想象一下你正在阅读一本推理小说，故事中有一些线索被打乱了顺序，而你需要将这些线索重新排列，才能理解故事的真相。这种排列的过程，就像是 XLNet 的排列式语言模型在预训练时要做的事情，就像图 15-10 所示的这样。

在 XLNet 的预训练阶段，它需要预测一个句子中各个词语的排列顺序，就像你要将小说中的线索重新排列一样。通过这种方式，XLNet 能够更好地理解每个词语在上下文中的位置和关系。这就好比在小说中，如果你把线索排列正确，你就能够更准确地推断出故事的真相。

图 15-10　排列式语言模型，就像我们要重新排列线索才能推断出真相

这个排列式语言模型使 XLNet 能够更全面地捕捉双向上下文信息，就像你通过重新排列线索来理清整个故事的情节一样。这使 XLNet 在理解文本时能够更深入，从而在各种自然语言处理任务中表现出色。

### 原理输出 15.10

请大家在 ChatGPT 的帮助下录制一个长度约为 2 分钟的短视频，介绍 XLNet 的排列式语言模型。

可以参考的 ChatGPT 提示词如下。

“请简要介绍 XLNet 的排列式语言模型。”

“请结合生活中的例子，介绍 XLNet 的排列式语言模型。”

“假设你是一位大学老师，请用轻松易懂的语言向学生讲解 XLNet 的排列式语言模型。”

### 实操练习 15.10

为了让大家可以用代码的形式了解 XLNet 的排列式语言模型，接下来大家可以让 ChatGPT 生成代码，并在 Colab 新建一个 Notebook 文件运行这些代码。

要让 ChatGPT 生成代码，可以参考的提示词如下。

“请用 Python 演示 XLNet 的排列式语言模型。”

### 15.3.2 自回归性能量

XLNet 的自回归性能量是指 XLNet 在训练过程中引入的一种机制，旨在在预训练阶段更好地捕获文本中的双向关系。这个机制有助于提升 XLNet 在理解上下文和建模语境时的能力。

在普通的 Transformer 模型中，自注意机制允许模型考虑输入序列中所有位置的信息。然而，传统的自注意机制只会在注意力权重矩阵中填入一个值（通常是 1 或 0），表示是否注意到某个位置。这会导致模型无法捕获不同位置之间的语义关系。

为了改进这一点，XLNet 引入了自回归性能量。具体来说，XLNet 在预训练中不仅考虑了当前位置之前的上下文，还考虑了当前位置之后的上下文。这样，模型可以更全面地理解整个句子的语境，从而更准确地捕捉词语之间的关系。

当谈到 XLNet 的自回归性能量时，我们可以用一个简单的例子来解释，想象你正在写一篇关于自然景观的文章，你提到了“夕阳下的海滩”。在传统的模型中，当模型处理这个短语时，它可能只关注“夕阳下”这部分，而忽略了“海滩”这个词的重要性。这就好比你只看到了夕阳的美丽，但忽略了海滩作为整个景色的一部分。

然而，在 XLNet 的自回归性能量机制中，模型会更聪明地处理这个短语。它不仅会注意到“夕阳下”，还会意识到“海滩”也是整个景色中不可或缺的一部分。在写文章时，它不仅看到了夕阳的美丽，还明白了海滩的存在对于整个景色的完整性有多重要，就像图 15-11 所示的这样。

图 15-11　自回归性能量让模型可以更全面地理解整个句子的语境

用通俗的话说，XLNet 的自回归性能量就是让模型在处理文本时，不仅会看到前面的内容，还会在预测后面的内容时考虑前面的信息。这就像你在写文章时，会同时考虑前面提到的内容和后面要表达的意思，以保持文章的连贯性和逻辑性。

这种机制让 XLNet 能够更全面地理解文本的上下文和语境，从而在处理各种自然语言任务时表现更好，就像你写文章时不仅关注一部分内容，还要考虑整个故事的完整性一样。总的来说，XLNet 的自回归性能量是一种强化模型双向上下文建模的机制，使模型在预训练阶段能够更好地理解文本的语境和关联。这有助于提升 XLNet 在多种 NLP 任务中的性能。

**原理输出 15.11**

请大家在 ChatGPT 的帮助下录制一个长度约为 2 分钟的短视频，介绍 XLNet 的自回归性能量。

可以参考的 ChatGPT 提示词如下。

“请简要介绍 XLNet 的自回归性能量。”

“请结合生活中的例子，介绍 XLNet 的自回归性能量。”

“假设你是一位大学老师，请用轻松易懂的语言向学生讲解 XLNet 的自回归性能量。”

**实操练习 15.11**

为了让大家可以用代码的形式了解 XLNet 的自回归性能量，接下来大家可以让 ChatGPT 生成代码，并在 Colab 新建一个 Notebook 文件运行这些代码。

要让 ChatGPT 生成代码，可以参考的提示词如下。

“请用 Markdown 格式演示 XLNet 的自回归性能量的简单示意。”

### 15.3.3　XLNet 的适用场景

XLNet 适用于各种自然语言处理任务，尤其在需要更好的双向上下文建模和语境理解方面表现出色。以下是一些适用 XLNet 的场景示例。

（1）文本生成：XLNet 在生成型任务中表现出色，可以用于生成连贯、富有创意的文本，如文章摘要、对话生成等。

（2）机器翻译：XLNet 的双向上下文建模能力使其在机器翻译任务中取得更好的效果，能够更准确地理解和翻译句子。

（3）句子相似度计算：XLNet 能够更好地捕捉句子之间的语义关系，因此在句子相似度计算任务中表现出色，如问答系统、信息检索等。

（4）语义关系判断：XLNet 的双向建模能力使其能够更好地判断句子之间的关联关系，如判断两个句子是不是因果关系等。

（5）命名实体识别：由于 XLNet 能够更好地理解上下文，它在命名实体识别任务中可以更准确地识别文本中的命名实体。

（6）信息抽取：XLNet 的双向建模能力有助于从文本中抽取重要信息，如从新闻文章中提取事件、日期、地点等。

（7）情感分析：XLNet 能够更好地理解上下文信息，因此在情感分析任务中可以更准确地判断文本的情感倾向。

总的来说，XLNet 适用于许多需要更好的上下文理解和双向关系建模的自然语言处理任务。它能够提供更丰富的语言表示，从而在多种任务中取得优秀的性能。

当谈到 XLNet 和 BERT 在任务广泛性方面的区别时，我们可以用一个有趣的比喻来解释，想象你是一名厨师，要准备一道美味的晚餐。XLNet 和 BERT 就像是你的两种不同的烹饪工具，分别有自己擅长的领域。

BERT 就像是你的全能厨刀，可以应对多种食材和菜式。它能够在各种情况下发挥作用，比如切菜切肉等。在烹饪中，你只需要拿起这把厨刀，就可以应对许多不同的任务，因为它是个全能选手。

而 XLNet 则类似于你的烹饪大师，虽然它也能切菜切肉，但它更擅长那些需要特别关注的烹饪领域。比如，你想要制作一道需要高超技巧的法式料理，这时你会寻求烹饪大师的建议和指导，因为它在复杂的料理上更加有经验。

在这个比喻中，BERT 就像是你的通用厨刀，适用于各种菜式。而 XLNet 则像是你的专业烹饪大师，适合在需要更深入、更复杂烹饪技巧的情况下发挥作用，就像图 15-12 所示的这样。

图 15-12　BERT 像一个通用工具，而 XLNet 在需要深入理解的任务上更有优势

同样地，当你面对各种自然语言处理任务时，BERT 在广泛性方面更像是一个通用工具，而 XLNet 在需要深入理解语境和关系的任务上更具优势。

**原理输出 15.12**

请大家在 ChatGPT 的帮助下录制一个长度约为 2 分钟的短视频，介绍 XLNet 的适用场景。

可以参考的 ChatGPT 提示词如下。

“请简要介绍 XLNet 的适用场景。”

“请结合生活中的例子，介绍 XLNet 的适用场景。”

“假设你是一位大学老师，请用轻松易懂的语言向学生讲解 XLNet 的适用场景。”

**实操练习 15.12**

为了让大家可以用代码的形式了解 XLNet 的适用场景，接下来大家可以让 ChatGPT 生成代码，并在 Colab 新建一个 Notebook 文件运行这些代码。

要让 ChatGPT 生成代码，可以参考的提示词如下。
“请用 Python 演示 XLNet 的适用场景。”

### 15.3.4　XLNet 的缺点

XLNet 也有缺点，下面进行了解。想象一下你正在学习一门新的技能，比如学习弹吉他。XLNet 就像是一个非常强大的吉他老师，能够教你弹奏各种曲子。但就像所有事物一样，XLNet 也有一些小缺点。

（1）计算资源需求高：就像学习弹吉他需要一把好吉他一样，XLNet 在训练和使用时需要大量的计算资源，比如高性能的计算机和大量的内存。这可能会使它在某些设备上运行缓慢，或者需要更多的时间来完成任务。

（2）预训练时间长：就像学会弹奏吉他需要时间一样，XLNet 的预训练也需要很长时间。在大量数据上训练一个强大的模型需要数小时甚至数天，这可能会限制其即时可用性。

（3）难以解释性：就像有时难以理解一首复杂的音乐一样，XLNet 内部的工作方式也可能难以解释。这使它的决策过程变得模糊，有时难以理解为什么模型做出了某个预测。

（4）对数据质量敏感：就像练习吉他需要音准一样，XLNet 对于输入数据的质量和准确性要求较高。如果输入的文本含有错误、模糊的语法或不一致的信息，可能会影响模型的性能。

虽然 XLNet 是一个非常强大的预训练模型，但像学习任何新技能一样，它也有一些限制和不足之处，就像图 15-13 所示的这样。

图 15-13　XLNet 虽然强大，但它也有一些缺点

理解这些缺点有助于更好地利用 XLNet，并在使用它时做出明智的决策。

**原理输出 15.13**

请大家在 ChatGPT 的帮助下录制一个长度约为 2 分钟的短视频，介绍 XLNet 的缺点。

可以参考的 ChatGPT 提示词如下。

“请简要介绍 XLNet 的缺点。”

“请结合生活中的例子，介绍 XLNet 的缺点。”

“假设你是一位大学老师，请用轻松易懂的语言向学生讲解 XLNet 的缺点。”

**实操练习 15.13**

为了让大家可以用代码的形式了解 XLNet 的缺点，接下来大家可以让 ChatGPT 生成代码，并在 Colab 新建一个 Notebook 文件运行这些代码。

要让 ChatGPT 生成代码，可以参考的提示词如下。

“请用 Python 演示 XLNet 的缺点。”

除了 GPT、BERT 和 XLNet，还有其他一些常见的大语言模型，例如 T5、ERNIE、RoBERTa 等。这些模型都在自然语言处理领域取得了重要的突破，每个模型都有其特定的优势和适用场景。限于篇幅，本章不再展开介绍这些模型。从下一章开始，我们将介绍大语言模型的一些应用。

# 第16章 大语言模型应用——自然语言生成

当谈到自然语言生成时，我们通常指的是使用计算机程序或算法生成自然语言文本，这些文本与人类语言相似，可以用来传达信息、表达思想或与人类进行交流。本章将和大家一起来了解如何将大语言模型应用到自然语言生成中，并且将会进行更多的实操练习。

## 16.1 自动文本生成

自动文本生成涵盖了许多不同类型的文本生成任务，可以基于各种技术和应用场景，包括但不限于：生成文章、段落和句子；对长文本进行自动摘要；文本风格转换和模仿等。下面我们开始进行相关的实验。

### 16.1.1 生成文章、段落和句子

使用大语言模型生成文章、段落和句子是自动文本生成的一种常见应用。大型语言模型，特别是像 GPT 这样的模型，具有强大的语言理解和生成能力，可以生成具有流畅性和连贯性的文本内容。下面我们就使用 ChatGPT 来进行实验。首先来尝试生成句子，例如在 ChatGPT 的对话框中输入提示词“请用‘风景’这个词造个句子，不超过 25 个字。只返回你造的句子，不需要其他的解释”，得到 ChatGPT 的答复如下。

**【ChatGPT】**

山水交融，美不胜收，每处风景都如诗如画。

从上面的答复可以看到，ChatGPT 使用我们指定的词“风景”造了一个句子，看起来还蛮有文采的。

接下来我们可以再尝试让 ChatGPT 生成一个段落。提示词可以这样写——“请将‘山水交融，美不胜收，每处风景都如诗如画’拓展成一个段落，不超过 100 字”。然后就可以得到如下的答复。

【ChatGPT】

在这片宁静的土地上，山水交融，湖光山色相得益彰，美不胜收。无论是高耸入云的群山，还是波光粼粼的湖泊，都展现出大自然的神奇之美。每一幅风景都仿佛融入了诗意与绘画，让人心驰神往，流连忘返。无论是沐浴在晨曦中的田野，还是夕阳下的海滩，都是宛如画中的仙境，让人心醉神迷。

这一次 ChatGPT 返回了一个描述美好风景的段落，仍然文采飞扬。这也展示了大语言模型在生成段落方面的能力。下面我们再尝试让 ChatGPT 生成一整篇文章。使用的提示词可以是“现在请以‘大自然的神奇之美’为主题，写一篇文章，不超过 300 字”，可以得到类似下面的答复。

【ChatGPT】

大自然如一幅绚丽的画卷，展现着无穷的魅力。晨光穿越云层，照耀在山川河流之间，大地仿佛披上了一层金色。迎面而来的微风，轻轻拂过脸庞，带来一丝丝清新的气息，仿佛大自然在耳畔轻声述说着它的故事。

在大自然中，每一片叶子都是一幅绝妙的画作，每一朵花儿都是一首优美的诗篇。春天，万物复苏，繁花似锦，点缀着大地的每一个角落；夏天，阳光明媚，湖水波光粼粼，山谷中鸟儿欢歌不断；秋天，金黄的稻田在微风中摇曳，落叶宛如彩蝶舞飞；冬天，银装素裹，大自然仿佛沉睡在雪的怀抱中。

大自然的神奇之美不仅体现在景色之间，还蕴含在每一个微小的生命中。昆虫的翅膀，鸟儿的歌唱，一切都是如此和谐地交织在一起。人们在大自然的怀抱中感受生命的美好，感受自己与宇宙的共鸣。

大自然的神奇之美永远是人类探索、创作的源泉。它启迪着艺术家的创造灵感，激发着诗人的诗情画意。在这广袤的大地上，我们不仅是观赏者，更是大自然的一部分，与万物共生共荣。让我们珍惜这份与大自然相融的缘分，将美丽传承下去，共同守护这片赋予我们生命的土地。

可以看到，GPT 模型在生成文章方面表现出色。生成的文本流畅自然且连贯，具备很好的语法和词汇使用能力。而且 GPT 可以根据上下文理解生成文本，从而产生与先前内容一致的连贯回复，展现出情境敏感性。同时借助适当的提示，可以定制 GPT 生成特定主题、风格或情感的文本。

然而，需要注意的是，尽管 GPT 在生成文本方面具有强大的能力，但生成的内容仍需要人工审查和编辑，以确保准确性、合适性。大语言模型的输出可能受到预训练数据的影响，需要谨慎使用，特别是在涉及关键领域和重要信息的情况下。

**原理输出 16.1**

请大家在 ChatGPT 的帮助下录制一个长度约为 2 分钟的短视频，介绍如何使用大语言模型生成文章、段落和句子。

可以参考的 ChatGPT 提示词如下。

“自动文本生成包括哪些内容?”

“如何使用大语言模型生成文章、段落和句子?”

**实操练习 16.1**

为了让大家可以练习使用大语言模型生成文章、段落和句子，接下来大家可以与 ChatGPT 进行交互，感受大语言模型的能力。

要与 ChatGPT 进行交互，可以参考的提示词如下。

“请用‘×××’这个词造个句子，不超过 25 个字。只返回你造的句子，不需要其他的解释。”

“请将‘×××’拓展成一个段落，不超过 100 字。”

“现在请以‘×××’为主题，写一篇文章，不超过 300 字。”

### 16.1.2　对长文本进行自动摘要

自动摘要是指利用计算机程序或算法自动从长文本中提取出关键信息和主要内容，生成一个简洁而准确的摘要。自动摘要技术旨在帮助人们快速了解一篇长文本的核心内容，节省时间并提高信息获取效率。

自动摘要技术通常基于自然语言处理和机器学习技术，例如文本分析、词频统计、语义分析、序列到序列模型、Transformer 等。这些技术使计算机能够理解文本的内容、结构和重要信息，从而生成适当长度的摘要。

自动摘要在信息检索、文本摘录、新闻报道、学术文献阅读等领域具有重要的应用，可以帮助人们快速筛选大量的文本，从中提取出关键信息，以满足特定的信息需求。

接下来我们可以使用 ChatGPT 进行自动摘要的实验。我们让它先生成一段长文本，使用的提示词可以是“请以‘如何选购电脑’为题，写一篇文章，不超过 400 字”，会得到类似下面的答复。

**【ChatGPT】**

选购电脑是一个关乎性能、用途和预算的重要决策。在如今数字化的时代，电脑已成为我们生活和工作中不可或缺的一部分，但在众多品牌和型号中做出选择可能会比较困难。下面是一些建议，帮助您在选购电脑时做出明智的决策。

首先，明确需求。不同的任务需要不同的电脑配置。如果您需要进行图形设计、视频编辑等高性能任务，选择一台配备强大处理器、高分辨率屏幕和独立显卡的电脑是明智之选。而如果只是进行办公、浏览网页、观看视频等日常任务，一台中低端配置的电脑就足够了。

其次，考虑预算。电脑的价格范围较大，从几千元到几万元不等。根据您的预算，选择性价比高的产品。不要过于追求最高配置，而要选择满足您需求的合理配置。

品牌也是一个重要因素。知名品牌通常有更好的售后服务和可靠性。但也不要忽视一些小众品牌，它们可能在性价比上更具竞争力。

了解硬件规格也很重要。处理器、内存、存储和显卡都是影响电脑性能的关键因素。根据您的用途，选择合适的规格。此外，注意电池续航时间、接口数量等细节，这些都会影响使用体验。

阅读用户评价和专业评测可以帮助您了解真实的使用情况。不同用户的反馈可以帮助您更好地了解电脑的优缺点，从而做出更明智的决策。

最后，购买时要留意特价和折扣活动。电子产品的价格经常波动，抓住优惠时机可以节省不少开支。

总之，选购电脑需要根据个人需求、预算和使用情况综合考虑。通过理性比较和仔细调查，您可以选购到最适合您的电脑，为您的数字生活提供强大支持。

这篇文章比较长，我们可以让 ChatGPT 写一个摘要，让读者可以快速了解这篇文章的核心思想。使用的提示词可以是“请给上面的文章写一个摘要，不超过 50 字”，然后会得到类似下面的答复。

**【ChatGPT】**

本文提供了选购电脑的实用建议：明确需求，考虑预算，了解硬件规格和品牌，参考用户评价，把握特价。

可以看到，ChatGPT 将先前写的约 400 字的文章，提炼成了一个 50 字以内的摘要。可以看到，GPT 模型在自动摘要方面表现出色。它能够理解给定文本的上下文，从而生成与文本相关的、连贯的摘要内容。而且 GPT 模型能够从长篇文本中识别和提取出关键信息，形成凝练的概括。

自动摘要是一种重要的自然语言处理任务，它能够提供文本内容的核心信息，帮助用户快速了解文章的主要内容。GPT 模型在这方面的能力使其成为自动摘要任务的有力工具，尤其在大量文本需要被快速处理和理解的场景下具有广泛的应用价值。

**原理输出 16.2**

请大家在 ChatGPT 的帮助下录制一个长度约为 2 分钟的短视频，介绍什么是自动摘要。

可以参考的 ChatGPT 提示词如下。
"什么是自动摘要。"

**实操练习 16.2**

为了让大家练习如何进行自动摘要，接下来大家可以与 ChatGPT 进行交互。

小贴士

要与 ChatGPT 进行交互，可以参考的提示词如下。
"请给下面的文章写一个摘要，不超过 50 字。(附上需要摘要的文章)"

### 16.1.3 文本风格转换

文本风格转换是一种自然语言处理技术，旨在将给定风格的文本转换成不同的风格，同时保持文本的意义和内容不变。这项技术可用于许多任务，如将正式文本转换成非正式的，将严肃的文本转换成幽默的，将一种语气转换成另一种等。

文本风格转换通过对输入文本进行修改，使其表达出不同的语气、风格或情感。在下面的示例中，我们尝试使用 ChatGPT 演示如何进行文本风格转换。首先生成一些严肃的文本，使用的提示词可以是"请用严肃的语言，介绍脂肪分解的过程"，得到的答复类似下面这样。

**【ChatGPT】**

脂肪分解，又称脂肪氧化，是生物体内能量代谢的关键过程之一。在这一生化过程中，脂肪分子被分解为较小的分子，释放出能量供细胞使用。脂肪分解主要发生在脂肪细胞内的细胞器——线粒体中。

首先，脂肪分解启动于脂肪细胞中的三酰甘油（甘油三酯）分子。在能量需求的刺激下，餐后胰岛素水平下降，脂肪细胞开始释放激素敏感脂肪酶，将三酰甘油分解成甘油和游离脂肪酸。甘油进入能量代谢途径，而游离脂肪酸进入线粒体。

其次，游离脂肪酸在线粒体内被 β-氧化酶逐步分解成较小的分子，通过一系列的反应产生乙酰辅酶 A。这些反应涉及脂肪酸的逐步断裂，每次断裂两个碳分离，生成多个乙酰辅酶 A 分子。

最后，生成的乙酰辅酶A进一步进入三羧酸循环（也称为柠檬酸循环），参与氧化代谢产生能量。在氧化过程中，电子传递链释放出氢离子，产生化学势差，使蛋白质复合物释放出能量。这个能量最终被用来合成三磷酸腺苷（ATP），是细胞所需的主要能量源。

综上所述，脂肪分解是一个高度调控的生化过程，它在机体维持能量平衡和供应的同时，也具有深远的生理意义。脂肪分解的正常进行有助于调节体内脂肪存储，提供细胞所需能量，维持生命活动的顺利进行。

接下来我们可以让ChatGPT对这段文本进行风格转换。使用的提示词可以是“请用活泼幽默的风格，改写上面的文本”，得到的答复会类似下面这种。

**【ChatGPT】**

嘿，让我们来盘点一下那些肥肉是如何被“小分子变身大能量”的超级英雄们所拆解的吧！就是那个叫作脂肪分解的过程，别担心，我们会用通俗易懂的方式为你解释。

首先，脂肪分解是个火热的舞台，主角是三酰甘油。这些三酰甘油经过一轮升华，成了游离脂肪酸和甘油，像是在分解大团圆。

其次，游离脂肪酸登上舞台中央，它和β-氧化酶组成了“节奏鼓手”和“吉他手”。它们把游离脂肪酸弄得七零八落，将其一小段一小段地打碎，然后乖乖变成乙酰辅酶A，好像是一堆美味的小点心。

最后，乙酰辅酶A走进了三羧酸循环，跟着“节奏鼓手”和“吉他手”一起开趴，嗨到不行。这时，它们不仅释放出动感旋律，还能合成三磷酸腺苷，是细胞里的超级能量“炸弹”！

所以，别小看这些肥肉，它们经历了超炫的分解派对，最终成了细胞的能量来源。就是这么有趣的一个过程，让我们的身体能量充沛，生活充满活力！

经过风格转换后的文本，风格幽默且口语化。ChatGPT甚至用比喻的方式来解释脂肪分解的过程。由此我们可以看到，GPT模型在文本风格转换方面表现出色。它可以将输入的文本从一种风格转换为另一种风格，比如将文本从严肃风格转换为幽默风格，或将学术论文风格转换为普通文章风格。而且在进行风格转换时，GPT模型会尽量保持文本的上下文连贯性，使转换后的文本更具可读性。

这种风格转换的能力在文本创作、内容改编、广告营销等领域都有重要意义。通过GPT模型，我们能够更灵活地处理文本风格，以适应不同目的和不同受众。然而，需要注意的是，风格转换可能会带来一些误差，所以在应用时仍需进行适当的调整和审查。

### 原理输出 16.3

请大家在ChatGPT的帮助下录制一个长度约为2分钟的短视频，介绍什么是文本风格转换。

可以参考的 ChatGPT 提示词如下。
“什么是文本风格转换。”

**实操练习 16.3**

为了让大家可以练习使用大语言模型进行文本风格转换，接下来大家可以与 ChatGPT 进行交互。

要与 ChatGPT 进行交互，可以参考的提示词如下。
“请用活泼幽默的风格，改写下面的文本。（附上需要改写的文本）”

## 16.2 对话系统和聊天机器人

对话系统（Dialog System）也称为聊天系统，是一种能够模拟人类对话和交流的人工智能系统。这些系统可以用来与用户进行文字或语音交互，回答问题、提供信息、解决问题，甚至进行闲聊和娱乐。其中一种常见的对话系统类型是聊天机器人（Chatbot）。

聊天机器人是一种特殊类型的对话系统，它是基于计算机程序和算法的智能实体，旨在与人类用户进行自然语言交流。聊天机器人可以通过文本或语音界面与用户交互，理解用户的问题或指令，并生成合适的回复。聊天机器人的能力可以从简单的规则基础回复，过渡到基于机器学习和深度学习的自然语言处理技术生成更复杂的回复。

### 16.2.1　开放域和领域内的对话

开放域对话（Open-Domain Dialog）和领域内对话（Domain-Specific Dialog）是两种不同类型的对话系统，其定义如下。

（1）开放域对话：开放域对话是指对话系统可以处理广泛范围的主题和话题，而不限制于特定领域或主题。在开放域对话中，用户可以自由地提出各种问题、进行闲聊、娱乐和交流，而系统需要能够以自然、流畅的方式回复和参与交流。开放域对话系统的目标是与用户实现广泛的语义理解和生成能力，以在多个主题领域中进行对话。

（2）领域内对话：领域内对话是指对话系统专注于特定领域或主题，并在这个领域内提供有关知识、信息和回答。这种对话系统在特定的领域中具有更高的专业性和准确性，能够为用户提供更具体的帮助。领域内对话系统通常在特定领域中能够更好地理解用户的问题，并生成与该领域相关的有用回复。

简而言之，开放域对话涵盖了多个主题和领域，允许用户自由提问和交流；而领域内对话专注于特定领域或主题，为用户提供在该领域内的专业知识和回答。这两种对话类型在应用场景和目标上有所不同，但都可以通过自然语言处理技术来实现更智能的交流能力。

大语言模型在开放域对话和领域内对话中都有广泛的应用。这些模型能够理解用户输入并生成自然语言回复，可以用于构建聊天机器人、虚拟助手、智能客服等各种对话系统。

对于 ChatGPT，可以将其看成是一个开放域对话应用，但我们可以将其答复的内容限定在某个特殊的领域内。例如，使用如下提示词："现在你要扮演一个健身专家，只能回答和健身领域相关的问题。如果我的问题与健身无关，请你回复'对不起，我无法回答与健身无关的问题'，你明白了吗？"可以得到下面这样的回复。

**【ChatGPT】**

明白了！如果您有任何与健身领域相关的问题，欢迎随时向我提问。我将竭诚为您提供健身方面的建议和指导。开始吧！

现在我们可以来测试一下 ChatGPT 是否只会回答领域内的问题。例如，使用的提示词为"你有没有推荐的股票"，将会得到类似下面的答复。

**【ChatGPT】**

对不起，我无法回答与健身无关的问题。如果您有健身领域相关的问题，我将很乐意为您提供帮助。

可以看到经过我们的提示，ChatGPT 已经被限制成为一个领域内对话的应用，并拒绝回答与领域无关的问题。现在我们可以让它停止领域内对话的状态，回到开放域对话应用。例如，可以使用如下提示词："现在请停止扮演健身专家，回到开放域对话的状态。你明白了吗？"我们将会得到类似下面这样的答复。

**【ChatGPT】**

当然，我现在已经回到了开放域对话的状态，可以回答各种类型的问题。如果您有任何问题或需要帮助，请随时提问！

通过上面的测试，我们可以看到，GPT 模型具备广泛的应用能力，既可以用于开放域对话，也可以用于领域内对话。在开放域对话中，它能够生成自然流畅的回复，涵盖各种主题和话题。而在领域内对话中，GPT 模型可以根据特定领域的知识和术语，生成更加专业和针对性的回复。

无论是开放域还是领域内对话，GPT 模型都可以在自然语言生成、问答、推理等方面发挥出色的能力。它可以用于构建聊天机器人、虚拟助手、智能客服等各种任务，为用户提供更加个性化和有价值的对话体验。这种多样化的应用使 GPT 模型在人机交互、内容生成和信息检索等领域都具备巨大的潜力。

**原理输出 16.4**

请大家在 ChatGPT 的帮助下录制一个长度约为 2 分钟的短视频，介绍大语言模型在开放域对话和领域内对话中的应用。

可以参考的 ChatGPT 提示词如下。

“请介绍下大语言模型在开放域对话和领域内对话中的应用。”

**实操练习 16.4**

为了让大家可以练习大语言模型在开放域对话和领域内对话中的应用，接下来大家可以与 ChatGPT 进行交互。

要与 ChatGPT 交互，可以参考的提示词如下。

“现在你要扮演一个××专家，只能回答和××领域相关的问题。如果我的问题与××无关，请你回复‘对不起，我无法回答与××无关的问题’，你明白了吗?”

“现在请停止扮演××专家，回到开放域对话的状态。你明白了吗?”

### 16.2.2　对话流程管理

对话流程管理是指在一个对话系统中有效地处理用户输入和系统回复，以确保对话的连贯性、合理性和有用性。对话流程管理涉及识别用户意图、维护对话历史、生成系统回复等一系列步骤。以下是对对话流程管理的详细介绍。

（1）用户输入识别：首要任务是理解用户输入的意图。通过自然语言处理技术，对话系统会将用户输入转化为机器可理解的形式，识别用户的问题、请求或意图。

（2）上下文维护：对话系统需要保持对话的上下文，以确保回复连贯。这意味着系统需要记住之前的对话内容，包括用户的问题、系统的回复及对话中涉及的任何信息。

（3）对话状态跟踪：对话状态跟踪是维护对话连贯性的关键。对话状态通常包括当前的上下文、已经提到的信息、用户意图等。通过跟踪对话状态，系统可以根据上下文生成更准确和合适的回复。

（4）意图识别：根据用户输入，对话系统需要确定用户的具体意图。这可以通过分类器、预测模型等方法实现，以识别用户的问题或请求所属的领域和类别。

（5）信息获取：如果用户的问题需要特定的信息，对话系统可能需要与后端数据库、知识库或外部 API 进行交互，以获取所需的信息。这可以包括时间、地点、产品信息等。

（6）生成回复：基于识别的用户意图和维护的对话状态，对话系统会生成系统回复。这可以是直接的答案、解释性回复、确认问题的回复等。生成回复的方式可以是规则、模板，也可以是基于机器学习的生成模型。

（7）上下文感知性：生成回复时，对话系统需要根据上下文信息制定合适的回复策略。比如，如果用户问了一个关于某个话题的问题，系统的回复可能会基于之前提到的话题进行解答。

（8）多轮对话：对话通常是多轮的，系统需要考虑之前的回复和用户的反馈来生成连贯的回答。多轮对话涉及更复杂的对话状态管理和上下文维护。

（9）引导用户：如果用户的问题不清楚或系统无法理解，对话系统可能需要请求用户提供更多信息或进行澄清。这称为引导用户，以便更好地理解用户的需求。

（10）结束对话：当用户的问题得到满意的解答，或者用户表达不再需要帮助时，对话便可以结束。在结束对话时，系统可能会提供礼貌的告别和祝愿。

对话的流程管理需要综合考虑自然语言处理技术、对话状态机制、回复生成等多个方面。在构建对话系统时，合理的对话流程管理可以提供更好的用户体验，使对话更具有人性化和连贯性。

我们可以用 ChatGPT 演示大语言模型如何进行对话流程管理，例如，可以使用如下提示词："现在请你扮演我的同事，你的性格是比较拖沓和懒惰的。我会问你一些工作进展方面的问题，你要想办法搪塞我。你明白了吗？"在 ChatGPT 答复"明白"之后，我们可以进行第一轮对话，例如："上周的周报怎么还没交给我？"接下来，将会得到像下面这样的答复。

**【ChatGPT】**

哦，关于上周的周报？你知道的，我最近确实有些忙，有一些事情需要处理。但是我会尽快把它准备好并交给你的，接下来的一两天内，我会努力完成的。非常抱歉让你等待了，我会尽快解决的。

可以看到，虽然 ChatGPT 的答复很有礼貌，但它还是为没有完成工作找了借口。下面我们开始第二轮对话，使用的提示词为："那为什么客户资料也没整理好，你都在忙些什么？"可以得到像下面这样的答复。

**【ChatGPT】**

嗯，关于客户资料的整理，我正在逐步进行中。你知道，有时候事情有点多，我可能会需要一些额外的时间来确保准确性和完整性。我在努力处理各项任务，尽量保证每个细节都得到妥善处理。非常抱歉让你担心了，我会尽快完成整理工作。

从上面的实验中可以看到，GPT 模型在对话流程管理方面表现出色。它可以实现自然流畅的多轮对话，并且能够在对话中保持上下文的连贯性，准确理解我们的问题和回复，并做出有逻辑性的回应。它能够记住对话中的历史内容，根据上下文理解用户的问题和需求，这使多轮对话更加自然和连贯。并且它可以根据对话上下文生成不同情感和语气的回应，使对话更人性化。

综合而言，GPT 模型在对话流程管理方面的能力使其在开发聊天机器人、虚拟助手、智能客服等领域具备巨大的潜力。它能够为用户提供更加自然、智能的人机交互体验，满足用户多样化的需求。然而，需要注意的是，GPT 模型的回答可能受到训练数据的影响，因此在一些关键领域的应用中，仍需审慎处理。

**原理输出 16.5**

请大家在 ChatGPT 的帮助下录制一个长度约为 2 分钟的短视频，介绍大语言模型如何进行对话流程管理。

可以参考的 ChatGPT 提示词如下。
“大语言模型如何进行对话流程管理？”

**实操练习 16.5**

为了让大家可以练习使用大语言模型进行对话流程管理，接下来大家可以与 ChatGPT 进行交互。

要与 ChatGPT 进行交互，可以参考的提示词如下。
“现在请你扮演××，表演一段相声，你明白了吗？”
“现在请停止扮演××，表演一段相声，你明白了吗？”

## 16.3　代码和技术文档生成

大语言模型可以用于生成文本和对话，还可以生成代码。当然，除了代码，大语言模型也可以生成技术文档。下面我们来更详细地了解如何在这两个方面应用大语言模型。

### 16.3.1　自动代码生成

大语言模型可以应用于自动代码生成，比如从生成代码片段到完整的函数、类，甚至是整个程序。下面是一些大语言模型在自动代码生成方面的应用。

（1）代码注释生成：将代码片段转化为易于理解的注释，帮助他人理解代码逻辑和功能。

（2）函数和类生成：自动生成函数、类及其方法的基本结构，从而减少编写重复性代码的工作。

（3）模板填充：填充预定义的代码模板，生成特定类型的代码，如 HTML 模板、数据库查询等。

（4）代码修复：在编码过程中检测潜在的错误，并提供修复建议。

（5）参数配置：自动生成函数或类的参数配置，使其更具可配置性和灵活性。

（6）业务逻辑生成：基于特定的需求，生成处理业务逻辑的代码片段。

下面来看一个实例，我们可以把提示词写得详细一些，例如："请用 Python 编写一个类，这个类中需要有三个函数，第一个函数用于随机生成一些数据，第二个函数用于将数据进行可视化，第三个函数用于训练一个线性回归模型。" ChatGPT 便会给出相应的答复，如下所示。

**【ChatGPT】**

以下是一个简单的 Python 类，其中包含三个函数，分别用于随机生成数据、可视化数据及训练线性回归模型。请注意，这只是一个示例，并没有详细的数据生成和模型训练过程。

```
`python
import numpy as np
import matplotlib. pyplot as plt
from sklearn. linear_ model import LinearRegression
class DataVisualization:
    def _ _ init_ _ (self, num_ samples=100):
        self. num_ samples=num_ samples
        self. X=np. linspace (0, 10, self. num_ samples)
        self. y=2 * self. X+1+np. random. randn (self. num_ samples) *2

    def generate_ data (self):
        return self. X, self. y

    def visualize_ data (self):
        plt. scatter (self. X, self. y, label='Data Points')
        plt. xlabel ('X')
        plt. ylabel ('y')
        plt. title ('Generated Data')
        plt. legend ()
        plt. show ()
```

```
    def train_linear_regression(self):
        model=LinearRegression()
        model.fit(self.X.reshape(-1, 1), self.y)
        return model

# 创建对象
data_viz=DataVisualization()
# 生成数据并可视化
X, y=data_viz.generate_data()
data_viz.visualize_data()

# 训练线性回归模型
linear_model=data_viz.train_linear_regression()
print("Linear Regression Coefficients:", linear_model.coef_)
print("Linear Regression Intercept:", linear_model.intercept_)
```

这个类会生成一些随机的数据，将数据进行可视化，然后训练一个简单的线性回归模型。请注意，实际中的数据和模型训练过程可能会更加复杂，这里只是提供一个基本的框架供参考。

在上面的答复中我们可以看到，ChatGPT 根据我们的要求生成了代码。把代码复制粘贴到 Colab Notebook 中，就可以运行了。

由此可见，GPT 模型在生成代码方面的能力是出色的。它可以根据给定的提示或要求，生成具有逻辑性和可读性的代码片段。

但即便如此，也还是需要开发者对生成的代码进行适当的审查和测试，确保其符合实际需求，并避免潜在的错误。此外，GPT 模型生成的代码可能不适用于所有情况，对于复杂或特定领域的代码，仍需要专业开发人员的参与。

### 原理输出 16.6

请大家在 ChatGPT 的帮助下录制一个长度约为 2 分钟的短视频，介绍大语言模型如何生成代码。

可以参考的 ChatGPT 提示词如下。

“大语言模型如何生成代码?”

**实操练习 16.6**

为了让大家可以练习使用大语言模型生成代码，接下来大家可以与 ChatGPT 进行交互。

**小贴士**

要与 ChatGPT 交互，可以参考的提示词如下。

“请用 Python 编写一个类，这个类中需要有三个函数，第一个用于××，第二个函数用于××，第三个函数用于××。”

### 16.3.2 技术文档生成

大语言模型可以用于生成技术文档。无论是编写用户手册、API 文档、技术报告，还是编写教程，大语言模型都具备在技术文档生成方面发挥作用的能力。以下是一些应用场景。

（1）用户手册和说明文档：大语言模型可以根据产品的功能和特性，自动生成用户手册和产品说明文档。它可以简洁地解释各种功能，帮助用户更好地理解和使用产品。

（2）API 文档：对于开发者，生成 API 文档可能是一项烦琐的任务。而大语言模型可以根据代码和注释，生成具有一定结构和格式的 API 文档，节省时间和减少工作量。

（3）技术报告：在开展项目或实验时，需要撰写技术报告来记录过程和结果。大语言模型可以帮助用户自动生成报告的框架、实验步骤、分析结果等内容。

（4）教程和培训资料：大语言模型可以为特定主题或技术生成教程和培训资料。它可以根据用户的需求，提供步骤清晰、易于理解的教学材料。

（5）代码注释和文档：大语言模型可以生成代码注释和文档，为代码库提供解释和说明，使其他开发者更容易理解和使用代码。

（6）技术博客和文章：大语言模型可以帮助用户撰写技术博客和文章，分享技术见解、最佳实践和行业动态。

下面我们来看一个实例，首先我们要求 ChatGPT 生成一个技术文档示例，提示词可以是“请写一个技术文档的示例，不超过 300 字”，可以得到如下回复。

**【ChatGPT】**

技术文档示例

标题：使用指南——数据备份与恢复工具

摘要：本文档介绍了我们公司最新开发的数据备份与恢复工具的使用指南。该工具旨在帮助用户有效地备份和恢复关键数据，以保障数据安全和业务连续性。文档包括工具的安装步骤、备份和恢复流程、常见问题解答及技术支持联系方式。

内容概要：

（1）安装与配置：详细说明了如何下载、安装和配置备份与恢复工具。包括操作系统要求、依赖项安装等内容。

(2) 备份流程：介绍了如何创建备份任务，选择备份源和目标，设定备份策略，以及执行手动/定时备份。提供了图文并茂的步骤指导。

(3) 恢复流程：阐述了如何从备份中恢复数据，包括选择备份点、指定恢复位置等。强调了注意事项和潜在风险。

(4) 常见问题解答：列举了用户常遇到的问题，并提供了解决方案，包括备份失败、恢复异常等情况。

(5) 技术支持：提供了联系技术支持的邮箱和电话，以及在线社区和知识库的链接。

通过本文档，用户能够轻松了解并掌握我们的数据备份与恢复工具的使用方法，确保其在数据管理方面能够得心应手。如需进一步支持或了解更多功能，可随时联系我们的技术团队。

可以看到，GPT 模型在生成技术文档方面表现出一定的能力。通过输入适当的提示和指导，它可以生成结构清晰、内容准确的技术文档，涵盖了安装、配置、使用步骤、注意事项等重要信息，为用户提供有价值的帮助。

这种能力使 GPT 模型在知识传递、技术支持和培训资料编写等领域具有潜在的应用价值。它可以为公司和开发者节省时间，快速生成初步的文档框架，然后再由专业人员进行优化和完善。然而，值得注意的是，在生成技术文档时，仍需要进行人工审查和验证，确保文档的准确性和适用性。

### 原理输出 16.7

请大家在 ChatGPT 的帮助下录制一个长度约为 2 分钟的短视频，介绍大语言模型如何生成技术文档。

可以参考的 ChatGPT 提示词如下。

“大语言模型如何生成技术文档?”

### 实操练习 16.7

为了让大家可以练习使用大语言模型生成技术文档，接下来大家可以与 ChatGPT 进行交互。

要与 ChatGPT 进行交互，可以参考的提示词如下。

“请写一个技术文档的示例，不超过××字。”

# 16.4 创意内容生成

大语言模型在创意内容生成方面具备出色的能力。它可以根据输入的提示或主题，创造性地生成文本、故事、诗歌、广告宣传语等各种创意性内容。下面我们来了解一些常见的应用场景。

## 16.4.1 创意广告语

生成创意广告语是大语言模型的一个强项。下面是一些指导步骤，展示如何利用大语言模型生成创意广告语。

（1）指定主题或产品：首先要明确想生成广告语的主题、品牌或产品，确保模型了解用户的目标，以便生成相关的创意。

（2）提供初始提示：向模型提供一个初始的提示，可以是一个问题、一个陈述或一个简短的描述。例如："为我们的新汽车系列生成一个独特的广告标语。"

（3）设置语境和风格：如果用户有特定的语境、情感或风格要求，也可以在提示中明确说明。例如："希望广告语充满活力和幽默。"

（4）多次尝试：在生成创意广告语时，可以多次尝试不同的提示和要求，以获得更多可能的创意。模型可能在不同尝试中生成不同风格的广告语。

（5）筛选和编辑：大语言模型生成的广告语可能会有不同质量和适用性。用户可以从生成的结果中筛选出最具创意和吸引力的候选项。

（6）加入品牌元素：将品牌特色、产品优势或关键信息融入生成的广告语中，以确保广告语与品牌相关。

（7）人工编辑：最终的创意广告语可能需要进行人工编辑，以确保语法正确、流畅性和品牌一致性。

下面我们来看一个示例，假设我们有一家新型咖啡店，想要 ChatGPT 为我们的咖啡店生成广告语，提示词可以设置为："请为我们的新咖啡系列创造一个引人入胜的广告标语。"可以得到如下的答复。

**【ChatGPT】**

当然，以下是一些可能的创意广告标语，供您参考。

1. "品味世界，一杯咖啡。"
2. "热情与浓缩，一杯咖啡之旅。"
3. "新鲜烘焙，为味蕾注入活力。"
4. "醒来的好习惯，从一杯香浓开始。"
5. "每一口都是故事，每一杯都是艺术。"
6. "咖啡的魔法，源自每一颗豆子。"
7. "在每一杯中，都藏着新的美味世界。"

8. “独特的味道，源于独特的体验。”
9. “品味生活，从一杯咖啡开始。”
10. “咖啡，勾勒您的独特故事。”
这些标语力求有创意、吸引人，并突出了您的新咖啡系列的特点。您可以根据您的品牌和目标受众的喜好，选择最合适的标语进行进一步编辑和应用。

可以看到，大语言模型在生成创意广告语方面表现出色。它可以根据给定的提示和要求，以创意的方式生成引人入胜的广告标语。这使它在品牌营销、广告宣传和创意内容创作等领域具有广泛的应用潜力。

无论是为新产品、活动、品牌进行宣传，还是为营销活动生成创意广告语，大语言模型都能够提供多样且有吸引力的选项。然而，虽然模型可以提供创意的起点，但最终的广告语选择和编辑仍然需要人工干预和判断，以确保广告语在目标受众中产生预期效果。这种结合了人工智能和人类创造力的合作，为创意领域带来了新的可能性。

**原理输出 16.8**

请大家在 ChatGPT 的帮助下录制一个长度约为 2 分钟的短视频，介绍大语言模型如何生成创意广告语。

可以参考的 ChatGPT 提示词如下。
“大语言模型如何生成创意广告语。”

**实操练习 16.8**

为了让大家可以练习使用大语言模型生成创意广告语，接下来大家可以与 ChatGPT 进行交互。

要与 ChatGPT 进行交互，可以参考的提示词如下。
“请为我们的××产品创造一个引人入胜的广告标语。”

### 16.4.2　文学作品

大语言模型在生成文学作品方面也表现出色，尤其在诗歌、散文、小说、歌词等领域。以下是一些指导步骤，展示如何利用大语言模型生成文学作品。

（1）明确主题或情感：首先要明确用户想生成文学作品的主题、情感或意图，这有助于模型理解用户的创意方向。

(2) 提供初始提示：提供一个初始的提示，可以是一段话、一个句子或一个关键词。这个提示将引导模型开始创作。

(3) 设定风格和情感：如果用户有特定的风格、情感或表达方式要求，可以在提示中指明。例如："希望作品充满忧郁和浪漫。"

(4) 多次尝试：可以多次尝试不同的提示和风格，以获取不同风格和情感的作品。

(5) 筛选和编辑：大语言模型生成的作品可能会有不同质量和适用性，用户可以从生成的结果中筛选出最具有价值的候选项。

(6) 人工润色：最终的作品可能需要进行人工编辑和润色，以确保语法正确、流畅性和艺术性。

下面我们来看一个示例，使用的提示词为"请以'雨'为主题，仿照李清照的风格，写一首宋词，要表达一种离开故土的惆怅"，得到的答复如下。

**【ChatGPT】**

雨打梨花深闭门，
忍踏青青草瓦间。
除却巫山不是云，
见了都付双泪珠。
泪眼问花花不语，
乱红飞过秋千去。
明月也教彩云醉，
不愁湘江竹里寒。

这是以李清照的风格，借助大语言模型，模仿她的作品风格并创作了一首宋词，表达了离开故土的惆怅情感。这种技术可以帮助创作者在特定风格下生成新的作品，但在尊重原创性和独特性方面仍需人工审查和润色。

可以看到，大语言模型在生成文学作品方面有深刻的能力。它可以根据不同的风格、情感和主题，创造性地生成诗歌、散文、小说、歌词等各种形式的作品。这种能力为创作者、诗人、作家和艺术家提供了一个崭新的创作工具，帮助他们以全新的视角创造出富有创意和情感的作品。

虽然大语言模型在生成文学作品方面表现出色，但生成的作品仍然需要人工的润色和编辑，以确保其质量、连贯性和独特性。创作者在使用大语言模型生成文学作品时，可以将模型的输出作为创作的起点，加入个人的想法、情感和风格，以创造出真正独特的作品。这种结合了人工智能和人类创造力的合作，拓展了文学创作的可能性。

**原理输出 16.9**

请大家在 ChatGPT 的帮助下录制一个长度约为 2 分钟的短视频，介绍大语言模型如何生成文学作品。

可以参考的 ChatGPT 提示词如下。
“大语言模型如何生成文学作品?”

**实操练习 16.9**

为了让大家可以练习使用大语言模型生成文学作品，接下来大家可以与 ChatGPT 进行交互。

要与 ChatGPT 进行交互，可以参考的提示词如下。
“请以‘××’为主题，仿照××的风格，写一首××，要表达一种××的情感。”

### 16.4.3　创新点子

大语言模型在生成创新点子方面具有巨大潜力，以下是一些指导步骤，展示如何利用大语言模型生成创新点子。

（1）明确问题或挑战：首先要明确用户想解决的问题或挑战，这可以是创业项目、产品改进、市场营销策略等。

（2）提供初始提示：提供一个初始的提示，可以是一个问题、一个关键词，或是关于用户的挑战的描述。例如：“如何吸引更多年轻受众关注我们的产品?”

（3）设定创新方向：如果用户希望创新点子专注于某个特定方向，可以在提示中进行明确表示。例如：“考虑数字营销和社交媒体。”

（4）多次尝试：在生成创新点子时，可以多次尝试不同的提示和方向，以获取更多可能的创新点子。

（5）筛选和选择：大语言模型生成的创新点子可能有不同质量和适用性，可以从生成的结果中筛选出最具创新性和实用性的内容。

（6）深入思考和扩展：将模型生成的创新点子作为起点，进行深入的思考和扩展。探索如何将这些点子转化为实际行动和解决方案。

下面我们来看一个示例，使用的提示词为：“为了吸引更多年轻女性受众关注我们的产品，如何设计一些有新意的互动活动?” ChatGPT 会给出类似下面的答复。

**【ChatGPT】**

设计有新意的互动活动可以有效地吸引年轻女性受众的关注和参与。以下是一些创意的互动活动示例，可以帮助您吸引年轻女性受众的注意。

(1) 主题挑战赛：设计一个与产品或品牌相关的创意挑战，鼓励年轻女性分享自己的创意、故事或照片。奖励最有创意的参与者，增加互动性和参与度。

(2) 虚拟时尚秀：组织一个虚拟的时尚秀活动，鼓励年轻女性分享自己的时尚造型、穿搭技巧，展示产品在时尚领域的应用。

(3) 有奖问答：在社交媒体平台上举办有奖问答活动，设计有趣的问题，要求参与者回答，并有机会赢取奖品。

(4) 线上美妆工坊：举办线上美妆教程或工坊，邀请专业美妆师分享化妆技巧，同时展示产品如何应用于不同妆容。

(5) 好友互动：设计一个活动，鼓励年轻女性与朋友一起参与，例如合影挑战、合作游戏等，增加社交性和趣味性。

(6) 个性化测试：设计一个有趣的个性化测试，例如"你适合哪种风格的产品"或"你的颜色搭配是什么"等，让年轻女性了解自己，并找到适合自己的产品。

(7) 线上交流会：邀请行业专家或名人进行线上交流会，讨论与产品相关的话题，让年轻女性有机会与他们互动、交流。

(8) 创意投稿：鼓励年轻女性分享自己的创意、照片、插画等，与产品或品牌相关，将优秀的投稿展示在社交媒体上。

(9) 拼图竞赛：设计一个拼图竞赛，将产品或品牌的元素拆解成拼图，参与者需要拼出完整的图案以赢取奖品。

(10) 产品体验分享：鼓励年轻女性分享使用产品的体验、心得等，展示产品在日常生活中的应用。

这些互动活动可以提高用户参与度，激发创意，增强与年轻女性受众之间的互动。在活动中要保持趣味性和创新性，让年轻女性感受到与品牌的紧密联系和共鸣。

从上面的答复可以看到，大语言模型在生成创新点子方面具备显著的潜力和价值。它可以为创意创新提供新颖的视角和启发，为问题解决和创造性思考提供有用的工具。大语言模型通过在大量的文本数据上进行训练，积累了广泛的知识和信息。它可以从不同领域和行业的数据中提取创意灵感，帮助用户开拓思维，提供从未考虑过的创意方向。它能够联想不同的概念和想法，推动创造性思维的边界。

不过，尽管大语言模型在生成创新点子方面有优势，但在实际应用中，创意的评估、深入探索及人工干预仍然至关重要。模型生成的创意点子可能需要进一步的筛选和改进，才能真正成为有价值的创新解决方案。

### 原理输出 16.10

请大家在 ChatGPT 的帮助下录制一个长度约为 2 分钟的短视频，介绍大语言模型如何生成创新点子。

可以参考的 ChatGPT 提示词如下。
“大语言模型如何生成创新点子?”

**实操练习 16.10**

为了让大家可以练习使用大语言模型生成创新点子，接下来大家可以与 ChatGPT 进行交互。

要与 ChatGPT 进行交互，可以参考的提示词如下。
“我们的产品是××，请设计一些创新点子，来吸引更多的××用户。”

# 16.5　国产优秀大语言模型——文心一言

文心一言是百度研发的大语言模型应用，英文名是 ERNIE Bot，文心一言基于飞桨深度学习平台和文心知识增强大模型，与 ChatGPT 相比，文心一言也有一些特点和独到之处。

## 16.5.1　文心一言的优势与特点

与 ChatGPT 相比，文心一言具有以下优势。

（1）更符合中文语境：文心一言根植于中国，更熟悉和擅长中文语境，因此在处理中文文本时更加准确和高效。

（2）知识增强：文心一言在训练过程中使用了大量的中文文本数据，并通过算法从中提取出各类知识信息，从而在回答问题时更具权威性和准确性。

（3）交互体验更优：文心一言能够更好地理解上下文，以及用户的意图和需求，因此在与用户进行交互时，效果更优。

（4）持续进化：文心一言能够根据用户的反馈和新的数据进行自我学习和进化，从而不断提高自己的能力和表现。

除了对中文用户更友好，文心一言还集成了若干插件。值得一提的是，这些插件（截至本章写作时）在免费的文心大模型 3.5 版本中即可使用，而不像 ChatGPT 需要付费解锁 GPT-4 版本才能够使用插件功能。在本章写作时，文心一言提供的免费插件包括“说图解画”、“览卷文档”、“E 言易图”、“商业信息查询”和“TreeMind 树图”等，如图 16-1 所示。

其中，“说图解画”插件支持用户上传图片，并基于图片进行创作、回答用户的问

已选用 0/3 个插件
说图解画
览卷文档
E言易图
商业信息查询
TreeMind树图

图 16-1　文心一言可用的免费插件

题，以及帮助用户写文案、想故事；“览卷文档”插件可以允许用户上传文档，并根据文档完成摘要、问答、创作等任务；“E 言易图”插件则是帮助用户进行数据可视化的工具，可以根据用户提供的数据绘制柱状图、折线图、饼图等可视化图像；“商业信息查询”插件则是由“爱企查”提供的商业信息检索工具，可以让用户查询企业的工商/上市信息，以及老板的任职或投资情况；“TreeMind 树图”插件是人工智能思维导图绘制工具，支持根据用户的提示词绘制脑图、逻辑图、树形图、鱼骨图、组织架构图、时间轴、时间线等多种专业格式的图形，帮助用户高效地学习与工作。

**原理输出 16.11**

请大家在 ChatGPT 的帮助下录制一个长度约为 2 分钟的短视频，介绍百度文心一言的特点与优势。

可以参考的文心一言提示词如下。
“请你进行详细的自我介绍，包括你的特点与优势。”

**实操练习 16.11**

为了让大家可以练习使用文心一言插件功能，接下来大家可以与文心一言进行交互。

小贴士

要与文心一言进行交互，可以在插件菜单中选择你想使用的插件，并用其提供的样例进行实验。

### 16.5.2　文心一言的能力展示

前面我们提到，文心一言更符合中文语境，并且能够与用户更自然流畅地交流。那么我们可以来考察一下它的能力。例如，使用提示词“现在请仿照辛弃疾的风格，写一篇文章，描写北京秋天的风景”，得到文心一言创作的作品如下。

**【文心一言】**

题目：仿辛弃疾风格，描写北京秋天风景

独立高楼，望尽天涯路，秋风卷起黄叶，满目尽是苍凉色。北京的秋天，犹如一幅斑斓的画卷，铺展在游子的眼前。

紫禁城外，万里长城横亘，历史的痕迹，在秋风的吹拂下显得格外沧桑。那高高的红墙，承载了多少王朝的兴衰，每一砖每一瓦，都诉说着岁月的故事。

秋天的颐和园，湖面平静如镜，映照出天空的颜色，仿佛两界之间的通道。昆明湖上的小船，轻轻荡漾，犹如一叶扁舟在浩渺的秋色中漂泊。

香山的红叶，是秋天的标志，那一片片热烈的红色，如同烈火燃烧，将整个山林点燃。漫步在香山的石阶上，仿佛置身于一幅热烈的油画中。

秋天的北京，天高云淡，气温渐凉。那湛蓝的天空中，大雁南飞，排成人字形，划过天际。秋日的阳光，透过稀疏的云层，洒在大地上，照亮了每一个角落。

秋天的北京，充满了历史的厚重和自然的美丽。在这个季节里，游子们流连忘返，沉醉在这片美丽的土地上。而每一个北京的秋天，都是一首优美的诗篇，诉说着这座城市的魅力和风情。

这篇文章在表达北京秋天的美丽和历史厚重方面，以及在描绘自然景色和人文景观方面，都取得了一定的成功。可以看到，文心一言试图通过辛弃疾那种豪放、苍凉、深沉的笔触，将北京秋天的风景展现出来，描绘了紫禁城、颐和园、香山等北京的标志性景点，并通过描写红叶、湖面、天空等自然元素，勾勒出一幅北京秋天的画卷。整体来说，文心一言的创作能力还是可圈可点的。

除了文本生成，文心一言也支持根据用户的提示词绘制图像。例如，我们使用提示词“请帮我画一个微信头像，要求是一个阳光帅气的男性，戴眼镜”，会得到文心一言生成的图像，如图 16-2 所示。

图 16-2　文心一言根据提示词绘制的微信头像

从图 16-2 中可以看到，虽然文心一言生成的图像细节之处还有待完善，但模型基本领会了我们的意图，并在其绘制的图像中基本上表达出了我们想要呈现的风格。

**原理输出 16.12**

请大家录制一个长度约为 2 分钟的短视频，介绍如何使用文心一言进行文学创作。

可以参考的文心一言提示词如下。

“请你仿照××的风格，写一篇散文/诗，表达一种××的情感。”

**实操练习 16.12**

为了让大家可以练习使用文心一言进行图像创作，接下来大家可以与文心一言进行交互。

要与文心一言进行交互，可以参考的提示词如下。

“请帮我绘制一个头像，要求是××，装扮是××。”

## 16.6 国产优秀大语言模型——讯飞星火认知大模型

讯飞星火认知大模型（简称讯飞星火）是科大讯飞在深度学习领域的一项重要研究成果。该模型最早可以追溯到 2016 年，当时科大讯飞开始了一项名为“星火计划”的研究项目，旨在开发具有人类水平智能的语音识别系统。经过多年的努力，科大讯飞成功地研发出了讯飞星火认知大模型，并在此基础上不断进行优化和升级。下面我们来了解一下讯飞星火的特点和优势。

### 16.6.1 讯飞星火的优势与特点

讯飞星火认知大模型在自然语言处理领域表现优异，具体而言，具有以下特点。

在医学临床诊断、法律案例判决等场景下，讯飞星火认知大模型的表现与 GPT-4 接近，仅在零售企业战略制定方面略弱于 GPT-4。

讯飞星火认知大模型在医疗场景下的领先并非一蹴而就，事实上，早在 2017 年讯飞智医助理就已经通过国家执业医师资格考试，排名前列。

可以说，讯飞星火认知大模型在自然语言处理领域表现出色，在多个场景下均有着优异的表现，且在医疗领域具有领先优势。

此外，同文心一言一样，讯飞星火也提供了一些免费（本章写作时是免费的）插件供用户选择。在本章写作过程中，星火提供的免费插件包括“PPT 生成”、“文档问答”、“简历生成”、“ProcessOn”、“AI 面试官”、“智能翻译”和“邮件生成”，如图 16-3 所示。

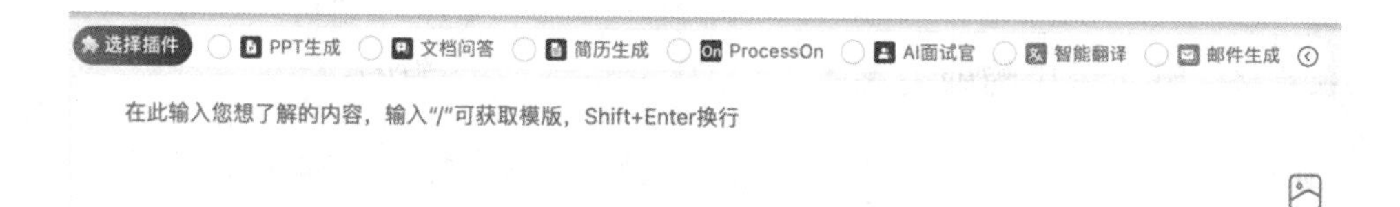


图 16-3 讯飞星火提供的免费插件

其中，“PPT 生成”可以根据用户的提示词快速生成高质量的 PPT 模板；而“文档问答”与文心一言的“览卷文档”类似，支持根据用户上传的文档回答用户的问题；“简历生成”则对找工作的朋友而言非常实用，它可以根据用户提供的岗位信息和个人简介，自动生成简历模板；“ProcessOn”插件则是一个流程图绘制工具，可以根据用户提供的相关信息，一键生成可编辑的流程图模版；同时，“AI 面试官”也是十分有趣的插件，它可以根据用户提供的简历信息，模拟面试官与用户对话，提高用户的面试能力；最后，“智能翻译”和“邮件生成”也是常使用的工具，可以显著提高用户的工作和学习效率。

除免费插件之外，讯飞星火还提供免费（截至本章写作时）的 API 调用。这对开发者来说是一个非常好的消息。这意味着开发者可以在不付费的情况下，调用星火的 API 开发自己的 Web 应用、Android/iOS 应用，以及 Windows 程序等，让更多不同场景的用户可以得到大语言模型的赋能。

### 原理输出 16.13

请大家在 ChatGPT 的帮助下录制一个长度约为 2 分钟的短视频，介绍讯飞星火认知大模型的特点与优势。

可以参考的提示词如下。

“请你进行详细的自我介绍，包括你的特点与优势。”

### 实操练习 16.13

为了让大家可以练习使用讯飞星火认知大模型的插件功能，接下来大家可以与讯飞星火进行认知大模型交互。

与讯飞星火认知大模型交互，在插件菜单中选择你想使用的插件，并用其提供的样例进行实验。

### 16.6.2 讯飞星火的能力展示

现在我们来测试一下讯飞星火的创作能力，使用与测试文心一言时同样的提示词“现在请仿照辛弃疾的风格，写一篇文章，描写北京秋天的风景”，会得到讯飞星火的答复如下。

**【讯飞星火】**

临江仙·北京秋

碧空如洗，金风送爽，千里京城秋意浓。

燕山脚下，长城蜿蜒，红叶满枝头。

故宫深院，紫禁城垣，古韵悠悠岁月长。

颐和园中，昆明湖畔，波光粼粼映晴空。

繁华落尽，古今交融，千年往事梦中游。

天安门前，五星红旗，飘扬在蓝天下。

胡同里弄，老北京味，烟火人间情依旧。

秋天的北京，如诗如画，令人流连忘返。

与文心一言的作品相比，讯飞星火写的文章在体例上更像宋词，它甚至还使用了词牌名“临江仙”。细读这篇文章，能隐约看到是以辛弃疾的风格为蓝本，描绘了北京秋天的景色。在内容上，尽量展现了北京秋天的特点，如碧空、金风、红叶、故宫、颐和园等元素，力求将古都的韵味与秋天的美景相结合。可见讯飞星火的创作能力也很优秀。

此外，讯飞星火还提供文生图功能。在“星火助手中心”中单击“绘画大师”即可进入文生图界面，如图 16-4 所示。

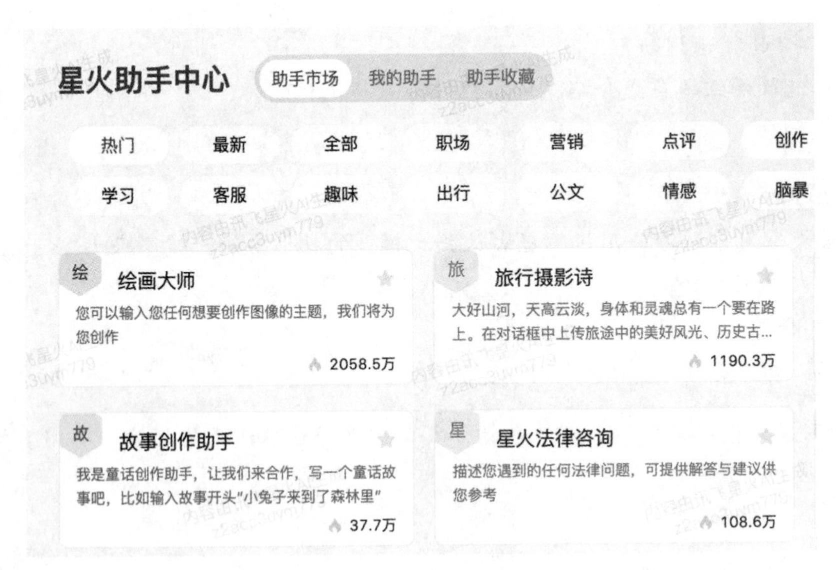


图 16-4 “星火助手中心”中的“绘画大师”

接下来，我们可以领略一下讯飞星火的绘画能力。把讯飞星火写的词的第一句“碧空如洗，金风送爽，千里京城秋意浓”复制粘贴到“绘画大师”的对话框中，稍等片刻，就会得到它创作的图片，如图 16-5 所示。

图 16-5　讯飞星火基于提示词创作的图片

从图 16-5 中可以看到，讯飞星火创作的这幅画作生动地表现了秋天的美妙和宁静，同时也展现了古塔和银杏树的历史和文化内涵。画面的色彩运用也非常出色，金黄色的银杏树和古塔的灰色调形成了鲜明的对比，能够给人留下深刻的印象。

### 原理输出 16.14

请大家在 ChatGPT 的帮助下录制一个长度约为 2 分钟的短视频，介绍如何使用讯飞星火认知大模型进行文学创作。

可以参考的讯飞星火认知大模型提示词如下。
“请你仿照××的风格，写一篇散文/短篇小说，表达一种××的情感。”

### 实操练习 16.14

为了让大家可以练习使用讯飞星火认知大模型进行绘画创作，接下来大家可以与讯飞星火认知大模型的“绘画大师”进行交互。

要与讯飞星火认知大模型的“绘画大师”进行交互，可以参考的提示词如下。
“我要为公司制作海报，介绍公司的关于深度学习的新书，请帮我画一个初稿。”

当然，除了文心一言和讯飞星火之外，国内还有很多不错的大语言模型应用。感兴趣的读者可以自行了解。

到此，本书的重要内容就全部介绍完了。深度学习是一个广阔且不断发展的领域，其知识和技术涵盖范围之广远远超出了一本书的篇幅。本书为大家提供了一个入门点，帮助读者理解深度学习的基本概念和原理。然而，深度学习的学习之旅不会止步于此，它将是一个持续探索、不断学习的过程。无论是在学术研究领域还是在实际应用领域，深度学习的知识和技术都将为你打开广阔的机遇之门，带来无限的可能性！

# 后　记

深度学习作为人工智能领域的重要分支，不仅在学术界有着广泛的研究，也在实际应用中展现出巨大的潜力。希望读者能够将所学的知识应用到实际问题中，积极参与到深度学习领域的发展中，为创新和进步做出贡献。

针对本书的读者，以下是我们的一些建议，希望可以帮助大家更好地理解、应用深度学习的概念和方法以迎接未来的发展。

### 打下坚实基础

深度学习的迅猛发展引领了人工智能领域的新篇章，成为解决复杂问题和实现人类智能的重要工具。然而，深度学习并非一蹴而就，其背后涵盖了广泛的数学、统计学和计算机科学知识。在深入研究具体模型和算法之前，需要在基础领域打下坚实的基石。

首先，线性代数是深度学习的基石之一。在理解各种深度学习模型时，不可避免地需要处理向量、矩阵、张量等数学对象。线性代数为我们提供了一种清晰且强大的工具，用以描述和操作数据结构，同时也能帮助我们理解模型的内部机制。线性代数中的矩阵运算、特征值分解、奇异值分解等概念，都将成为你理解深度学习模型背后数学原理的支撑。

其次，概率论在深度学习中也具有重要作用。深度学习模型的训练和推断往往伴随着不确定性，而概率论为我们提供了量化不确定性的工具。理解概率分布、条件概率及贝叶斯定理，将使你能够更好地理解模型的泛化能力、过拟合、欠拟合等关键概念。概率论的知识还将帮助你掌握概率图模型、蒙特卡洛方法等用于建模和推断的技术。

最后，优化方法是深度学习训练不可或缺的一环。深度学习模型通常包含大量的参数，而通过梯度下降等优化方法，我们能够调整这些参数以最小化损失函数。了解优化方法的工作原理，理解学习率、动量、自适应方法等概念，将帮助你更好地训练模型并达到更好的性能。

综上所述，深度学习虽然充满了创新和潜力，但其基础却依赖于数学、统计学和计算机科学。在深入研究具体模型和算法之前，应先投入时间和精力打好相关基础。通过学习线性代数、概率论和优化方法，你将能够更深刻地理解深度学习的核心概念，更从容地应对复杂的模型和技术。

### 学以致用

深度学习，作为人工智能领域的瑰宝，催生了各种创新和技术突破，将人类在复杂任务上的表现提升到了前所未有的高度。然而，令人振奋的是，深度学习不仅在学术领域有辉煌研究，而且在实际应用中也是一把锐利武器。

1. 实践锻造技能

无论是初学者还是有一定经验的读者，实践是进步的关键。深度学习不仅关乎理论和公式，更是一门需要通过实际操作来掌握的技能。通过动手编写代码，你能够亲身体验数据的处理、模型的构建和调优过程。这个过程中，你将面对各种问题和挑战，但正是这些挑战，能让你逐渐成长，提升解决问题的能力。

2. 从问题中学习

深度学习的魅力在于它能够解决现实世界中的复杂问题。通过实践，你可以选择一个自己感兴趣或者与你所在领域相关的问题作为实践项目。这不仅有助于你将抽象的概念与实际问题连接起来，还能够促使你深入思考问题的本质，为解决方案寻找最佳途径。从问题中学习，不仅可以加深你对深度学习的理解，还能够培养解决复杂问题的能力。

3. 加深概念理解

实践是巩固概念的有效途径。通过亲自动手编写代码，你会更深刻地理解模型的工作原理、数据的处理方式、各种算法的优劣。很多时候，抽象的理论并不总能清晰地映射到实际情境中。通过实际操作，你能够将抽象的概念转化为具体的实现，从而更好地理解这些概念的含义和作用。

### 掌握实际经验

深度学习领域充满了挑战和机遇，但是理论知识本身并不足以使你在这个领域中脱颖而出。实际经验才是你的“底气”。通过实践，你将积累处理数据、调整模型参数、解决错误等实际操作的经验。这些经验会在你面临新问题时发挥关键作用，让你能够更快地找到解决方案。

1. 连接学术与应用

深度学习在学术界和实际应用中都有着重要地位。你可以借鉴学术界的最新研究成果，将其应用于解决实际问题，从而推动相关领域的发展。同时，你也可以将实际应用中的问题带回学术界，引发更多深入的研究。通过实际操作，你能够更好地理解学术和实际应用之间的互动关系。

2. 建立自信心

实践能够帮助你建立自信心。深度学习领域充满了各种复杂的技术和概念，但是通过不断实践，你会逐渐发现自己能够理解并应用这些知识。这种自信心会推动你在学习过程中更加积极主动，也会在你面对困难时激励你坚持下去。

总之，实践是深度学习的必经之路。通过动手编写代码，构建和训练模型，你将能够加深对概念的理解，提升技能，积累实际经验，建立自信心，并将学术和实际应用有机地结合起来。无论是为了学术研究还是为了实际应用，实践都是你通向深度学习世界的关键钥匙，将为你的未来带来更多的机遇和可能性。

### 持续学习和探索

深度学习领域正以前所未有的速度和态势在不断蓬勃发展。如今，每一天都有新的模型、算法和技术涌现出来，不断推动着领域的前进。这一连串的创新与突破，使深度学习在多个领域都取得了令人瞩目的成就，从图像识别到自然语言处理，再到推荐系统和医疗诊断，深度学习的应用正在塑造着我们的现实。

在这个快节奏的变化中，作为深度学习领域的学习者和从业者，我们必须时刻保持学习的态度。紧随技术的脚步，了解最新的研究成果和技术趋势，对于我们保持竞争力和洞察未来方向至关重要。然而，这不是为了赶时髦，更是为了能够站在技术的前沿，以更大的信心和能力去面对未知的挑战。

我们应该积极参与到各种学习机会中。随着互联网的普及，学习不再受地域和时间的限制。在线课程、研讨会、研究论坛等，这些平台为我们提供了随时随地获取知识的途径。参与在线课程，可以系统地学习领域的新技术和方法；参加研讨会，可以与专家面对面交流，听取他们的见解和经验；加入研究论坛，可以与全球的同行互动，共同探讨领域的进展和挑战。这些学习机会将为我们的学术和职业生涯注入新的活力。

同时，与其他从业者的交流也是至关重要的。深度学习领域的发展不是一个人可以完成的，而是一个共同努力的过程。与其他从业者交流，可以让我们从不同的角度看待问题，得到新的灵感和启发。交流不仅是在技术上互通有无，更是在经验和教训上进行分享。通过与他人分享彼此的疑虑、困惑和成功，我们可以从中学到更多，避免走弯路，更快地成长。

此外，参与到研究项目和实际应用中，也是获取最新知识的重要途径。在实际问题中实践，不仅能够将学术理论转化为实际解决方案，还能够发现理论与实际之间的差距和联系。这种“试验田”的经验，会让我们对领域的发展有更为直观和深刻的理解，也会为我们带来更多的启示。

## 跨学科思维

深度学习作为人工智能领域的一股重要力量，融合了计算机科学、神经科学、数学等多个学科的知识，形成了一门跨学科的领域。这种多学科的融合使深度学习能够从不同的角度解决问题，探索更广阔的领域，创造出更多的可能性。因此，作为深度学习的学习者和实践者，要保持开放的思维，学习从其他领域借鉴的思想和方法，以寻求创新解决方案。

1. 跨学科的融合带来创新

深度学习的独特之处在于它的多学科融合。它从计算机科学中借鉴了数据处理、算法设计等技术；从神经科学中汲取了神经元、突触等生物学原理；从数学中获得了线性代数、概率论等数学工具。这些不同领域的知识相互交融，形成了深度学习的理论基础和实践方法。跨学科的融合不仅丰富了深度学习的内涵，也为我们带来了更多的创新可能。

2. 从其他领域汲取灵感

深度学习的发展受益于不同领域的思想和方法。例如，卷积神经网络（CNN）的设计灵感就来自对生物视觉系统的研究。在图像处理领域，人们借鉴了视觉系统中感知的层次性结构，将这种层次性结构应用于卷积神经网络，从而取得了在图像分类、物体检测等任务上的显著成果。通过从其他领域汲取灵感，我们可以为深度学习领域带来新的思路和方法，创造出更多的创新解决方案。

3. 培养跨学科的思维能力

跨学科的融合需要我们培养跨学科的思维能力。这需要我们具备广泛的知识背景，能够理解和应用不同学科的理论和方法。同时，还需要我们能够将不同学科的知识有机地结合起来，创造出具有创新性的解决方案。这种能力的培养需要时间和努力，但它会为我们的学术和职业发展带来巨大的价值。

4. 鼓励创造性的思考

深度学习的发展需要创新思维。跨学科的融合能够激发我们的创造力，让我们能够以全新的视角来看待问题，并提出独特的解决方案。读者应该鼓励自己从不同学科的角度去思考问题，勇于尝试新的思路和方法，创造出更有价值的成果。

### 关注伦理和社会影响

随着时间的推移，深度学习已经不再只是科幻小说中的未来概念，而是实际生活中的现实。它渗透到了我们的日常，影响着我们的工作、娱乐、医疗等各个方面。然而，正是因为深度学习技术的广泛应用，伦理和社会影响问题变得越来越突出。

1. 技术的社会责任

伴随着技术的进步，人工智能和深度学习技术正在影响着我们的生活。从自动驾驶汽车到医疗诊断，从智能助理到金融风险预测，深度学习已经在诸多领域展现出巨大的潜力。然而，这种技术的广泛应用也带来了一定的风险和挑战。我们应该思考，如何确保技术的应用不会对人类和社会造成不良影响，如何充分发挥技术在解决社会问题中的作用，如何保护个人隐私和数据安全等。这些都是我们应该关注的问题，也是我们在学习和实践中需要承担的社会责任。

2. 正面和负面影响的权衡

技术的发展往往伴随着正面和负面影响之间的权衡。深度学习技术的广泛应用为社会带来了很多积极的变化，但同时也可能带来一些潜在的负面后果。例如，在医疗诊断中使用深度学习可以提高准确性，但也可能引发患者对隐私的担忧。自动化生产可以提高效率，但也可能导致失业问题。在面对这些权衡时，读者需要认真思考如何最大限度地促进技术的正面影响，同时降低负面影响。这需要我们从全局的角度来看待问题，权衡各种因素，为技术应用提供全面的评估。

3. 伦理问题的积极思考和解决方案

深度学习技术的发展常常引发一些伦理问题，如隐私保护、算法歧视、人工智能在决策中的角色等。作为技术的推动者，读者应该积极参与到这些伦理问题的讨论和解决中。我们需要思考如何确保技术应用是公平和透明的，如何防止技术被滥用，如何保护困难群体的权益。同时，我们还需要为这些伦理问题提供积极的解决方案。

### 从错误中学习

在学习深度学习技术的精髓时，挫折和错误似乎总是与之相伴而生。然而，这些看似不可避免的障碍实际上是通向成功的必经之路。

1. 挫折是成长的契机

在深度学习的道路上，遇到挫折几乎是不可避免的。可能是代码运行不成功，模型效果不理想，或者是在理论的理解上遇到了困难。然而，这些挫折并不是阻碍，而是成长的契机。每一个错误、每一次失败，都是在教导我们如何更好地做事情、更聪明地应对问题。

2. 错误是学习的媒介

深度学习是一个探索性的过程，需要不断尝试和实验。在这个过程中，犯错误几乎是不可避免的。然而，错误并不意味着失败，而是学习的媒介。通过分析错误产生的原因，我们可以发现自己的知识漏洞、方法不足之处。这可以帮助我们更好地理解问题的本质，找到更合适的解决方案。

3. 不断改进方法和思路

错误和挫折往往会促使我们重新审视方法和思路。当我们遇到困难时，不要受制于原来的方式，而是要灵活地尝试新的方法。可能一个小小的改变，就能够让问题迎刃而解。当然，改进方法和思路也需要耐心和毅力。有时候，解决问题可能需要多次的尝试和调整。但正是通过不断的实验和改进，我们才能不断提升自己的技能，不断取得进步。

4. 坚持积极的态度

面对挫折和错误，坚持积极的态度是至关重要的。不要因为失败而灰心丧气，也不要将错误看作无法逾越的障碍。相反，要把挫折看作前进的动力，把错误看作成长的机会。积极的态度能够激发我们的创造力和动力，让我们更有信心去克服困难，实现自己的目标。

## 保持好奇心

深度学习领域，如同一个无限广阔的知识海洋，充满了未知和挑战。正是这些未知和挑战，使得深度学习成为一个令人着迷的领域，吸引着无数学习者和从业者投身其中。在这个不断发展和演变的领域中，保持好奇心不仅是一种积极的心态，更是驱动你不断追求新知识和创新的关键。

1. 好奇心驱动探索

好奇心是人类进步的原动力之一。正是因为好奇心的驱使，人类不断探索未知，寻求新的知识和经验。在深度学习领域，保持好奇心意味着你对问题的探索不会止步于表面，而是深入挖掘问题的本质。你会不断提出新的问题、追求新的方向，不断地挑战自己的思维边界，在学习和实践中不断发现新的可能性，不断突破自己的认知局限。

2. 追求新知识和技能

深度学习领域在不断变化和发展，新的模型、算法、技术层出不穷。如果没有好奇心，你可能会停滞不前，错失掌握最新知识和技能的机会。然而，保持好奇心意味着你会主动追求新的知识，学习最新的研究成果，了解前沿的技术趋势。这不仅有助于你保持领域中的竞争力，还能够使你在工作中更加高效和有成效。保持好奇心，能够让你不断丰富自己的知识库，不断扩展自己的技能组合。

3. 保持创新

深度学习的发展依赖于创新，而创新则源于好奇心的驱动。保持好奇心能够激发你的创造力，让你能够以全新的视角来看待问题，提出独特的解决方案。在解决实际问题时，保持好奇心意味着你不会满足于现有的方法，而是会尝试各种可能性，不断探索新的路径。正是通过这种不断的探索和尝试，创新才得以孕育和诞生。

4. 保持竞争力

深度学习领域发展迅速，竞争也变得愈发激烈。保持好奇心可以帮助你在领域中保持竞争力。通过不断学习、探索和实践，你能够紧跟领域的发展脉搏，不断更新自己的知识和技能。这不仅有助于你在职场中取得成功，还能够让你成为领域的引领者和创新者。

## 结束语

在你完成本书的学习之际，愿你在探索知识的过程中，始终保持着对新事物的好奇心和渴望，愿你的学习之路是精彩的，愿你成长为自信和勇气的象征。

在这个充满创新和变革的时代，愿你不仅能够掌握深度学习的核心概念和技能，更能够运用这些知识来解决现实世界的问题，创造出更美好的未来。